APARTMENT
& SCIENCE

아파트 속 과학

초판 1쇄 발행 | 2023년 7월 3일
초판 3쇄 발행 | 2024년 7월 15일

지은이 | 김홍재
펴낸이 | 이원범
기획 · 편집 | 김은숙
마케팅 | 안오영
표지 · 본문 디자인 | 강선욱

펴낸곳 | 어바웃어북 aboutabook
출판등록 | 2010년 12월 24일 제313-2010-377호
주소 | 서울시 강서구 마곡중앙로 161-8 C동 1002호 (마곡동, 두산더랜드파크)
전화 | (편집팀) 070-4232-6071 (영업팀) 070-4233-6070
팩스 | 02-335-6078

ISBN | 979-11-92229-24-9 03400

APARTMENT & SCIENCE

과학의 시선으로 주거공간을 해부하다

김홍재 지음

아파트 속 과학

어바웃어북

| 머 리 말 |

여러분을 과학 집들이에 초대합니다

한국인 절반 이상이 아파트에 살고 있습니다. 또 전체 주택의 3분의 2가 아파트입니다. 아파트는 명실상부 한국을 대표하는 주거공간이라 할 수 있습니다. 불과 반세기 전만 해도 한국인에게 아파트는 대단히 생소한 주거 양식이었습니다. 1970년 〈총인구 및 주택조사〉(현 인구주택총조사) 자료를 보면 전체 주택 가운데 아파트가 차지하는 비율은 0.8%에 불과했습니다. 집의 수명이 수십 년이라는 점을 고려했을 때 이토록 짧은 기간 동안 한국인의 주거공간이 일반 주택에서 아파트로 바뀌었다는 사실이 놀랍기만 합니다.

아파트가 더욱 흥미로운 까닭은 전 세계에서 유독 우리나라에서만 대성공을 거두고 있기 때문입니다. 아파트의 기원은 약 2천 년 전으로 거슬러 올라갑니다. 최초의 아파트는 로마시대에 서민에게 임대하기 위해 만든 '인술라(insula)'입니다. 인술라는 1층은 상가이고 그 위층은 주거공간인 5층 정도의 주상복합건물이었습니다. 최초의 현대식 아파트는 1952년 프랑스 마르세유에 지어진 '유니테 다비타시옹(Unité d'Habitation)'입니다. 철근콘크리트로 된 단일 건물 안에 337가구가 거주하는 혁신적인 주거공간을 설계한 사람은 '근대 건축의 거장' 르 코르뷔지에Le Corbusier, 1887~1965입니다. 그는 전쟁으로 집을 잃은 많은 사람에게 저렴한 비용으로 쾌적한 주거공간을 제공하기 위해 수직으로 높게 쌓아 올린 공동주택을 고안했습니다. 르 코르뷔지에의 공동주택 모델은 세계 각국으로 확산되었는데, 가장 성공적으로 안착한 국가가 한국입니다.

아파트는 좁은 공간에 최대한 많은 사람을 수용하기 위해 개발된 주거 형태입니다. 그래서 상당수 나라에서 아파트는 저렴하게 거주할 수 있는 도시 지역의 집단 거처라는 한계에서 벗어나지 못하고 있습니다. 반면 우리나라에서 아파트는 많은 사람이 갖고 싶고 살고 싶어 하는 주거공간입니다.

과학 칼럼니스트로 활동하던 필자가 아파트에 관심을 두게 된 계기도 여느 한국인과 같습니다. 조금 과장하면 한평생 열심히 일하고 알뜰살뜰 저축한 이유가 마치 아파트 한 채를 마련하기 위한 것처럼 느껴졌습니다. 그런데 어느 순간 이런 의문이 떠올랐습니다. '국민 절반 이상이 거주하며 영혼을 끌어모아서라도 소유하고 싶은 아파트, 그런 아파트에 관해 우리는 무엇을 얼마나 알고 있는 것일까?'

집값에 관해서라면 몇 시간이고 이야기할 수 있는 사람도 우리나라 아파트 수명이 왜 다른 나라보다 현저히 짧은지, 60억 원 넘는 초고가 아파트마저 왜 층간소음에서 벗어날 수 없는지, 2000년대 초반 갑자기 우리나라에서 새집증후군이 대두한 이유가 무엇인지, 9·11 테러가 초고층 건물의 설계를 어떻게 바꿔놨는지, 작업자 6명의 목숨을 앗아간 광주 아파트 붕괴 사고의 원인이 무엇인지 등 아파트가 딛고 선 과학적 토대에 관해 질문하면 제대로 된 답을 내놓지 못합니다. 가격표에만 신경을 쓴 나머지 우리는 집값 너머에 있는 많은 것, 특히 '과학'을 놓치고 말았습니다.

아파트를 정확히 이해하기 위해서 6개월이 넘는 기간 동안 자료를 모으고 논문을 닥치는 대로 읽었습니다. 2000여 년 전 로마의 건축가 비트루비우스Marcus Vitruvius Pollio, B.C. 80?~15는 저서 『건축서』에서 "그림과 글, 기하학, 수학, 물리학, 철학, 역사, 음악, 의학, 법학, 천문학에 대한 소양을 갖춘 이가 건축가"라고 밝혔습니다. 그의 혜안처럼 건축은 다양한 학문의 총합입니다. 물리학 · 화학 · 생명공학 · 지질학 · 공학 · 심리학 · 미학 등 오늘날 수많은 학문의 성취가 아파트에 담겨 있습니다.

『아파트 공화국』의 저자인 프랑스 지리학자 발레리 줄레조Valerie Gelezeau, 1967~ 의 표현을 빌려 설명하자면, 한국의 아파트는 "전 세계적으로 그 유례를 찾아볼 수 없는" 독특한 주거 형태로 발전했습니다. 우리의 아파트를 있게 한 과학 역시 마찬가지입니다. 오랫동안 주된 주거공간과 분리되어 있던 부엌을 집의 중심 공간으로 들이고, 한국인의 남향 선호를 공동주택에 반영하고, 하중이 큰 온돌을 깔고도 건물을 수직으로 높이 세우고, 고층화 추세에 맞춰 고강도 콘크리트를 개발하는 등 한국의 주거 문화를 뒷받침하는 과학도 독창적으로 발전하고 있습니다.

책은 세대, 건물, 단지 총 3개의 장으로 구성하였습니다. 첫 번째 장에서는 과학적인 시선으로 아파트 세대 안 구석구석을 관찰합니다. 두 번째 장에서는 세대 문밖으로 나와 건물에 어떠한 과학적 원리가 깃들어 있는지 살펴봅니다. 세 번째 장에서는 아파트 단지 안을 천천히 거닐며 과학의 향기를 느껴봅니다. 모든 주제에는 상자 글 형태로 건축에 관한 실용적이고 안목을 높일 수 있는 변주를 담았습니다. 아파트의 경제적 가치에 관한 이야기는 되도록 넣지 않았습니다. 잠깐만 검색해도 투자 관점에서 아파트를 분석한 콘텐츠가 넘치는데, 필자까지 거들 필요가 없다고 생각했기 때문입니다. 대신 아파트에 살고 있거나 아니면 앞으로 살게 될 가능성이 높은 한국인이라면 반드시 알아야 한다고 생각하는 주제를 객관적으로 설명하기 위해 노력했습니다. 책 끝부분에 참고문헌을 정리해 놓았습니다. 이 책은 그분들의 연구에 바탕을 두고 있습니다. 많은 연구자분께 진심으로 감사하다는 말씀을 드립니다.

"우리가 건물을 만들고, 그 건물이 다시 우리를 만든다." 제2차 세계대전을 승리로 이끈 영국의 정치가이자 노벨문학상 수상 작가인 윈스턴 처칠 Winston Churchill, 1874~1965이 남긴 말입니다. 처칠의 말처럼 사람은 자신이 살아가는 주거공간을 창조하는 동시에 삶의 터전인 주거공간으로부터 지대한 영향을 받습니다.

햇볕이 따사로운 휴일, 아파트 단지를 여유롭게 거닐며 부모가 어린 자녀에게 아파트에 대해 도란도란 얘기해주는 것을 상상해 봅니다. 우리가 사는 아파트에 대한 다양한 이해는 공간에 대한 어른들의 안목을 높여주고, 그 속에서 성장할 아이들에게는 더욱 값진 지적 자산이 될 수 있으리라 생각합니다. 아파트를 과학의 시선으로 바라본 필자의 새롭고 낯선 시도가 이 책을 접한 모든 독자에게 유익했으면 하는 바람입니다.

2023년 김홍재

| 머리말 |

Chapter — 1

Home, Sweet Home! 세대

C O N T E N T S

Chapter 2

우리의 삶을 담는 그릇, 건물

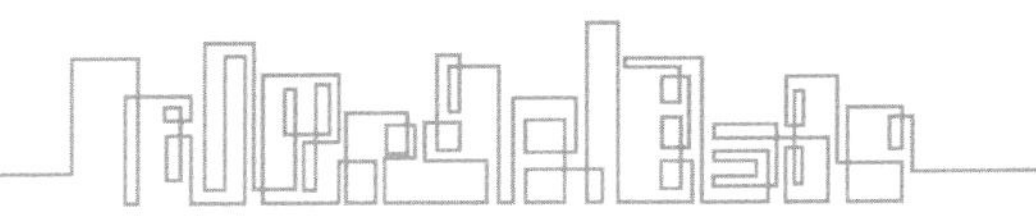

Chapter 3

느슨한 연대를 지향하는 단지

Chapter 1

Home, Sweet Home! 세대

Apartment & Science **1F**

하나의 아파트를 가리키는 다섯 가지 면적

"공급면적보다 전용면적을 보셔야죠. 계약면적이 같더라도 서비스면적이 잘 나와서 실면적이 넓어요."

아파트를 분양받거나 세를 구할 때 이와 비슷한 얘기를 많이 들을 수 있습니다. 거주할 아파트를 정할 때 면적은 가장 먼저 고려해야 할 사항 중 하나입니다. 그런데 저 짧은 얘기 속에 공급면적, 전용면적, 계약면적, 서비스면적, 실면적 총 다섯 가지 면적 개념이 등장합니다. 이처럼 아파트 면적은 다양한 면적 개념을 사용해 표시합니다. 각각의 면적 개념이 의미하는 바를 정확히 모르는 사람들에게는 마치 암호처럼 느껴지기도 합니다.

전용면적은 똑같아도 신축이 더 넓은 이유

면적이 한층 복잡한 이유는 제곱미터(㎡)와 평수 단위를 혼용해서 사용하기 때문입니다. 중장년층의 경우 제곱미터로 표시된 넓이는 평수로 바꾸지 않는 한 어느 정도 넓이인지 감이 잡히지 않습니다. 반대로 미터법이 익숙한 중고생 등 나이가 어린 사람들은 평수로 얘기하면 계산이 까다롭습니다.

평(坪)은 동아시아 지역에서 사용하던 전통 도량형인 '척관법(尺貫法)' 단위 중 하나입니다. 척관법은 고대 중국에서 시작된 도량형 단위계입니다. 1평은 한 변이 1간(間=6척, 약 1.818m)인 정사각형의 넓이입니다. 어른들은 흔히 한 평을 성인 한 명이 팔다리 쭉 뻗고 편히 누울 만한 크기로 생각하고 넓이를 가늠합니다. 제곱미터로 환산할 때 1평은 약 3.3058㎡이고, 1㎡는 0.3025평이 됩니다.

과거 우리나라에서는 아파트 면적을 나타날 때 평수를 사용했지만, 현재는 공식적으로 사용이 금지된 상태입니다. 계량의 불확실성으로 인한 불공정 거래 가능성을 막고 계량 단위 환산에 따른 불편을 해소하며 국제 기준에 맞추기 위해 아파트 면적은 국제단위계(SI : System of International unit)에 따른 제곱미터로 표시하게 돼 있습니다.

하지만 오랜 시간 동안 사용한 평수 개념은 아직 생명력을 잃지 않았습니다. 심지어 아파트 분양 광고에서는 84㎡라고 넓이를 표시한 후 옆에 34형이나 34Type, 34Py와 같은 눈 가리고 아웅 하기식 표현을 쓰기도 합니다. 덕분에 평수 개념에 익숙한 사람들도 넓이를 착각하지 않습니다. 특히 아파트 가격은 1평에 해당하는 3.3m²당 얼마인지 계산해야 가격 수준이 파악되고, 다른 아파트와 비교하기도 쉽습니다.

그런데 84m²를 막상 평수로 계산(84m²÷3.3058m²=약 25.4평)하면 34평이 아닌 25평이어서 혼란이 생깁니다. 이런 혼란은 각각의 면적이 가리키는 공간에 차이가 있기 때문입니다. 아파트 분양 광고에 자주 등장하는 59m²나 84m² 등은 '전용면적'을 의미합니다. 전용면적은 개별 세대가 독립적인 주거 용도로 독점해 사용하는 공간의 면적입니다. 아파트에서 현관문을 열면 나타나는 공간의 전체 면적을 전용면적이라고 생각하면 됩니다. 방, 거실, 주방, 화장실 등이 전용면적에 포함됩니다. 단, 세대가 독점적으로 사용하는 공간이긴 하지만 발코니는 전용면적에서 제외합니다.

건설회사에서 아파트를 공급할 때는 입주자의 다양한 수요를 고려해 같은 면적이라도 평면 구성을 2~3개 정도 가져가는 경우가 많습니다. 이처럼 다양한 평면으로 구성된 주택형을 가리킬 때는 반드시 전용면적으로 표시해야 합니다. 59m²A와 59m²B, 84m²A와 84m²B, 84m²C와 같은 방식이지요. 아파트마다 서로 다른 개념의 면적을 사용하면 혼란을 일으킬 수 있어서 주택형에는 반드시 전용면적을 사용하도록 통일시킨 것입니다.

아파트의 전용면적이 똑같더라도 실제 면적은 똑같지 않을 수 있습니다. 이건 또 무슨 말이냐고요. 예전에는 아파트의 전용면적을 계산할 때 세대 바깥을 둘러싼 외벽의 중앙부터 측정하는 '중심선치수'를 기준으로 삼았습니다. 그런데 1998년부터 '안목치수'를 기준으로 전용면적을 산정하도록 「주택법」이 개정됐습니다. 안목치수는 눈으로 보이는 벽체 사이의 거리를

▶ 중심선치수와 안목치수의 실제 면적 비교

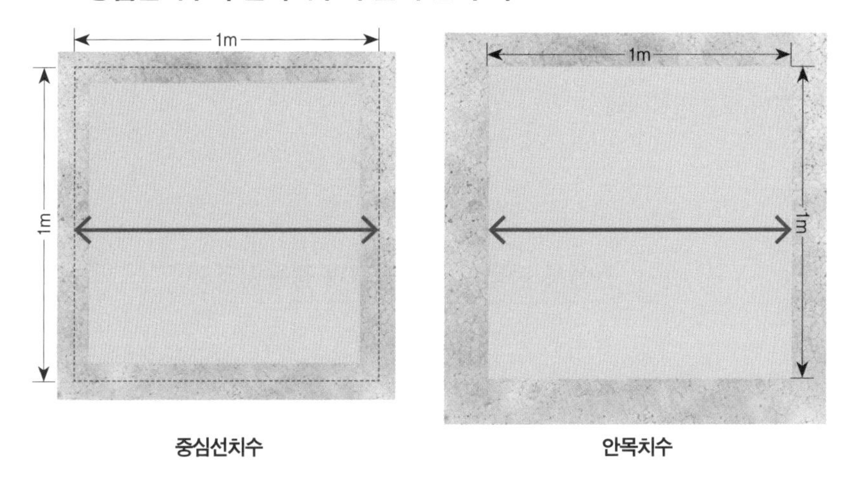

중심선치수는 외벽의 중앙(중심선)부터 측정하고 안목치수는 눈으로 보이는 벽체 사이의 거리를 측정한다. 똑같이 1m²라도 아파트 벽체 두께(20~25cm) 때문에 실제 내부 면적은 안목치수가 더 넓다.

측정 기준으로 삼습니다. 쉽게 말해 외벽의 내부선이 기준이 됩니다.

결국 전용면적이 똑같은 아파트라도 1998년 이전에 지어진 아파트와 이후 지어진 아파트는 면적 기준이 달라 실제 내부 면적은 똑같지 않습니다. 외벽의 중심선을 기준으로 했을 때보다 외벽의 내부선을 기준으로 하면, 벽체 두께만큼 이득을 볼 수 있기 때문입니다. 관련 연구에 따르면 안목치수를 기준으로 전용면적을 산정하도록 변경한 후 59m²는 평균 5.6m², 84m²는 평균 6.7m² 면적이 증가한 것으로 나타났습니다. 이는 거의 10%에 육박하는 면적 증가로, 과소평가할 수 없는 차이입니다.

아파트 세대 안 공간에서 유일하게 전용면적에 포함되지 않는 발코니 면적은 서비스로 주어진다는 의미에서 '서비스면적'이라 부릅니다. 전용면적과 서비스면적을 합하면 아파트 내부 전체의 실제 넓이가 되는데, 이를 '실면적'이라 표현합니다.

건설사 관점의 공급면적과 공용면적

아파트 크기를 가늠하거나 가격이 평당 얼마라고 얘기할 때 기준이 되는 것은 '공급면적'입니다. 공급면적은 주택건설사업자가 개별 세대에 공급하는 공동주택의 면적입니다. 개별 세대가 독립적인 주거 용도로 독점해 사용하는 전용면적에 '주거공용면적'을 합한 개념입니다. 주거공용면적은 지상층에 위치한 복도, 계단, 공용현관, 엘리베이터 등 다른 가구와 함께 사용하는 공간의 면적을 가리킵니다.

59m²가 18평이 아닌 25평이 되고, 84m²가 25평이 아닌 34평이 되는 이유는 바로 아파트 크기를 이야기할 때는 공급면적을 기준으로 하기 때문입니다. 3.3m²당 분양가를 얘기할 때도 공급면적을 기준으로 계산합니다. 공용공간도 입주민이 건축비를 부담해 만드는 것이니, 분양가를 계산할 때 공급면적을 기준으로 하는 게 당연하겠지요.

아파트 공급면적에서 전용면적이 차지하는 비율을 '전용률'이라고 합니다. 일반적으로 아파트 전용률은 70~80% 수준입니다. 공급면적이 똑같다고 가정할 때 전용률이 높으면 전용면적이 더 넓은 것이기 때문에 세대 내

▶ 아파트의 면적을 표현하는 다양한 개념들

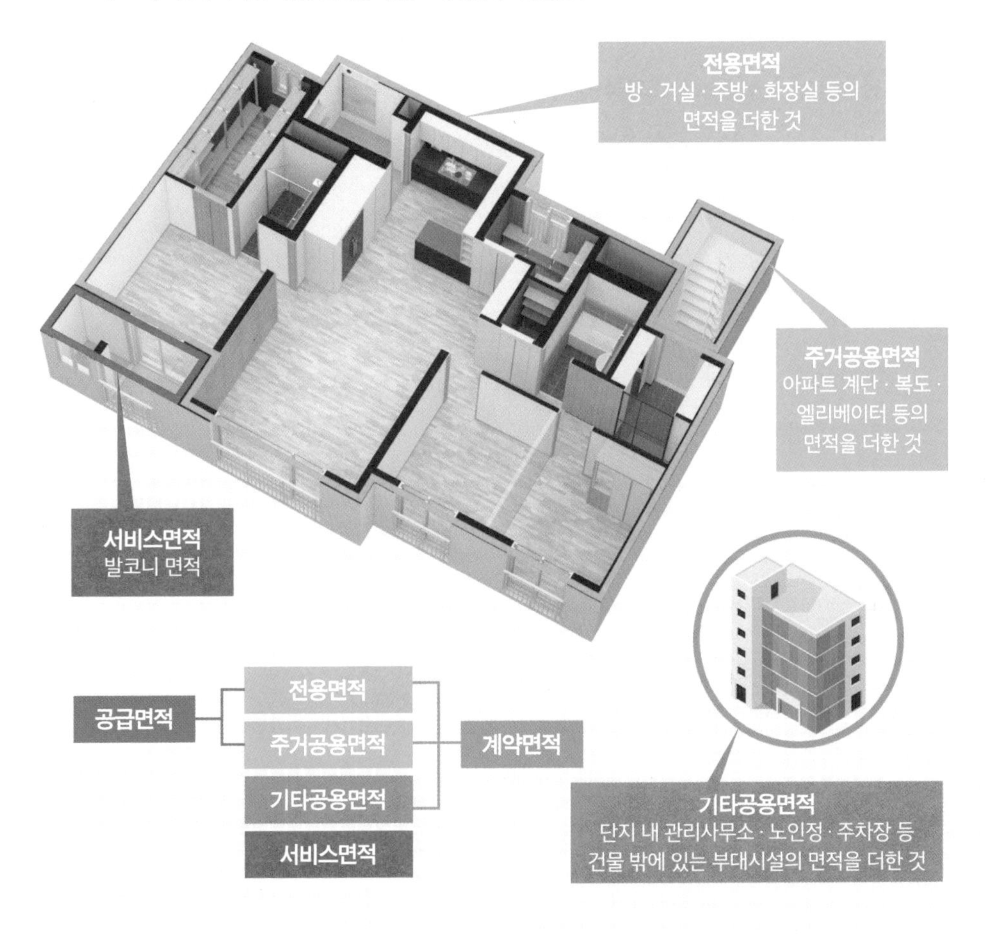

생활 공간이 더 넓어집니다. 예를 들어 34평인 두 아파트가 있다고 할 때 전용률이 높은 아파트를 선택하면 내부 면적이 더 넓은 아파트를 고를 수 있습니다.

하지만 요즘 새 아파트를 분양할 때는 공급면적이 아닌 전용면적을 기준으로 면적을 표시합니다. 따라서 전용면적이 84㎡로 똑같은 두 아파트에서 전용률이 높다는 건 그만큼 공용면적이 작다는 것을 의미합니다. 즉, 세대 내부 면적은 같고 현관 밖 복도와 계단, 공용현관, 엘리베이터 등 공동으로 사용하는 공간이 협소하다고 생각하면 됩니다.

아파트에서 전용면적은 명확하고 쉽게 계산할 수 있는데 반해 공동으로 사용하는 주거공용면적을 각 세대가 얼마큼씩 나눠 가져야 하는지는 명확하지 않아 보입니다. 각 세대에 주거공용면적을 나누는 방식은 동별로 일정하게 나누는 동별 배분 방식, 한 동 안에서도 층별로 나누는 층별 배분 방식, 단지 내 모든 동의 주거공용면적을 합산한 면적을 각 세대에 일정하게 나누는 단지별 배분 방식, 전용면적이 같은 동들만 주거공용면적을 합산하여 해당 전용면적 세대로 나누는 전용면적별 배분 방식, 앞의 방식을 하나 이상 섞어 사용하는 혼합형 배분 방식 등 다양합니다.

하지만 어떤 배분 방식도 완벽하지 않으며 장단점이 존재합니다. 일반적으로는 주거공용면적을 소형주택에는 적게 중대형주택에는 많이 배분하는 전용면적별 배분 방식을 사용합니다. 예를 들어 전용면적이 59㎡인 아파트는 주거공용면적이 20㎡, 84㎡는 30㎡와 같은 식으로 나누는 것이지요. 그런데 모 아파트의 입주민들이 건설사가 자기들에게 유리하도록 주거공용면적을 배분해 더 많은 돈을 챙겨갔다면서 부당이득을 반환해달라고 소송을 제기한 사례가 있었습니다. 건설사가 소형보다 중대형주택에 3.3㎡당 분양가를 더 높게 책정하고 주거공용면적을 더 많이 배분했던 사례였는데요. 재판이 치열하게 전개되면서 대법원까지 갔지만, 법원은 건설사 손을 들어줬습니다. 이후 주거공용면적 배분은 사업 주체가 재량을 갖는 영역으로 판단하고 있습니다.

마지막으로 아파트 면적을 나타내는 개념으로 '계약면적'이 있습니다. 계약면적은 아파트를 공급할 때 건설사가 입주민에게 제공하기로 약속한 모든 면적의 합계입니다. 공급면적에 '기타공용면적'을 더해 구합니다. 여기서 기타공용면적은 주차장 등 지하층 면적과 경비실, 관리사무소, 단지 내 커뮤니티 시설 등 건물 밖에 있는 부대시설을 모두 더한 면적입니다.

세대 면적의 히든 히어로 '발코니'

앞서 발코니는 아파트 세대 안에서 유일하게 전용면적에 포함되지 않는 공간이라고 밝혔습니다. '발코니(balcony)'는 건축물의 내부와 외부를 연결하는 완충공간으로서, 전망과 휴식 등의 목적으로 건축물 외벽에 접하여 부가적으로 설치하는 생활 보조 공간입니다. 발코니를 '베란다'라고 부르기도 하지만, 발코니와 베란다는 서로 다른 개념입니다. 베란다(veranda)는 위층 면적이 아래층보다 좁을 경우 아래층 지붕 부분에 남는 공간입니다. 베란다가 있으려면 구조적으로 위층으로 올라갈수록 집을 작게 만들어야 합니다. 발코니는 거주자의 편의를 위해 추가로 제공하는 부분이므로, 「건축법」상 바닥면적에 포함되지 않습니다.

과거 우리나라 아파트에서 발코니 확장은 법으로 금지되어 있었습니다.

불법임에도 불구하고 발코니를 실내로 끌어들여 내부 공간 부족 문제를 해결하려는 세대가 많았지요. 2000년대 초반 조사에 따르면 아파트의 절반 이상이 발코니를 불법적으로 확장하고 있었고, 입주민의 안전을 위협하고 하자 보수, 주민 분쟁이 발생하여 사회적 문제가 되었습니다. 정부는 2005년 12월 발코니 구조 변경과 확장을 허용하도록 「건축법 시행령」을 개정했습니다. 유명무실한 규제를 없애는 동시에 더 넓은 공간으로 옮기려는 수요를 억제함으로써 주택 가격의 하락을 유도하기 위해서였죠.

▶ 발코니와 베란다 차이

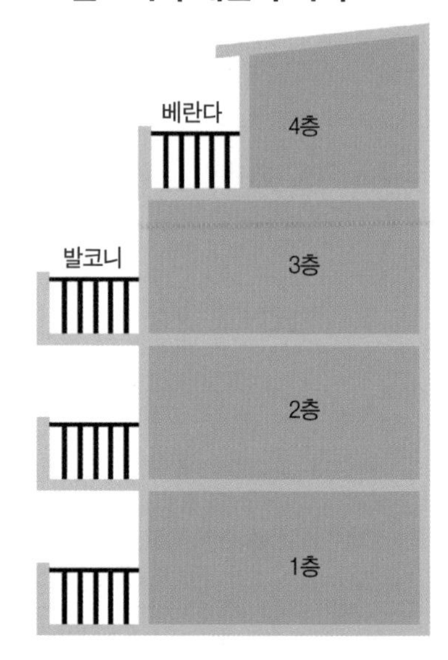

발코니 확장이 합법화되면서 발코니 공간은 필요에 따라 거실, 침실, 창고 등 다양한 용도로 사용할 수 있게 됐습니다. 발코니는 각 세대의 전면과 후면에 일정한 폭으로 만들 수 있어서 세대 주택 규모가 작을수록 상대적으로 더 많은 혜택을 누릴 수 있는 특징이 있습니다. 발코니를 확장해 전용면적의 거의 30%가 늘어나는 막강한 면적 증가 효과를 볼 수도 있습니다.

발코니 면적이 넓어질수록 확장을 통해 실제 사용할 수 있는 공간이 그만큼 커지니 사용자로서는 이득입니다. 하지만 장점만 있는 건 아닙니다. 발코니를 넓히기 위해서는 확장 비용을 추가로 지불해야합니다. 요즘 짓는 아파트는 발코니 확장을 전제로 평면을 설계하기 때문에 발코니 확장 옵션을 선택하지 않을 수가 없습니다. 결국 서비스로 주는 공간이지만 '100% 공짜'는 아닌 셈이죠.

발코니를 통한 서비스면적에 대한 관심이 높아지면서 최근 분양하는 아파트들은 더욱 넓은 발코니 공간을 선보이고 있습니다. 아파트 개별 세대의 모양이 과거에는 거의 정사각형이었는데, 통풍과 채광을 위해 직사각형으로 납작해지고 있습니다. 개별 세대를 가로가 긴 직사각형으로 설계하면서 전면과 후면 공간이 늘어나 발코니 면적이 많이 증가했습니다.

전용면적 85m² 이하인 국민주택 규모 아파트의 평면을 시대별로 비교한 연구(26~27쪽)를 보면, 발코니의 중요성을 실감할 수 있습니다. 발코니 면적은 2000년대 많았던 정사각형 평면일 때 평균 22.5m²였지만 요즘 유행하는 직사각형 평면에서는 평균 34.5m²에 달했습니다. 전면과 후면 외에 측면까지 발코니가 설치된 3면 발코니의 경우 서비스면적이 40m²를 넘기도 합니다. 배보다 배꼽이 더 크다고 할 수 있겠습니다.

최근 아파트와 외관이 비슷한 주거용 오피스텔이 등장해 눈길을 끌고 있습니다. 오피스텔(officetel)은 오피스(office)와 호텔(hotel)을 합친 형태의 건축물로, 일하면서 거주도 할 수 있게 만든 집입니다. 하지만 오피스텔 면적은 아파트 면적과 전혀 달라서 주의가 필요합니다. 일단 오피스텔은 발코니를 설치할 수 없어서 서비스면적이 아예 없습니다. 아파트에서 분양면적은 전용면적에 주거공용면적만 합산한 공급면적입니다. 반면 오피스텔에서 분양면적은 전용면적에 주거공용면적을 더한 후 기타공용면적까지 합산한

▶ 아파트 평면 형태별 실면적 비교 (단위 : ㎡)

연도	1980년대	1990년대
대표 평면 형태	은마아파트	잠원한신아파트
전용 면적	85	85
발코니 면적	13	18.4
실면적	98	103.4

계약면적입니다. 그 결과 84m²인 오피스텔이 59m²인 아파트와 내부 면적이 비슷해집니다.

지금까지 살펴본 것을 토대로 암호 같던 이 글의 첫 문장을 다시 살펴볼까요. "공급면적보다 전용면적을 보셔야죠. 계약면적이 같더라도 서비스면적이 잘 나와서 실면적이 넓어요." 이 말은 다음과 같은 의미로 해석할 수 있을 것입니다. "아파트 크기를 정확하게 가늠하려면 엘리베이터나 계단처럼 여럿이 사용하는 공간을 뺀 '전용면적'을 봐야 해요. 입주민이 함께 사

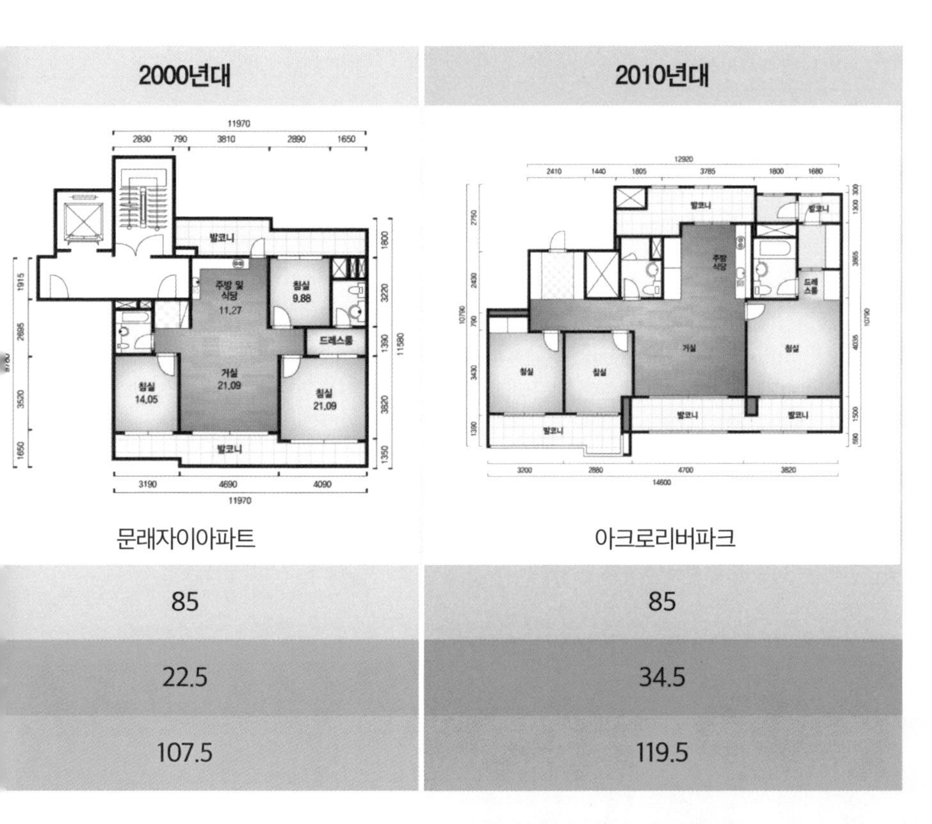

2000년대	2010년대
문래자이아파트	아크로리버파크
85	85
22.5	34.5
107.5	119.5

1980년대 전면 발코니는 1990년대 전후면 발코니로 발전했다. 2000년대 이후 세대 평면은 점점 더 가로가 긴 직사각형으로 변화하면서 발코니 면적이 계속 증가하는 추세다.

* 출처 : 최권종 외 「국민주택(전용 85㎡ 이하) 아파트 평면의 변화에 대한 연구」
* 전용면적, 발코니 면적, 실면적은 연대별 아파트를 분석한 통계치다.

용하는 공간까지 넓으면 좋겠지만, 그럼 분양가가 올라갈 수밖에 없어요. 발코니가 공급 · 전용 · 계약 면적 어디에도 포함 안 되는 서비스면적인 건 아시죠? 이 아파트는 다른 아파트보다 발코니를 넓게 설계해서 방, 거실, 주방, 화장실 등 우리 가족만 사용할 수 있는 공간이 넓어요."

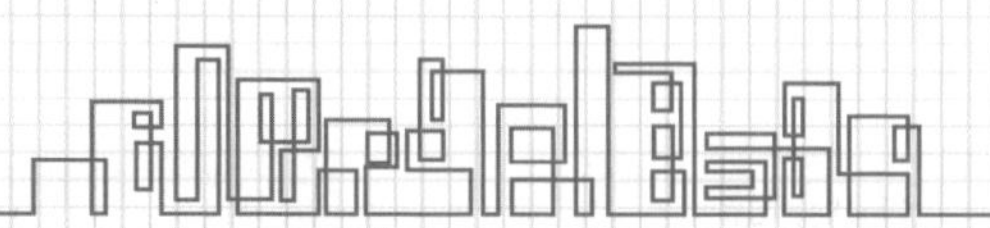

단위 변환기 없이 **아파트 평수 계산하기**

'0.3'이라는 숫자 하나만 알고 있으면 제곱미터와 평수를 자유자재로 쉽게 계산할 수 있습니다. 1m^2가 대략 0.3평이라는 점을 활용하는 겁니다.

제곱미터를 평수로 바꾸기 위해서는 0.3을 곱하면 됩니다. 예를 들어 본인이 눈여겨보는 아파트가 공급면적이 112m^2이고 전용면적이 84m^2라고 한다면, 여기에 0.3을 곱해 공급면적은 34평이고 전용면적은 25평이라는 것을 알 수 있습니다.

$$112m^2 \times 0.3025 \fallingdotseq 112 \times 0.3 = \text{약 } 34\text{평}$$

$$84m^2 \times 0.3025 \fallingdotseq 84 \times 0.3 = \text{약 } 25\text{평}$$

반대로 평수를 제곱미터로 바꾸려면 0.3으로 나눠주면 됩니다. 암산으로 나눗셈하기는 좀 까다롭지요. 팁이라면 먼저 10을 곱한 후 3으로 나누어보세요. 예를 들어 전용면적이 18평이라고 한다면, 10을 곱한 후 3으로 나눠 60m^2라는 걸 쉽게 알 수 있죠.

그런데 이렇게 계산하면 40평은 실제 132.23m^2인데 133m^2로 계산됩니다. 소수점 때문에 약간의 오차가 발생한 것인데요. 가늠해보는 정도가 아니라 정확한 면적이 알고 싶다면, 계산기를 활용하는 게 더 좋습니다.

$$18\text{평} \div 0.3025 \fallingdotseq 18 \div 0.3 = 18 \times \frac{10}{3} = 180 \div 3 = \text{약 } 60m^2$$

$$40\text{평} \div 0.3025 \fallingdotseq 40 \div 0.3 = 40 \times \frac{10}{3} = 400 \div 3 = \text{약 } 133m^2$$

59㎡와 84㎡에 담긴 인간답게 살아가는 데 필요한 면적에 대한 고찰

아파트에서 면적 개념을 정확히 이해한 다음 생각해볼 문제는 면적을 얼마로 하는 게 좋을까입니다. 아파트의 면적을 결정할 때 가장 중요한 고려사항은 가구원 수입니다. '가구(家口)'란 같은 주택에 살면서 주거와 생계를 함께 하는 생활공동체를 가리킵니다. 혼자 생활하는 1인 가구부터 부부가 함께 사는 2인 가구, 부부에 자녀가 있거나 부모를 부양하는 3인 또는 4인 이상 가구 등 다양한 구성이 가능합니다.

1970년대 우리나라에는 5인 가구가 가장 많았습니다. 그러다 1980년대부터 4인 가구가 주류가 됐으며, 2010년에 2인 가구가 1위에 올랐습니다. 이어 2015년부터는 1인 가구가 주된 가구 유형으로 자리 잡고 있습니다. 다양한 가구 구성이 공존하는 오늘날, 아파트 면적을 정할 때는 전통적인

3인과 4인 가구는 물론 최근 대세인 1인과 2인 가구도 고려해야 합니다. 그런데 아파트 면적을 보면 보이지 않는 어떤 규칙 비슷한 것이 존재합니다.

아파트 계를 평정한 '국민 면적', 59m²와 84m²

최근 서울 지역에서 분양한 한 아파트 단지를 살펴볼까요. 전용면적을 기준으로 주택형이 59.9701A, 59.6389B, 59.8269C와 84.9625A, 84.8654B, 84.9685C 여섯 가지로 구성돼 있습니다. 인천 지역에서 분양한 다른 아파트 단지를 보니 주택형이 59.9842A, 59.9914B와 84.9835A, 84.9547B, 84.9834C 이렇게 구성돼 있습니다. 소수점 이하가 약간씩 다르긴 하지만 59m²와 84m² 두 가지 숫자로 시작합니다. 현재 분양 중인 아파트는 물론 입주한 지 10년 혹은 20년이 지난 아파트를 살펴봐도 이와 똑같은 특징이 나타납니다. 여러분이 현재 거주하거나 혹은 관심을 두고 있는 아파트를 살펴봐도 결과는 비슷할 겁니다.

우리나라 아파트의 대략 70% 정도가 59m² 또는 84m²로 구성돼 있습니다. 정확히 소수점 이하까지 살펴보면 전용면적이 60m²와 85m²에 매우 가까운데, 결코 이 벽을 넘지 못합니다. 나머지 30%의 아파트들은 59m²보다 훨씬 좁거나 84m²보다 훨씬 넓습니다.

우리나라에서 59m²와 84m² 규모의 아파트가 절대다수인 이유는 아파트가 한국인의 주거공간으로 자리를 잡게 된 배경과 관계가 깊습니다.

1960년대 산업화가 시작된 후 사람들이 일자리를 찾아 도시로 몰려들면서 도시의 주택 부족과 열악한 주거환경이 사회 문제로 대두했습니다. 정부는 도시라는 한정된 공간에 많은 사람이 생활하기 위해서 '아파트'라는 주거 형태가 최적이라고 판단했습니다. 그래서 아파트의 건설과 분양을 촉진하기 위해 주거의 표준인 '국민주택'이라는 개념을 내놓았습니다. 국민주택 규모의 아파트 건설 지원을 골자로 하는 「주택건설촉진법」을 1972년에 제정한 겁니다.

국민주택 규모를 결정할 당시 건설교통부(현 국토교통부)에서는 1인당 필요한 최소 면적을 5평(약 16.5㎡)으로 추산하였습니다. 이를 바탕으로 그 당시 평균 가구원 수에 해당하는 5명을 위한 최적의 주거 규모로 전용면적 25평을 산정했습니다. 법률에 넣기 위해 25평을 국제표준 도량형인 제곱미터로 바꾼 결과 82.64㎡가 나왔습니다. 하지만 법률에 소수점까지 표시할 수 없어 반올림해서 83㎡로 고쳤다가, 숫자가 애매하다는 지적에 따라 85㎡로 다시 고쳤다고 전해집니다.

85㎡ 이하인 국민주택 규모의 아파트를 지을 때는 국민주택기금에서 건설사에 건설자금을 지원해줬습니다. 실탄을 두둑하게 확보한 건설사들은 아파트를 대량으로 공급할 수 있었지요. 84㎡가 아파트 대표 면적으로 자리 잡는 데는 1977년 도입된 주택청약제도의 역할도 큽니다. 주택청약제도는 무주택 서민에게 아파트 구입 자금을 저금리로 대출해줘 도시의 주거난 해소에 크게 기여했습니다. 단 지원 대상 아파트는 국민주택 규모 이하여야만 했습니다. 지금도 국민주택 규모 이하 아파트에 대해서는 취득세와 등록

세 감면 등 다양한 세제 혜택을 주고 있습니다.

59㎡가 등장한 이유 역시 정부의 아파트 공급 정책과 관련이 있습니다. 지금은 가구원 수가 줄어들면서 소형 아파트가 큰 인기지만 과거에는 건설사들이 수익이 떨어진다는 이유로 소형주택 건설을 외면하던 시절이 있었습니다. 이 때문에 정부는 소형주택 공급을 늘리기 위해 아파트를 분양할 때 60㎡ 이하 아파트가 일정 비율 이상이 되도록 건설사에 의무를 부여하거나, 소형 아파트를 많이 공급한 건설사에 토지공급 금액을 깎아주는 등 다양한 지원 정책을 내놓은 바 있습니다. 결국 59㎡와 84㎡ 두 면적은 도시화의 산물인 셈입니다.

방 · 거실 · 주방 · 화장실 면적은 어떻게 결정할까?

59㎡든 84㎡든 아파트에서 전체 면적이 결정되면 합리적으로 나눠 내부 개별 공간 면적을 결정해야 합니다. 아파트의 내부 개별 공간은 그곳에서 생활할 가족 구성원과 기본적인 생활을 고려해 입주민들이 불편하지 않도록 계획합니다. 개별 공간의 면적은 사람들이 그 공간에서 행하는 동작은 물론 그 공간에 필요한 물품의 크기까지 고려해야 합니다.

아파트 현관을 예를 들어 생각해볼까요. 현관은 아파트 전체 면적의 5%도 되지 않는 좁은 공간이지만, 생각 외로 신경 써야 할 부분이 많은 공간입니다. 일단 기본적으로 신발장이 있어야 하고, 개별 세대의 출입구이기 때

▶ 현관을 설계할 때 고려해야 할 동작 (단위 : mm)

아파트 현관에서 이뤄지는 다양한 동작들. 개별 공간은 그 안에서 행하는 동작과 물품 등을 고려해 크기가 정해진다. ⓒ LH

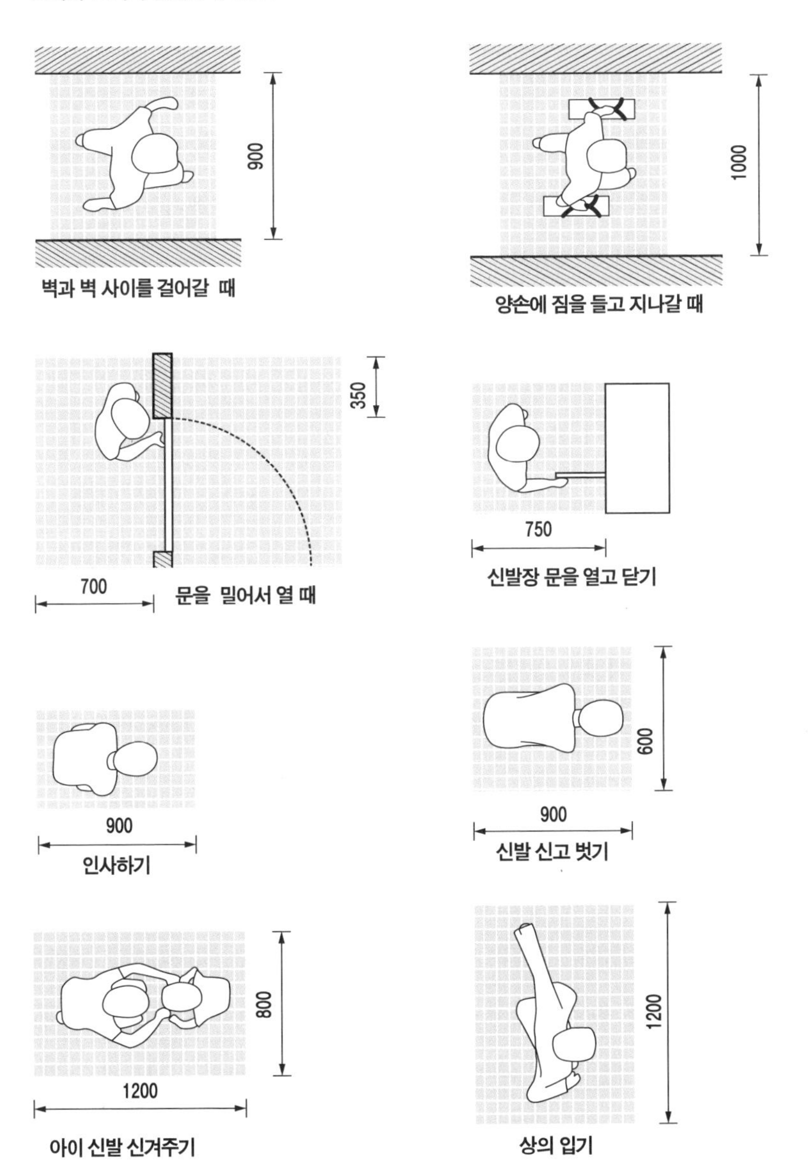

문에 다양한 행동이 불편하지 않도록 고려해야 합니다. 현관에서 사람들은 현관문과 신발장을 수시로 여닫죠. 또 양손에 짐을 들고 현관을 불편 없이 지날 수 있어야 하고, 아이에게 신발을 신겨주거나 외투를 입고 벗는 동작에 어려움이 없어야 합니다. 이사할 때 옷장과 냉장고 등 큰 짐을 옮기는 경우도 감안해야 합니다. 따라서 현관문은 폭이 1m는 넘어야 하고, 현관문을 열었을 때 벽체가 있어 꺾이면 최소 1.4m 거리를 확보해야 합니다.

아파트 내부 공간에서 최근 가장 신경을 많이 쓰는 곳은 거실입니다. 거실은 소파와 거실장이 설치되고, TV 시청과 가족 대화, 손님맞이, 운동 등 다양한 활동이 이뤄지는 장소입니다. 또 아파트 내부의 전체적인 미관에도 상당한 영향을 미치는 공간입니다.

거실은 전체 면적 중 가장 많은 20% 이상의 면적을 배분합니다. 전용면적 59㎡에서는 12㎡ 내외, 전용면적 84㎡에서는 20㎡ 정도가 거실이 됩니다. 관련 연구에 따르면 아파트에서 거실이 차지하는 평균 면적이 최근 눈에 띄게 증가하고 있습니다. 이는 가족 구성원 모두가 모일 수 있고 함께 이용하는 공간으로 거실의 중요성이 커지면서 넓은 거실을 더 선호하기 때문이라고 생각합니다.

침실은 전용면적 85㎡ 이하의 아파트에서는 보통 3개로, 모두 합하면 아파트 전체 면적의 40% 이상을 차지하는 가장 비중이 높은 공간입니다. 안방은 2인용 침대와 옷장의 배치 등을 고려해 15㎡ 내외로 하고, 작은방은 1인용 침대와 옷장 배치 등을 가정해 9㎡ 정도가 됩니다. 발코니를 확장하는 등 서비스면적을 적극적으로 활용해 85㎡ 이하의 아파트라도 침실을

4개로 만드는 경우가 있으며, 침실 수를 늘리는 대신 알파룸 같은 다용도 공간이나 팬트리 같은 수납공간을 넣는 경우도 많습니다. 한편 안방에 딸린 드레스룸은 1990년대 처음 등장한 이후 면적이 점진적으로 늘어나고 있습니다.

이 외에 주방 및 식당과 욕실은 기본적인 설비가 필요하며 일정 규모의 면적이 요구되는 장소들입니다. 주방 및 식당은 통상 10㎡가 약간 넘는데 거실과 경계가 모호해지는 상황입니다. 욕실은 3~5㎡ 정도 넓이를 차지하는데 공용과 개별 등 2개를 만듭니다. 일반적으로 거실과 침실 등은 전용면적이 넓어지면 비례해서 커지는 경향이 있습니다. 반면 주방 및 식당과 욕실은 주거 규모가 커지더라도 면적은 소폭 증가하기 때문에 전체에서 차지하는 비중은 줄어드는 공통점이 있습니다.

인간답게 살기 위해 필요한 최소한의 면적

주거 면적은 그 사람이 어떠한 공간에서 생활하는지 주거 질을 가늠할 수 있는 가장 손쉬운 기준 중 하나입니다. 우리나라는 인간다운 생활을 보장하기 위해 주거 면적 등에 대한 「최저주거기준」을 법률로 정해놓고 있습니다.

최저주거기준은 인체공학을 기초로 하되 기존 주택 현황 등을 감안하여 결정한 것입니다. 한국건설기술연구원에서 수도권 소재 전용면적 60㎡ 이하 아파트 2600여 세대의 방 규모를 조사한 자료를 토대로, 하위 누적 5%

▶ 세계 각국의 최저주거기준

국가 (기준명)	영국 (상세주거기준)	이탈리아 (장관령)	일본 (최저주거면적수준)	한국 (최저주거기준)
1인 가구	38.0m²	14m²	25m²	14m²
2인 가구	51.5m²	28m²	30m²	26m²
3인 가구	63.0m²	42m²	40m²	36m²
4인 가구	72.0m²	56m²	50m²	43m²

주거 면적은 주거의 질을 가늠할 수 있는 기준 가운데 하나다. 다른 나라와 비교했을 때 우리나라의 최저주거기준 면적이 더 좁다. 일반적으로 공공임대 아파트를 지을 때는 최저주거기준 수준에서 세대 면적이 결정된다.

에 해당하는 아파트의 평균 면적을 반영해 정하였습니다. 2004년 「주택법」을 통해 법제화된 후 2011년 한 차례 개정으로 면적이 소폭 증가한 후 현재에 이르고 있습니다. 1인 가구는 방 1개에 14m², 부부로 구성된 2인 가구는 방 1개에 26m², 부부에 자녀 하나인 3인 가구는 방 2개에 36m², 부부에 자녀 둘인 4인 가구는 방 3개에 43m²가 최저주거기준입니다. 최저주거기준은 정부 재원으로 짓는 공공임대 아파트에서 각 세대 면적을 결정할 때 중요한 고려사항이 됩니다. 정부는 한정된 재원을 효과적으로 활용하기 위해 더 많은 세대를 짓기 원하기 때문이지요.

최근에는 최저주거기준이 지나치게 좁다면서 면적을 상향해야 한다는 목소리가 사회 곳곳에서 들리고 있습니다. 4인 가구에 적용되는 최저주거기준인 43m²는 아파트에서 실제 거주 공간을 가리키는 전용면적에 해당합니다. 여기에 계단, 엘리베이터 등 주거공용면적을 더하면 대략 공급면적 기준으로 66m²(약 20평) 규모의 아파트가 됩니다. 우리나라의 최저주거기준은 3, 4인 가구를 놓고 봤을 때 영국(3인 63m², 4인 72m²)과 30m² 가까이 차이가 납니다. 협소주택이 많기로 유명한 일본도 3인 40m², 4인 50m²로 우리나라보다 넓습니다.

우리나라 「헌법」은 제35조에서 "모든 국민이 건강하고 쾌적한 환경에서 인간다운 생활을 할 권리가 있고 국가는 국민의 쾌적한 주거생활을 위하여 노력할 의무가 있다"고 규정하고 있습니다. 「주거기본법」에서는 "국민이 쾌적하고 살기 좋은 생활을 하기 위하여 필요한 최소한의 주거 수준에 관한 지표로 최저주거기준을 설정한다"고 명시하고 있습니다. 최저주거기준은 국가가 국민에게 최소한 이 정도의 주거공간을 보장하겠다는 의지를 담은 목표치라 할 수 있습니다. 사회가 발전함에 따라 최저주거기준 상향은 필연적일 것입니다.

국토교통부 발표에 따르면 우리나라에서 최저주거기준에 미달하는 가구는 100만여 가구에 달합니다. 현행 「주택법」에는 최저주거기준에 못 미치는 주택을 제재할 수 있는 규정이 없습니다. 또한 면적만 구체적으로 명시했을 뿐, 최저주거기준은 방음 · 환기 · 채광 · 난방 · 소음 · 진동 · 악취 등 주거의 질적 요소를 규정하는 다른 기준까지 촘촘히 담고 있지 않습니다. 비만 오면 집이 물에 잠길까 봐 뜬눈으로 밤을 지새우는 반지하 거주자가 있고, 2평 남짓한 공간에 삶을 욱여넣고 살아가는 고시원 · 쪽방 거주자도 있습니다. 인간답게 살기 위해 필요한 주거기준의 '최소' 마지노선에는 더 많은 고민이 필요해 보입니다.

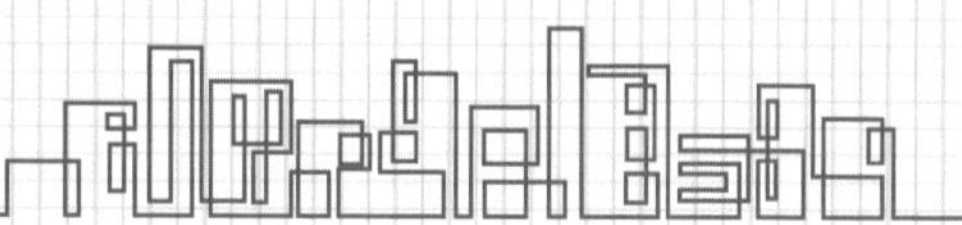

타인이 지옥이 되는 곳,
고시원

▼
▼
▼

심지어 감옥에도 있는 창문이 없어 낮인지 밤인지 분간할 수 없는 곳, 가장 가난한 사람들이 살고 있지만 그들에게는 가장 비싼 곳, 마분지처럼 얇은 벽을 사이에 두고 수십 명이 살고 있지만 함께 산다는 느낌이 없는 곳……. 바로 고시원입니다. 오늘날의 고시원은 장 폴 샤르트르(Jean Paul Sartre, 1905~1980)의 「닫힌 방」에 나오는 "타인은 나의 지옥이다"라는 말을 가장 잘 실감할 수 있는 공간입니다.

고시원은 수많은 젊은이가 국가고시를 준비하던 1970년대 학원가에서 탄생했습니다. 독서실을 잠을 잘 수 있게 판넬로 구획하고 공동으로 사용하는 화장실에 세탁기를 놓고 주거공간으로 쓸 수 있도록 대충 개조한 것이 시초입니다. 매우 좁고 궁색한 공간이었지만 온종일 공부만 하는 가난한 청년들에게는 꿈을 향해 나아가는 안식처였습니다. 1990년대 들어서면서 고시원은 고시생 비중이 점점 낮아지고 그 자리를 소득이 낮은 일반인이 채우게 됐습니다. 현재 고시원은 우리나라에서 가장 급격히 증가하는 1인 가구의 대표 주거 유형 중 하나로 자리 잡고 있습니다. 전국에는 1만 2천 곳에 달하는 고시원이 있습니다. 이 가운데 80%가 주거비용이 높은 서울에 밀집돼 있습니다. 고시원의 평균 면적은 7.2m^2에 불과하며, 창이 설치된 방은 절반에도 미치지 못합니다. 수익을 높이기 위해 미로 같은 복도를 사이에 두고 한 층마다 방을 20~30개씩 만들기 때문입니다.

고시원을 배경으로 한 드라마 〈타인은 지옥이다〉. 부산에서 서울로 올라와 '에덴고시원'에 살게 된 26살 종우에게 옆방에 사는 누군가가 이렇게 말한다. "고시원에는 세 가지가 없다. 고시생이 없고, 햇빛이 없고, 우릴 찾는 사람이 없다." ⓒ OCN

고시원은 면적이 좁은 데다가 벽이 가벽인 경우가 많아 휴대전화 알람, 통화 소리, TV 소리, 가구 여닫는 소리 등 작은 소리까지 벽을 넘나듭니다. 그래서 '방간소음'과 사생활 노출로 스트레스를 겪는 사람들이 많습니다. 주방이 있기는 하나 공용 냉장고에 오래된 음식을 방치하는 등 위생상 문제가 발생할 수도 있습니다. 범죄와 화재에 취약한 구조여서 불안감을 호소하는 경우도 있으며, 고독사를 비롯해 사건 사고 소식이 끊임없이 전해지기도 합니다.

2018년 종로의 한 고시원에서 화재로 7명이 목숨을 잃는 안타까운 사고가 있었습니다. 이후 고시원의 주거환경을 개선하려는 노력이 진행됐고 2022년 서울시는 고시원을 지으려면 최소 전용면적 7m²에 창문 설치를 의무화하는 조례를 마련했습니다. 뒤늦은 감이 있지만 열악한 고시원의 주거 여건이 조금이나마 개선될 수 있다는 점에서 반가운 정책입니다. 이 밖에도 고시원을 1인 가구를 위한 저렴하면서도 양질의 주거공간으로 만들기 위해서는 욕실·화장실당 최대 사용 인원을 규정하는 등 주거 질을 보장할 수 있는 세심한 기준과 관리 감독 강화가 필요해 보입니다.

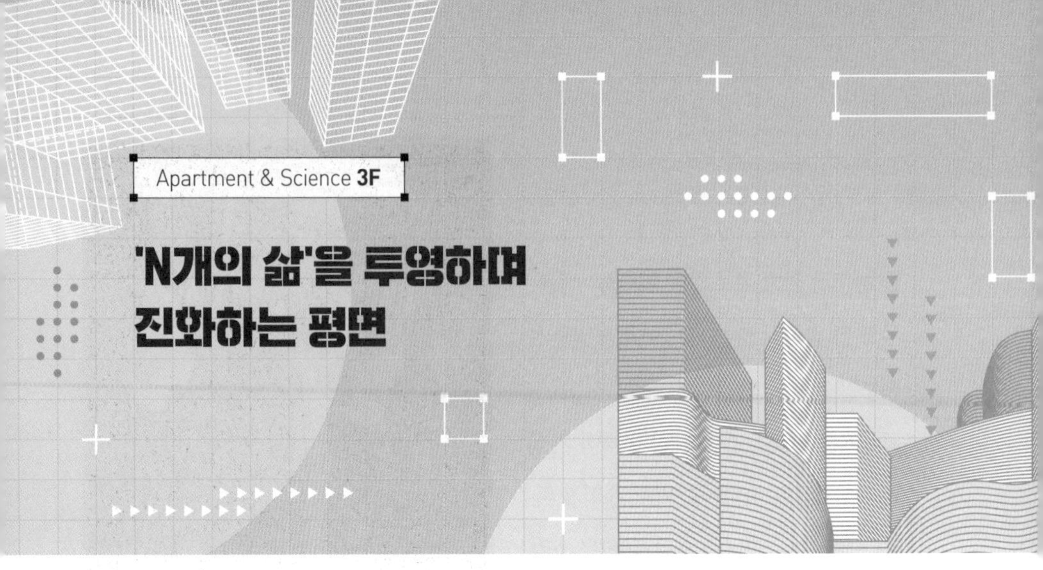

'N개의 삶'을 투영하며 진화하는 평면

우리나라 사람 절반 이상이 사는 아파트는 한국인의 삶과 생활이 담겨 있는 대표적인 주거공간입니다. 그런데 어떤 아파트는 공간이 잘 빠져서 생활하기 편리하다고 인기를 끄는 반면 어떤 아파트는 쓸모없는 공간이 많고 생활하기 불편하다며 외면받기도 합니다. 이처럼 아파트 개별 세대 공간이 잘 빠졌는지를 얘기할 때 기준이 되는 것이 바로 '평면 구조'입니다.

아파트 개별 세대의 평면 구조는 기본적으로 건물 전체 형태에 영향을 받습니다. 아파트 단지에서 독립된 각 건물을 '주동(住棟)'이라 부르는데요. 주동의 형태는 크게 판상형과 타워형(또는 탑상형)으로 구분할 수 있습니다.

'타워팰리스'의 등장으로 확 바뀐 아파트 형태

판상형은 아파트 한 동의 모든 세대가 같은 방향을 바라보면서 일렬로 평행하게 배치되는 형태입니다. 오랫동안 우리나라 아파트에 보편적으로 널리 사용되면서 한국 아파트 설계 모델의 표준으로 자리매김하고 있습니다. 판상형의 장점은 모든 세대를 사람들이 좋아하는 남향으로 배치할 수 있고, 전면과 후면 창문을 열면 맞바람이 불어 통풍이 잘된다는 점입니다. 건축비와 관리비가 상대적으로 저렴하고, 전면과 후면에 있는 발코니 덕분에 서비스면적을 많이 받을 수 있습니다. 또 거주자의 동선이 단순해 편리하다는 점도 눈에 띕니다.

주동이 일렬로 배열된 판상형 아파트 외관(© 삼성물산). 판상형 아파트 평면은 전·후면 개방 형태로 전 세대 남향 배치가 가능하고 채광과 환기가 우수하다(© 한성디자인모델).

건물 폭이 좁고 세로로는 높은 타워형 아파트 외관(ⓒ한화건설). 타워형 아파트 평면은 서로 붙은 2면 개방 형태로 조망과 사생활 보호에 유리하나 맞통풍이 안 된다(ⓒ 한성디자인모델).

단점으로는 '성냥갑 아파트'라 불리는 답답하고 단조로운 외관을 꼽을 수 있습니다. 아파트 주동이 일렬로 나란히 서 있어서 앞동에 가려 뒷동은 조망권을 확보하기 어렵고, 동 사이의 거리가 가까우면 저층 세대에서는 햇빛을 제대로 받을 수 없습니다. 건너편에서 집 안을 들여다볼 수 있어 사생활이 침해될 우려도 있습니다.

많은 사람이 아파트라고 하면 성냥갑 모양의 외관을 떠올리는 것처럼 우리나라 대다수 아파트는 판상형 구조로 지어졌습니다. 그러던 것이 2002년 서울 서초구 도곡동에 타워팰리스가 타워형으로 건립되면서 분위기가 바뀌었습니다. 63빌딩보다도 더 높은 국내 최고층(65층) 고급 주상복합아파트의 등장은 아파트 평면 구조에 대한 선호도를 순식간에 바꿔버렸습니다. 타워형이 세련된 주거공간을 상징하면서 큰 인기를 끈 반면, 판상형은 구식 아파트라는 인식이 퍼진 것입니다.

타워형은 건물을 수평 투영했을 때 짧은 변과 긴 변의 길이 비가 1대 2 이하이고, 긴 변과 높이의 비는 1대 2 이상인 형태를 말합니다. 쉽게 설명하자면 건물이 옆으로 널따랗지 않고 가로 폭은 좁은데 세로로 높게 서 있는 형태로 이해하면 됩니다.

타워형의 장점은 무엇보다 한껏 멋을 낼 수 있는 세련된 외관입니다. 한강이나 바닷가, 공원 옆에 타워형 아파트가 초고층으로 건축돼 그 지역의 랜드마크가 되는 경우가 많습니다. 각 동을 엇갈리게 배치해 우수한 조망을 최대한 살릴 수 있으며 사생활 보호가 용이하다는 장점도 있습니다. 또 높이 지었을 때 판상형처럼 일조권을 침해하지 않기 때문에 용적률을 최대한 활용할 수 있습니다.

단점으로 모든 세대를 남향으로 배치하기 어려우며, 심지어 우리나라 사람이 꺼리는 북향 세대가 발생할 수 있습니다. 전 · 후면으로 발코니를 둘 수 없어 맞바람 통풍이 불가능하다는 점도 불편합니다. 그리고 건축비와 인테리어비는 물론, 환기와 습도 관리 등을 중앙에서 제어하다 보니 에너지 사용량이 많아 관리비까지 판상형보다 비쌉니다.

타워형 아파트의 인기에 밀렸던 판상형 아파트는 2010년이 지나 반전을 꾀하기 시작했습니다. 실속을 중시하는 수요자가 늘어나면서 촌스러워 한물갔다는 평가를 받았던 판상형이 재조명받게 된 것입니다. 건물의 멋진 외관과 조망보다 채광, 통풍, 환기 등 주거 쾌적성과 저렴한 관리비 등이 부각된 결과였습니다.

최근 대세는 분명 판상형이지만 과거처럼 아파트 단지 내 모든 주동이 성냥갑처럼 나란히 일자로 서 있는 형태는 극히 드뭅니다. 경관이 단조로워지는 것을 피하고자 판상형 아파트의 주동을 L자 형태로 꺾으면서 일부 세대에는 거실에 직각으로 창을 2개 내는 이면개방형 등 타워형에서나 볼 수 있었던 평면 구조가 등장합니다. 반대로 타워형 아파트의 경우 Y자 형태처럼 건물 외관은 타워형이지만 각 날개에 해당하는 단위 세대는 판상형으로 건축할 수 있습니다. 이처럼 판상형과 타워형이 융합되고 서로의 장점을 받아들이는 등 앞으로 다양한 평면 구조가 계속 시도될 전망입니다.

베이(bay) 따라 점점 길쭉해지는 평면

아파트 평면 구조를 결정짓는 또 하나의 중요한 요소는 '베이(bay)'입니다. 베이란 전면 발코니를 기준으로 벽과 벽 사이의 한 구획을 말하는데요. 전면 발코니와 같은 선상에 햇빛이 들어오는 공간(창문)이 몇 개인지 세어보면 쉽게 구분할 수 있습니다. 전면 발코니에 안방과 거실이 배치된 '2베이'

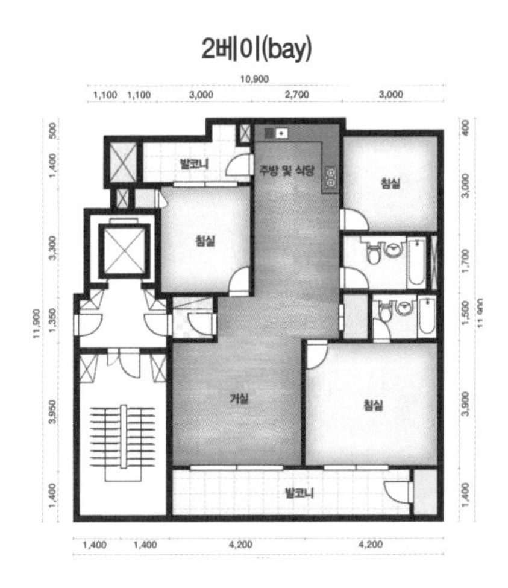

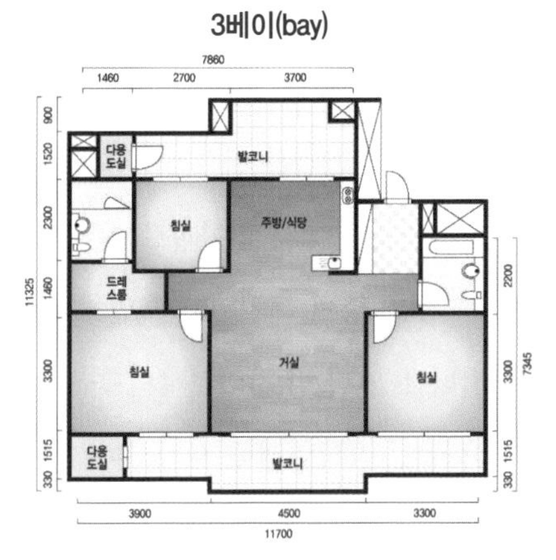

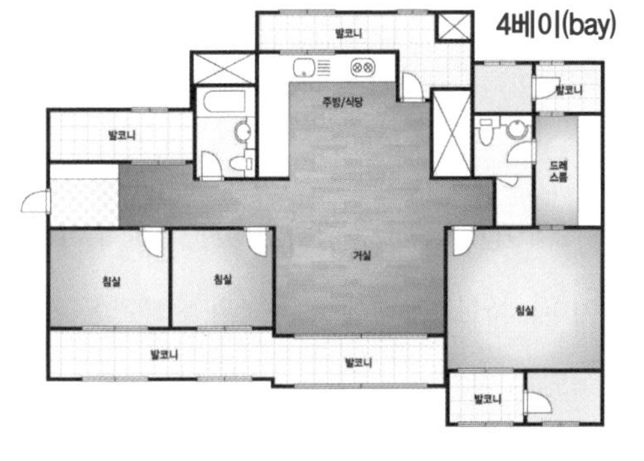

1990년대 일반적인 2베이 구조의 마포 삼성아파트(왼쪽)와 2000년대 인기를 끈 3베이 구조의 반포 래미안퍼스티지(오른쪽), 2010년대부터 유행하고 있는 4베이 구조인 송도 더샵그린워크(하단 오른쪽). ⓒ 네이버부동산

부터 안방과 거실, 방이 배치된 '3베이', 안방과 거실, 방, 방이 배치된 '4베이'가 있고, 안방과 거실, 방, 방, 방인 '5베이'도 가능합니다.

1990년대 아파트에 주로 사용되던 2베이는 전면에 안방과 거실이 배치되고 후면에 방 2개와 주방이 배치되는 형태입니다. 전면부터 후면까지 깊은 형태로 방들이 모두 떨어져서 배치돼 프라이버시가 보장됩니다. 그러나 후면에 배치되는 두 개의 방은 일조와 채광이 좋지 않습니다.

외부인이 현관에 들어서면 거실 내부가 훤히 들여다보여 사생활이 침해

될 우려도 있습니다. 우리나라 사람들은 최소 거실과 안방, 자녀방만큼은 햇빛이 잘 들기를 원하기 때문에 2베이는 점점 사라지는 추세입니다.

2000년대 지어진 아파트는 3베이가 가장 많습니다. 3베이는 전면에 안방과 거실, 방이 배치되고 후면에 방과 주방, 공용화장실이 배치되는 형태가 됩니다. 일단 방 하나하나의 면적은 뒤에 등장하는 4베이보다 넓고, 서로 떨어져 있어 독립성이 보장되며, 양방향 조망도 가능합니다. 건물 전체로 봤을 때 개별 세대의 평면 배치가 쉽고 토지 효율성이 높아 분양가가 상대적으로 낮아진다는 장점도 있습니다. 하지만 방 하나가 북쪽에 위치해 채광이 좋지 않고 주방과 드레스룸 등의 공간은 4베이에 비해 좁다는 단점이 있습니다.

2010년대부터 유행하고 있는 4베이 아파트는 전면에 안방과 거실, 방, 방이 배치되고 후면에는 주방과 드레스룸, 공용화장실 등 생활 보조공간이 배치되는 형태가 됩니다. 전면 폭은 2베이와 비교해서 1.5배 이상 넓어지지만 세로 폭은 줄어들어 전체적으로 납작한 모양입니다.

4베이 아파트는 남향으로 거실과 방을 배치하면 집 전체가 밝아져 채광이 우수하고 난방비를 절감할 수 있다는 장점이 있습니다. 통풍 또한 우수합니다. 베이 수가 늘어나면서 발코니 길이 또한 증가해서 확장할 수 있는 서비스면적도 가장 넓습니다. 단점으로 방 3개가 모두 폭이 좁아지면서 길쭉해지는 경향이 있습니다. 집 전체가 가로는 길고 세로는 좁아서 거실에서 방으로 이동하기 위한 복도처럼 죽은 공간이 발생해 공간 활용도가 떨어집니다. 또 건물 전체에 개별 세대를 효과적으로 배치하기도 어렵습니다.

경제, 정치, 사회 등 다양한 분야에서 양극화, 단극화, N극화가 발생하면서 앞으로 우리는 무엇도 평균으로 수렴하지 않는 시대를 살아가게 될 것이다. 이러한 시대적 변화를 반영해 아파트 평면 구조도 그곳에는 사람들의 삶의 모습을 투영하며 다양한 모습으로 진화할 전망이다.

개인에 따라 선호도가 달라질 수 있지만, 국내 연구를 살펴보면 2베이보다는 3베이 아파트에 사는 사람들의 공간에 대한 만족도가 훨씬 높았습니다. 최근 분양하는 아파트들은 3베이보다 4베이가 압도적으로 많지만, 3베이 아파트에 사는 사람들의 만족도가 4베이에 사는 사람들에 비해 특별히 떨어지지 않는 상황입니다.

N개의 취향을 품고 확대 중인 알파룸

과거 아파트 한 동을 모두 똑같은 평면 구조를 가진 세대들로 빼곡히 채우던 시절이 있었습니다. 마치 공장에서 찍어내듯 동일한 모양으로 아파트를 대량생산한 것이지요. 그러나 가구원 수부터 시작하여 생활방식과 추구하는 삶의 가치 등이 모두 다른데, 사람들이 원하는 아파트의 평면 구조가 똑같을 수는 없습니다.

건설사들은 아파트 입주자의 다양한 요구를 만족시키기 위해 여러 가지 평면을 개발해 선보이고 있습니다. 우선 면적 구성을 세분화하고 같은 면적이라도 공간을 다양하게 구성해 제공하고 있습니다. 한 부동산 정보업체가 2021년에 분양한 463개의 아파트를 조사한 결과 총 2569개의 평면 유형이 등장한 것으로 나타났습니다. 아파트 단지당 평균 5.5개의 평면 유형을 제공했는데, 과거에 비해 계속 늘어나는 추세입니다.

아파트 평면 유형을 선택한 후에도 입주민의 라이프 스타일에 따라 평면

자투리 공간을 합쳐서 살려낸 알파룸과 이를 서재로 꾸민 모습. ⓒ 한화건설

구성을 바꿀 수 있는 옵션을 제공하는 경우도 늘고 있습니다. 같은 공간인데 수납공간이 더 필요한 입주민은 드레스룸이나 팬트리를 만들고, 자녀가 많은 입주민은 방을 하나 더 만드는 식입니다.

최근 우리나라 아파트 개별 세대의 평면 구조에서 나타나는 도드라진 특징은 '평형별 하향화 현상'입니다. 평형이 큰 단위 세대 특성이 평형이 작은 단위 세대에서 나타나는 현상입니다. 소형 평형 아파트라 하더라도 욕실 2개는 필수이고, 3베이나 4베이로 설계되며, 안방 드레스룸과 주방 팬트리 등 수납공간이 계속 넓어지는 추세를 보이는 것 등이 이에 해당합니다.

알파룸(α-room)의 성공도 아파트 평면 구조에서 눈에 띄는 특징 중 하나입니다. 알파룸이란 평면 재배치를 통해 무의미한 자투리 공간을 합쳐 살려 낸 공간입니다. 하나의 방 이상으로 삶의 가치 향상에 기여한다는 의미에서 지어진 이름입니다. 알파룸은 2000년대 초반에는 테이블 하나 정도 놓을 수 있는 좁은 공간으로 등장했는데, 지금은 방 크기에 거의 육박하는 규모로 진화하고 있습니다.

넓어진 알파룸은 단순하게 수납공간 역할만 하는 게 아니라 가족 구성에 따라 아이방은 물론 가족실, 서재, 공부방, 재택근무 공간, 취미실 등으로 활용할 수 있습니다. 아파트 전체로 보면 작은 공간이지만 저출산으로 인한 가족 수의 감소와 웰빙 문화 확산으로 인한 취미와 레저 활동 증가에 대응할 수 있는 아주 유연한 공간인 셈입니다.

해마다 다음 해를 이끌 소비 트렌드를 꼽는 한 책에서 2023년 가장 주목한 키워드가 '평균 실종'입니다. 사회적으로 보편적인 값에 해당하는 평균이 힘을 잃는 시대가 도래한 것이죠. 평균 실종의 반대편에는 개인의 취향이 무수히 많은 갈래로 나뉘는 'N극화'가 있습니다. 평균 실종의 시대에 팔리는 제품이 되려면 소비자의 다양한 수요를 충족시킬 수 있어야겠지요. 아파트의 평면 구조는 그 공간 안에서 살아가는 입주민의 삶을 좌우하는 매우 중요한 요소입니다. 우리나라에서 아파트가 성공한 비결 중 하나는 모든 집을 붕어빵처럼 똑같이 찍어내지 않고 그곳에 사는 사람과 생활방식의 변화를 반영하여 평면 구조를 계속 발전시켜 왔다는 점입니다. 앞으로도 입주민의 삶의 질을 높이기 위해 그리고 잘 팔리는 아파트가 되기 위해 아파트의 평면 구조는 계속 진화할 전망입니다.

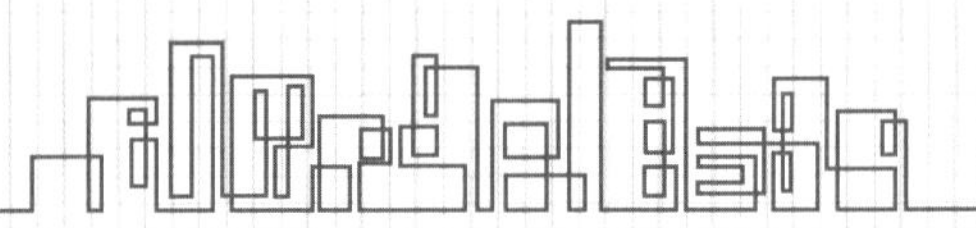

"커져라 주방! 작아져라 침실!"
트랜스포머 아파트

사회가 빠른 속도로 발전함에 따라 생활 양식도 급격히 변화하고 있습니다. 혹시 세상이 변하지 않는다고 하더라도, 남녀가 만나 가족을 구성하고 자녀가 태어나 성장하여 결혼하고 노년기를 맞이하는 등 우리의 인생 자체가 변화합니다. 그런데 아파트는 대부분 평면 구조를 바꿀 수 없어 시간적 측면에 따른 거주자의 요구 변화를 수용하기에 한계가 있습니다.

최근 과감한 가변성(flexibility)을 가진 '트랜스포머' 아파트가 등장해 주목받고 있습니다. 가변성이란 형태를 손상하지 않고 변화시킬 수 있는 능력과 변화에 적응하는 능력을 가리킵니다. 건축물에서는 구조체 등 한번 결정되면 변경하기 어려운 고정 요소를 최소화하여 가변성을 높일 수 있습니다.

공동주택에서 가변성에 관한 이론적 기반은 '오픈 하우징 시스템'입니다. 이는 단위 주거별 거주자의 개성적 요구 조건을 수용하고 입주 후, 소득 수준의 향상, 가족 생활 주기의 변화 등에 능동적으로 대응할 수 있는 건축 설계 방법입니다.

아파트에서 가변성을 막는 최대 적은 '벽'입니다. 벽은 공간을 구획하는 동시에 천장을 지탱하는 역할을 합니다. 우리나라 아파트는 두꺼운 내력벽(건물의 하중을 견디거나 분산

▶ 가변형 아파트 평면

다양한 형태로 꾸민 가변형 아파트 평면. ⓒ 국토교통과학기술진흥원

하도록 만든 벽)을 이곳저곳에 사용해 아예 기둥을 대신하는 경우가 많아 문제가 됩니다. 따라서 내력벽을 최대한 줄이고 필요에 따라 쉽게 설치하거나 제거할 수 있는 가변형 벽체를 활용해 가변성을 높일 수 있습니다.

가변형 아파트는 가족 구성원 수나 생애주기에 따라 방이나 거실을 넓게 사용하거나 반대로 공간을 쪼개 활용할 수 있습니다. 단순히 벽체를 설치하거나 제거하는 수준을 넘어 세대를 분리하고 물 사용 공간인 욕실이나 주방을 이동하는 평면까지 등장하고 있습니다. 거주자의 필요에 따라 공간을 융통적으로 사용하는 가변형은 아파트의 수명을 연장시킬 수 있어 환경 측면에서도 매우 바람직합니다.

Apartment & Science **4F**

한국인의 뿌리 깊은 '남향' 선호가 아파트에 미친 영향

"중국 황당 주장, 햇빛도 바람도 국가 소유". 십여 년 전에 본 신문 기사 제목입니다. 기사는 중국 동북부에 위치한 헤이룽장성이 "바람, 햇빛, 빗물 등 기후 환경을 구성하는 자연 자원은 모두 국가가 소유한다"고 규정하는 조례를 통과시켰다는 내용이었습니다. 이런 규정이 나온 배경은 풍력과 태양광 발전 업체들이 무분별하게 탐사작업을 벌이며 문제가 잇따르자, 지방정부가 업체의 개발과 탐사를 규제할 법적 근거를 마련하려는 데 있었습니다. 당시 대다수 누리꾼은 인류가 공동으로 이용하는 것을 국가 소유로 규정하는 데 황당하다는 반응을 보였습니다. 여러분의 생각은 어떠신가요? 특정인 또는 집단이 햇빛, 바람, 나아가 아름다운 경관을 소유할 수 있을까요?

햇빛의 양과 질까지 따지는 한국인

주택산업연구원이 발표한 『2025 미래 주거트랜드 연구』에 따르면, 주거 선택 요인으로 '쾌적성(35%)'이 1위를 차지했습니다. '교통 편리성(24%)'과 '생활 편의시설(19%)', '교육환경(11%)' 등 이전에 각광받던 주거 선택 요인을 큰 차이로 따돌렸습니다. 아파트의 쾌적성을 보여주는 대표적인 지표가 햇빛을 받는 정도인 '일조(日照)'와 바깥을 내다보는 경치인 '조망(眺望)'입니다. 일조와 조망은 아파트 개별 세대마다 달라지기 때문에 동·호수를 선택할 때 가장 우선하여 고려되는 사항이라고 할 수 있습니다. 아파트에서 일조와 조망은 기본적으로 층과 방향이 결정합니다.

아파트의 층은 비싼 토지 비용을 극복하기 위해 점점 높아지는 추세입니다. 층을 선택할 때 고려할 요소는 다양합니다. 전통적으로는 중간층(20층 아파트를 기준으로 10~15층)을 '로열층'이라 부르면서 선호했지만, 일조와 조망에 관한 관심이 높아지면서 최상층에 대한 인기도 만만치 않게 높아진 상황입니다. 하지만 엘리베이터나 계단 이용 시간과 노고, 화재와 같은 재해 시 안전성 등을 이유로 저층을 선호하는 사람도 일부 있으며, 층간소음 걱정 없이 아이를 키우고 싶어 1층을 선호하는 경우도 있습니다.

아파트 방향은 통상 거실 창문을 기준으로 봅니다. 사람들이 선호하는 층에는 취향 차가 있는 반면 아파트 방향은 무조건 남향이어야 합니다. 그다음은 어떻게든 남향을 낀 남동향과 남서향이고, 이후 동향, 서향, 북향 순으로 인기가 없어집니다. 우리나라의 뿌리 깊은 남향 선호는 사시사철 햇빛이

▶ 계절에 따른 일조 변화

태양의 고도(태양이 지표면과 이루는 각)는 계절별로 차이가 있다. 여름 햇빛은 머리 꼭대기에서 뜨고 지고, 겨울 해는 남쪽으로 치우쳐서 뜨고 진다. 따라서 계절에 따라 빛이 창으로 들어오는 깊이도 달라진다. 해가 높이 뜨는 여름에는 햇빛이 얕게 들어오고, 해나 낮게 뜨는 겨울에는 햇빛이 집안 깊숙이 들어온다.

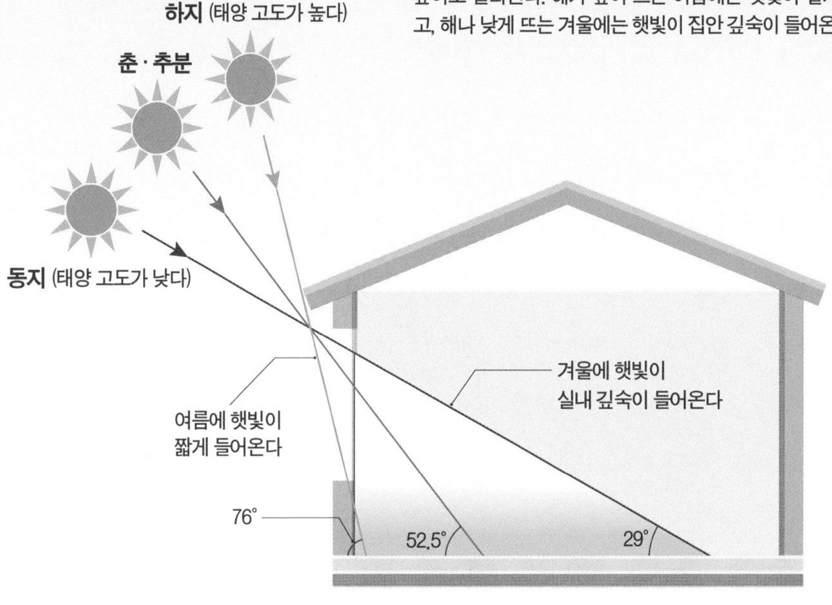

풍부하기 때문이라고 해석하기도 합니다. 햇빛이 풍부하다 보니 햇빛의 질까지 따지게 됐다는 분석인데요. 실제 햇빛이 귀한 유럽에서는 햇빛이 들기만 하면 만족하기 때문에 집의 방향까지 따지는 경우는 거의 없습니다.

남향의 장점은 온종일 가장 많은 시간 동안 햇빛을 받을 수 있다는 점입니다. 해 뜬 뒤부터 해질 때까지 집안에 햇빛이 계속 비춥니다. 아침과 저녁에는 태양과의 각도 때문에, 정오에는 태양의 고도 때문에 집 안에 햇빛이 적당하게 든다는 장점이 있습니다. 무더운 여름에는 태양 고도가 높아 건물 안으로 햇빛이 적게 들어와 시원하고 태양 고도가 낮은 겨울에는 햇빛이 더 깊숙이 들어와 따듯합니다.

동향은 고도가 낮은 태양을 아침에 마주하면서 오전에 햇빛이 집안 깊숙이 들어옵니다. 하지만 오후 내내 햇빛이 들지 않기 때문에 일조량이 부족해 겨울에는 춥고 빨래가 잘 마르지 않는 단점이 있습니다. 동향집은 맞벌이 부부나 중고생 자녀를 둔 집처럼 해가 진 후 귀가하는 경우 나쁘지 않습니다.

서향은 동향과 반대로 고도가 낮은 태양을 오후에 마주하면서 오후 내내 햇빛이 집안 깊숙이 들어옵니다. 아침에 햇빛이 들지 않아 겨울에는 오전 내내 춥고, 여름에는 오후 늦게까지 덥다는 단점이 있습니다. 서향은 오후에도 실내가 밝기 때문에 일찍 귀가하는 초등학생 자녀가 있는 집에 좋습니다.

북향의 경우는 온종일 햇빛이 들어오지 않기 때문에 낮에도 어둡고 겨울에는 춥습니다. 단점이 도드라져 설마 북향으로 짓는 집이 있을까 싶지만, 북향집은 생각보다 많습니다. 사각형 모양의 타워형 주상복합 아파트에서는 불가피하게 북향이 발생하고, 한강 남쪽에 자리한 일부 아파트 단지에서는 한강을 조망하기 위해 거실 창을 북향으로 내기도 합니다.

펠리체 지아니, <알렉산드로스 대왕과 디오게네스>, 1820~1822년, 종이에 잉크와 흑연, 55×77cm, 뉴욕 쿠퍼휴잇스미스소니언디자인박물관

법이 보장하는 햇빛을 방해받지 않고 쬘 권리

썩 유쾌하지 않은 상상을 한 번 해볼까요. 햇빛에 아무런 부족함 없이 살았는데, 인근에 새 아파트가 들어온 후 우리 집으로 들어오는 햇빛을 가로막습니다. 집에 볕이 들지 않으면서 당장 조명과 난방 사용량이 증가했습니

고대 그리스의 철학자 디오게네스(Diogenes, BC 400?~BC 323)는 역사상 최초로 '일조권'을 주장한 인물이다. 알렉산드로스(Alexandros the Great, BC 356~BC 323) 대왕이 지혜를 구하기 위해 디오게네스가 머무는 곳까지 찾아와 원하는 것이 무엇인지 묻자, "그러시다면 해와 저 사이를 가리고 있는 폐하의 그림자를 좀 치워주십시오"라고 답했다고 전해진다.

다. 빨래도 잘 마르지 않고, 발코니 군데군데 곰팡이도 생겼습니다. 집안이 어두워지면서 마음이 가라앉고 없던 우울증이 생긴 것 같습니다.

아파트의 고층화가 진행되면서 건축물에 의해서 생기는 그늘이 넓어지는 반면 건강하고 쾌적한 삶을 위해 필요한 환경권에 대한 인식이 커지면서 1990년대 우리나라 곳곳에서 일조 관련 분쟁이 발발했습니다. 일조란 태양광선이 구름이나 안개 등으로 가려지지 않고 비치는 것을 의미합니다. 건축물이 타인의 건축물로 인해 태양광선을 차단당하지 않고 일조 이익을 누릴 수 있는 권리를 '일조권'이라 합니다.

햇빛은 인간이 건강하고 쾌적하게 생활하는 데 꼭 필요한 요소이기 때문에 일조권은 중요한 의미를 갖습니다. 과학적으로 자외선에 의한 살균, 소독 등 보건 위생적 효과와 태양 복사열에 의한 난방과 채광 효과는 물론 햇빛이 인간의 심리 정서에 미치는 긍정적 효과들이 증명돼 있습니다.

많은 사람이 모여 사는 도시에서 타인의 건축물에 의해 태양광선이 차단되지 않기는 사실상 불가능합니다. 특히 아파트는 건물이 고층으로 밀집해서 있어서 다른 집에 비추는 태양광선을 가로막을 수밖에 없습니다. 이처럼 일조 방해가 불가피한 상황에서, 논점은 과연 얼마만큼 태양광선을 막아도 괜찮은지가 됩니다.

1999년 대법원은 이웃하는 아파트 간 일조권 분쟁에 대해 태양광선의 차단으로 불이익을 받는 경우, 일조 방해의 정도가 사회 통념상 '수인한도(참을 수 있는 한도)'를 넘으면 위법한 것으로 판시했습니다. 판례는 1년 중 해가 가장 짧은 동짓날 기준으로 9시부터 15시까지 6시간 중 연속해서 2시간

일조권이 중요해지면서 아파트 관련 정보를 제공하는 다양한 사이트에서 일조시뮬레이션을 제공하고 있다. 사진은 계절과 시간에 따라 달라지는 일조 변화를 보여준다. 위가 여름 오전, 아래가 겨울 오후의 그림자 모습이다. 여름에는 햇빛이 온종일 드는 곳도 겨울에는 태양 고도가 낮아져 다른 건물에 가려지면서 햇빛이 거의 들지 않는 경우도 있다. ⓒLH

이상, 8시부터 16시까지 8시간 중 합해서 4시간 이상 일조를 확보하지 못하는 경우 수인한도를 넘은 것으로 본다고 명백한 기준을 제시하고 있습니다.

대법원 판례 이후 일조권은 아파트의 주동 배치 계획을 수립할 때 가장 중요한 기준이 되고 있습니다. 「건축법」은 아파트를 고층으로 올릴 때 높이의 절반 이상 이격거리(떨어진 거리)를 확보하도록 정하고 있습니다. 그러나 법이 정한 높이와 이격거리 제한을 따르더라도 햇빛이 잘 들지 않을 수 있습니다. 이 때문에 전문가들은 3차원 일조 분석 프로그램을 활용한 시뮬레이션을 통해 주변 건물에 의한 일조 방해가 최소화하도록 아파트 주동을 배치합니다.

주동 형태가 일자형인 아파트는 정남향을 바라보는 배치가 일조 환경이 가장 양호합니다. 정남향에서 남동향이나 남서향으로 방향을 조정할수록 일조시간이 줄어듭니다. 아파트 경관의 단조로움을 피하기 위해 주동 형태를 일자형 대신 L자나 V자, T자형으로 많이 설계하고 있는데요. 다른 동은 물론 같은 동 건물에 의해서도 그림자가 드리울 수 있어 일조에는 부정적입니다. 아파트 주동 형태에 따른 일조 환경은 일자형이 가장 좋고 L자, V자, T자 순서로 나빠집니다.

일조는 태양광선이 비춘 시간을 나타내는 일조량에 대한 개념이고, 태양복사 에너지의 양을 나타내는 일사량까지 아우르는 개념은 아닙니다. 최근에는 햇빛의 효용성을 최대화하기 위해 일조시간과 함께 일사량을 평가해 아파트 주동 배치 계획에 반영하는 노력이 진행되고 있습니다. 한편 기존 아파트도 일조를 쉽게 확인할 수 있도록 아파트 관련 정보를 제공하는 포털에서 계절과 시간에 따른 3D 일조 분석 결과를 제공하기도 합니다.

아름다운 경관을 사유화할 수 있는가?

유명인의 일상을 보여주는 TV 프로그램이 많아지면서, 시청자가 유명인의 집을 들여다볼 기회도 많아졌습니다. TV 속 집에는 몇 가지 공통점이 있습니다. 확 트인 넓은 거실과 주방이 인상적인 대형 평수, 모던하고 세련된 인테리어, 사람 사는 집이 맞을까 싶을 정도로 깔끔하게 정돈된 실내……. 그중 백미는 탄성이 절로 나오는 한강 조망입니다.

조망은 특정 지점에서 멀리까지 넓게 바라보는 전망 혹은 경치를 가리킵니다. 일조와 마찬가지로 아파트 동 · 호수마다 달라집니다. 건축물이 타인의 건축물로 인해 방해받지 않고 조망 이익을 누릴 수 있는 권리를 '조망권'이라 부릅니다. 조망권은 크게 하늘을 바라볼 수 있는 권리인 '천공조망권'과 자연경관과 인공적으로 조성된 아름다운 건축물 등을 바라볼 수 있는 권리인 '경관조망권'으로 구분할 수 있습니다.

아파트에서 바깥을 내다봤을 때 거대한 건물로 가로막혀있다면 무척 답답할 겁니다. 천공조망권은 거실 창 면적에서 하늘이 보이는 면적비율인 천공률을 사용해 객관적으로 비교할 수 있습니다. 아무런 건물이 없다고 하더라도 땅과 하늘이 만나는 지평선이 존재하므로 천공률은 최고 50%입니다. 통상 천공률이 40% 이상이면 양호하고 30~40%는 보통이며, 10~20%이면 폐쇄감의 정도가 약간 심하고 10% 미만이면 폐쇄감이 심하다고 평가합니다.

경관조망권은 멋진 경치를 내려다볼 수 있는 권리입니다. 산 · 바다 · 강 · 호수 · 공원 · 항구 등 수려한 조망은 인간에게 정신적 평온과 미적 만족감 등 정서적 혜택을 줍니다. 조망이 훌륭한 주택에 높은 가격을 지불하는 것을 전 세계적으로 당연하게 받아들입니다. 미국 맨해튼 아파트의 센트럴파크 조망과 홍콩 아파트의 빅토리아 항구 조망은 부르는 게 값일 정

조망권은 특정한 위치에서 밖을 바라볼 때 자연경관이나 역사 유적 같은 특별한 경관을 볼 수 있는 권리다. 조망권은 특별히 자신의 노력이나 비용을 지출하지 않고 누릴 수 있는 반사이익으로, 법적으로 보호받지 못한다. 사진은 뉴욕 록펠러센터의 '탑오브더락' 전망대에서 바라본 경관.

도로 인기입니다. 우리나라에서는 서울의 한강 조망, 부산 해운대와 인천 송도의 바다 조망, 경기도 광교의 호수 조망 등이 유명합니다.

하지만 조망권은 일조권과 달리 법적으로 보호받기가 상당히 까다로운 권리입니다. 2004년 대법원은 조망에 특별한 가치가 있고 사회 통념상 조망 이익이 승인되어야 할 정도로 중요하다고 인정되는 경우 법적인 보호

대상이라는 판례를 내놓았습니다. 그러면서 인공적으로 시설을 갖춤으로써 향유하는 조망 이익은 보호 대상에서 제외했습니다. 따라서 아파트를 높이 축조함으로써 개별 세대 안에서 누리게 된 조망 이익은 법적으로 보호받을 수 없습니다. 자칫 억울하다고 생각할 수도 있지만 조망권을 폭넓게 인정하면 아파트와 조망 대상 사이의 토지에는 어떤 건물도 건축할 수 없게 돼버립니다.

법적 권리는 아니더라도 조망은 수억 원의 프리미엄으로 거래되는 경제적 가치가 있으며 아파트의 주동 배치 계획을 수립할 때 일조권과 마찬가지로 고려해야 할 중요한 요소입니다. 최근 우리나라에서는 아파트 조망 경관의 질적 수준을 객관적으로 평가하는 방법에 관한 연구가 활발히 진행되고 있습니다. 조망의 질적 가치를 정량화하는 과학적 기준을 정립하면 조망에 대한 만족 비율을 최대로 향상시키는 아파트 주동 배치 계획이 가능할 것으로 전망됩니다.

온종일 따사로운 햇살이 집을 환하게 비추고, 창문 너머로 그림 같은 풍경이 펼쳐지는 집. 누구나 이런 집에 살고 싶어 합니다. 햇빛 · 바람 · 아름다운 경관은 만질 수도 어느 한 사람이 소유할 수도 없습니다. 하지만 이것들을 내 집에서 향유할 수 있는 권리는 엄연히 돈으로, 그리고 아주 비싼 값에 거래됩니다. 같은 지역에 같은 크기의 아파트라도 한강을 조망할 수 있는지에 따라 가격 차가 최대 수억 원까지 벌어지는 것이 현실이죠. 명문화되어 있지 않을 뿐, 모두의 것이기에 아무도 소유할 수 없다고 생각한 것들에 대한 사유화는 이미 진행되고 있습니다.

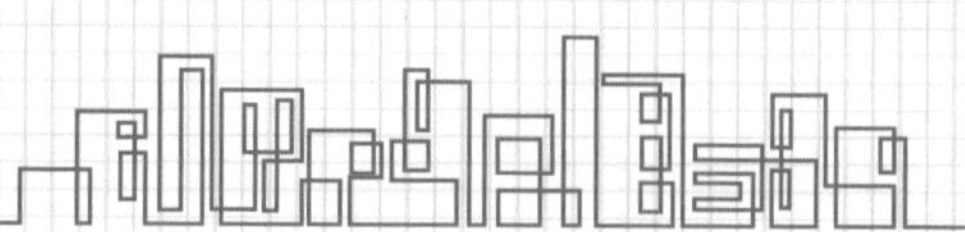

하루 20분
햇빛 샤워의 효과

▼
▼
▼

식물은 광합성을 통해서 생존과 생장에 필요한 에너지를 얻습니다. 광합성에 필요한 것이 바로 '빛'입니다. 햇빛이 부족하면 농작물은 생육이 저조하고 기형이 늘며 병충해가 많이 발생합니다. 그렇다면 사람이 햇빛을 제대로 받지 못하면 어떻게 될까요?
햇빛을 받을 때 우리 몸속에서 생기는 가장 주목해야 할 변화는 비타민D의 생성입니다. 비타민D는 호르몬처럼 체내에서 합성되는 물질입니다. 사람의 피부에는 7-디하이드로콜레스테롤(7-dehydrocholesterol)이라는 물질이 있는데요. 7-디하이드로콜레스테롤이 자외선B(UV-B)의 자극을 받으면 비타민D가 되기 전 단계 물질(전구체)인 프리비타민D가 됩니다. 프리비타민D가 간과 신장에서 수산화 효소에 의해 우리 몸이 활용할 수 있는 활성형 비타민D로 변합니다.
비타민D는 칼슘을 흡수하고 이용하는 데 꼭 필요한 영양분입니다. 비타민D가 부족해지면 칼슘 대사가 불완전해져, 골격이나 치아 형성에 부정적인 영향을 미치고 심한 경우 척추나 다리가 굽는 구루병에 걸릴 수 있습니다.
영국에서는 매년 가을을 지나 겨울로 넘어가는 시기에 '겨울 우울증(winter blues)'으로 고생하는 사람이 많습니다. 겨울 우울증의 원인은 부족한 햇빛입니다. 12월이면 영국

햇빛은 정신건강 측면에서도 매우 중요한 역할을 한다. 특정 계절이 되면 무기력하고 우울해지는 증상을 계절성 우울증이라고 한다. 계절성 우울증은 인구의 5~10%가 겪을 정도로 흔하며, 겨울과 여름 장마철처럼 일조량이 부족한 계절에 많이 나타난다. 일조량이 감소하면, '행복 호르몬'인 세로토닌이 적게 분비되어 우울해진다. 또 수면을 유도하는 생체리듬 호르몬인 멜라토닌 분비는 늘어나면서 잠이 많아지고 무기력해지기도 한다. 일조량이 부족한 계절에는 산책을 통해 햇볕 쬐는 시간을 늘리는 것만으로도 우울한 증상을 완화할 수 있다.

런던은 오후 3시만 되어도 땅거미가 내려앉고, 스코틀랜드 북부 일부 지역은 하루 평균 64분 정도만 햇빛을 볼 수 있다고 합니다. 비타민D는 행복을 느끼게 하고 우울과 불안을 줄여주는 호르몬인 세로토닌(serotonin) 합성에 영향을 미칩니다. 일조량이 줄어들면 세로토닌 분비량이 줄어듭니다. 이 외에도 비타민D는 숙면과 면역체계 강화, 심혈관 질환 감소, 암 예방 등에서 중요한 역할을 하는 것으로 알려져 있습니다.

하지만 과하면 독이 될 수 있습니다. 햇빛은 피부 탄력 조직인 진피층까지 침투해 콜라겐과 엘라스틴을 파괴해 피부 손상과 노화를 촉진합니다. 또 햇빛에 오래 노출되면 피부암 위험이 커지며, 눈의 망막이 상할 위험도 있습니다. 전문가들은 하루 20분 정도만 햇볕을 쬐면 우리 몸에 필요한 비타민D를 생성할 수 있다고 조언합니다.

Apartment & Science **5F**

집이 우리 몸을 공격한다!

현대인들은 하루 중 80~90% 이상의 시간을 실내공간에서 생활하고 있습니다. 특히 2020년 코로나바이러스감염증-19(COVID-19)가 전 세계를 강타한 후 재택근무와 온라인수업 등 비대면 문화가 확산되면서 집에서 보내는 시간은 더욱 늘어났습니다. 언택트(untact, 비대면) 문화는 코로나19 종식 후에도 영역을 더욱 넓히며 발전해 나갈 것으로 예상됩니다.

투우 경기장에서 소가 숨 고르기를 하는 장소를 '케렌시아(querencia)'라고 합니다. 창에 찔려 피범벅이 된 소는 투우사의 위협을 피해 경기장 어딘가로 향하는데요. 이곳에서 소는 생과 사를 가르는 마지막 결전을 위한 에너지를 모읍니다. 집은 코로나바이러스 등이 창궐하는 위험한 바깥세상으로부터 나와 가족을 안전하게 지켜주는 휴식처이자 안식처, 즉 케렌시아입니다. 하지만 케렌시아가 돼야 하는 집 안에도 예상치 못하는 위험이 도사리고 있습니다.

아파트의 외풍을 잡자 찾아든 불청객

고생 끝에 드디어 내 집 마련에 성공해 새 아파트에 입주했습니다. 기쁨도 잠시 왠지 눈, 코, 입이 따끔따끔하고 피부도 가려운 것 같습니다. 나만 그런 줄 알았는데 새 아파트에 입주한 사람 중 이런 증세를 느낀 사람이 한둘이 아니었습니다. 2000년대 초반 우리나라에서 전 사회적인 이슈로 부각한 '새집증후군' 현상입니다.

새집증후군은 서양에서 1970년대 '병든 건물 증후군(sick building syndrome)'이라는 이름으로 처음 알려지기 시작했습니다. 건축 자재 등에서 발생한 오염물질이 실내공기를 오염시켜 그 공간에서 생활하는 사람들의 건강을 해치는 현상을 가리킵니다. 2000년대 초반 우리나라에서 새집증후군이 대두한 까닭은 아이러니하게도 이 시기에 지어진 집이 외풍을 물샐틈없이 막아냈기 때문입니다. 에너지를 절약하기 위해 아파트 단열과 기밀 성능을 대폭 강화하자, 건물에서 바람이 새는 외풍이 사라지면서 예기치 않게 실내공기 오염이 더욱 심각해진 것입니다.

새집증후군의 원인은 건축 자재나 가구 등에서 배출돼 실내를 부유하는

▶ **실내 오염 발생원과 유해성**

아파트 세대 안에는 새집증후군의 원인인 다양한 실내공기 오염물질이 있다. ⓒ LH

폼알데하이드와 벤젠, 톨루엔, 에틸벤젠, 자일렌, 스틸렌 등과 같은 휘발성 유기화합물들(VOCs, Volatile Organic Compounds)입니다. 이 물질들은 눈, 코, 목의 점막을 자극하여 현기증과 구토, 두통을 유발하고, 심한 경우 아토피성 피부염이나 천식 등을 발생시킵니다.

바깥보다 실내가 더 깨끗하다고 생각하기 쉽지만, 아파트의 실내공기에는 다양한 오염물질이 존재합니다. 아파트 실내공기에서 발견되는 오염물질 중 인체에 가장 치명적인 공격을 가하는 것이 라돈(Rn-222)입니다. 라돈은 우리나라에서는 '라돈 침대 파문'으로 익숙해진 물질인데요. 세계보건기구(WHO : World Health Organization)는 라돈을 1급 발암물질로 규정하고 있으며 폐암을 유발하는 원인으로 흡연의 뒤를 이어 2위로 라돈을 지목했습니다.

라돈은 우라늄(U-238)이 여러 단계의 방사성 붕괴 과정을 거쳐 생성되는 무색, 무취, 무미의 기체로 지구상 어디에나 존재하는 자연 방사능 물질입니다. 건축 자재나 가구 등에 포함되어 있던 라돈은 공기 중에 떠 있다가 그 안에서 생활하는 사람의 몸속으로 쉽게 흡입됩니다. 라돈은 방사능이 원래 개수에서 반으로 줄어드는 반감기가 3.8일입니다. 즉 라돈은 오랜 시간 공기 중에 머물면서 사람의 몸에 계속 축적되기 때문에 각별한 주의가 요구됩니다.

황사로 인해 친숙한 미세먼지도 아파트 실내공기를 오염시킵니다. 미세먼지는 공기 중에 부유하는 액체 또는 고체상 물질인데요. 일반적으로 지름 10㎛ 이하의 입자인 미세먼지(PM10)와 지름 2.5㎛ 이하의 입자인 초미세먼지(PM2.5)로 구분합니다. 장시간 미세먼지를 흡입하면 면역력이 급격히 저하되어 호흡기는 물론 피부나 안구, 심혈관 등에 심각한 문제를 일으킬 수 있습니다.

이 외에도 세균과 곰팡이 등 각종 미생물성 오염물질들이 아파트 실내공기에 떠다니면서 입주민의 건강을 위협할 수 있습니다. 이런 오염물질은 알레르기나 호흡기 질환을 유발합니다. 최신식 아파트라 하더라도 실내외 온도 차로 발생하는 결로현상 때문에 곰팡이 등 미생물성 오염물질로부터 자

▶ 조리 시 발생하는 오염물질

일산화탄소	혈액 중 산소와 반응하여 산소 결핍에 따른 각종 질환 유발
이산화질소	호흡 시 헤모글로빈의 산소 운반 능력을 저하시키며, 농도가 높을 경우 기관지염과 같은 호흡기 질환 유발
미세먼지	호흡기를 통해 폐로 들어와 폐 기능 저하, 면역력 약화
휘발성 유기화합물	호흡기나 눈·피부를 자극하고 두통 유발. 만성일 경우 혈액 장애 발생
폼알데하이드	눈·코·목 등 피부 자극. 발암성물질

유로울 수 없습니다.

아파트에서 실내공기를 관리해야 하는 가장 큰 이유는 인간이 주기적으로 실내공기를 오염시키는 활동을 하기 때문입니다. 실내공기를 순식간에 오염시키는 범인은, 바로 가스레인지 등을 이용해 음식을 만드는 조리 활동입니다. 음식 조리 과정에서 불완전연소로 인해 이산화탄소(CO_2)와 일산화탄소(CO), 미세먼지 등 실내공기 오염물질이 다량으로 발생합니다.

이산화탄소는 집중력 감퇴와 불쾌감, 두통을 유발하고 일산화탄소는 헤모글로빈의 산소 운반 능력을 저하시켜 심할 경우 중추신경에 영향을 줄 수 있습니다. 음식 조리 시 발생하는 미세먼지는 흡연하지 않는 여성이 폐암에 걸리는 가장 주된 이유인 것으로 추정하고 있습니다.

실내공기가 바깥공기보다 깨끗하다는 건 착각

바깥공기보다 실내공기 오염이 더욱 중요한 까닭은 실내공기 속에 오염물질이 계속 부유하면서 그 안에서 생활하는 사람들의 건강에 지속적으로 악영향을 미치기 때문입니다. 실내공기는 밀폐된 환경으로 인해 바깥공기보다 2배에서 5배까지 오염 정도가 심해질 수 있습니다.

실내공기에 관한 관심이 커지며, 가정 내 필수 가전으로 자리 잡은 것이 공기청정기입니다. 실내공기 중 오염물질을 줄이는 데 공기청정기가 만능이라고 생각하기 쉽습니다. 실제 공기청정기는 미세먼지 등 입자성 오염물질 제거에 탁월한 성능을 발휘합니다. 하지만 라돈과 일산화탄소, 이산화탄소 등 가스성 오염물질을 제거하는 데는 한계가 있습니다. 다양한 실내공기 오염물질들을 완벽히 제거하는 일은 기술적으로 어려우며 비용도 많이 드는 일입니다.

전문가들은 실내공기 오염에 대한 가장 효과적이며 효율적인 대책은 '환기(ventilation)'라고 얘기합니다. 환기를 통해 바깥의 신선한 공기를 끌어와서 실내의 오염된 공기와 교체하고 희석하면, 입자성 오염물질뿐만 아니라 가스성 오염물질의 농도도 안전한 수준으로 낮출 수 있습니다.

우리나라에서는 아파트 실내공기와 관련된 사항을 법으로 정해놓고 있습니다. 「다중이용시설 등의 실내공기질관리법」에 따라 100세대 이상 신축 공동주택은 실내공기 질 측정 결과를 입주 전 입주민에게 공개해야 합니다. 「건축물의 설비기준 등에 관한 규칙」은 30세대 이상 아파트는 시간당 0.5회

▶ 환기 장치 가동 시 미세먼지와 라돈 농도 변화

환기 장치를 가동해 아파트 실내공기 속 오염물질의 농도를 안전한 수준으로 떨어트릴 수 있다.
ⓒ 한국건설기술연구원

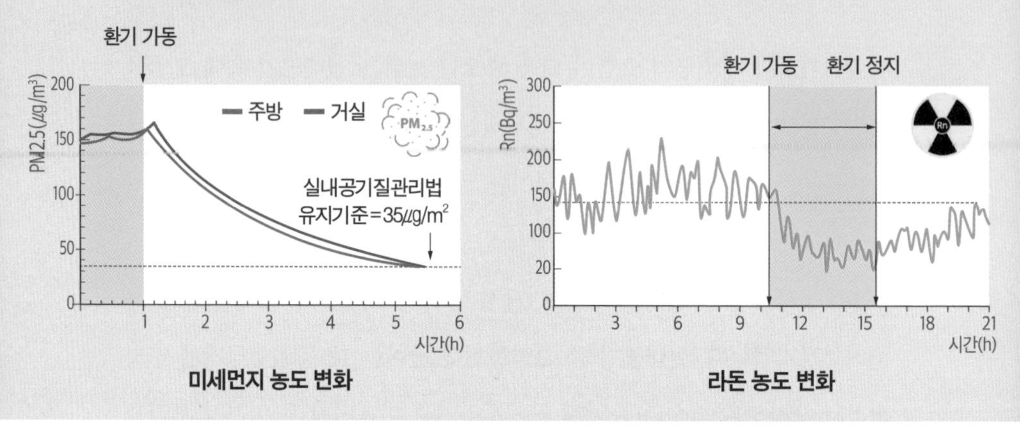

이상의 환기가 이루어질 수 있도록 자연환기 또는 기계환기 설비를 갖추도록 정하고 있습니다. 시간당 0.5회 환기는 2시간 동안 실내공기 전체를 바깥공기로 바꿀 수 있는 환기 성능을 확보해야 한다는 의미입니다.

자연환기는 창문 개방을 통한 환기입니다. 아파트에서 가장 확실하고 간단한 환기 방법입니다. 아파트 전면과 후면 창문을 동시 개방할 수 있으면, 일명 맞통풍이라 불리는 효과를 통해 환기량이 많이 증가합니다. 자연환기는 외부 미세먼지가 '매우 나쁨' 단계일 때를 제외하고는 하루에 3번, 10분 내외로 실시하면 좋습니다.

기계환기는 환기장치를 사용하여 강제적으로 환기하는 방식입니다. 날씨나 외부 대기오염과 상관없이 안정적인 환기가 가능하다는 장점이 있습니다. 대다수 아파트에는 중앙에 사각형 모양의 전열소자가 있는 판형 환기설비가 다용도실 천정에 달려있습니다. 전열소자는 실내에서 흡입한 공기를 얇은 막을 통해 실외에서 흡입한 공기와 서로 교차한 후, 각각 실외와 실내로 보냅니다. 이 과정을 통해 실내에서 바깥으로 나가는 공기의 열이 바깥에서 실내로 들어오는 공기에 전달되기 때문에 에너지 절약 측면에서 유리합니다.

환기 장치에서 중요한 부품은 오염물질을 걸러주는 필터입니다. 필터는 외부에서 내부로 공기가 흡입되는 위치에 장착되어 있습니다. 10㎛ 이하 분진 포집에 사용되는 프리필터와 1㎛ 이상의 분진을 처리하는 미디엄필터, 그리고 0.3㎛ 크기의 미세먼지와 곰팡이 · 미생물 등을 99.97%까지 여과시켜주는 헤파필터가 함께 사용됩니다.

최신형 공기청정기를 들이기 전에 해야 할 일

아파트에서 관리가 가장 잘 안되고 활용도 제대로 못 하는 설비로 환기 장치를 첫손가락으로 꼽을 수 있지 않을까 싶습니다. 한국소비자원이 2019년 발표한《아파트 환기 설비 안전실태조사》에 따르면, 수도권 아파트 24곳을 조사한 결과 아파트 7곳은 주민들이 환기 장치 위치조차 몰랐고, 14곳은 주민들이 환기 장치에 달린 필터를 주기적으로 교체해야 한다는 사실을 모르고 있었습니다. 조사한 아파트 24곳 중 4곳은 환기 장치에 필터가 아예 없었으며, 나머지 20곳 중 14곳도 필터를 제때 교체하지 않아 공기정

▶ **미세먼지 배출 효과 비교**

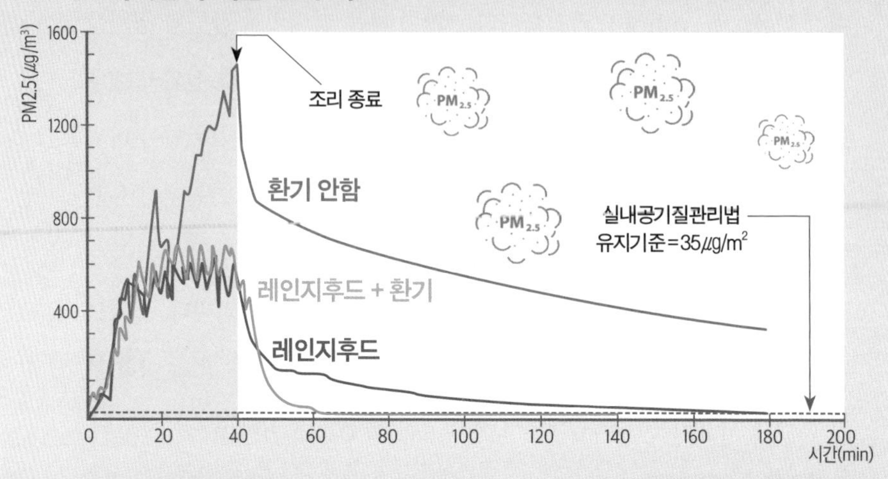

음식 조리 시 레인지후드만 가동하였을 때(파란색 선)보다 레인지후드 가동과 환기를 병행했을 때 (초록색 선) 미세먼지 배출 효과가 더 크다. © 한국건설기술연구원

화 성능이 60% 미만 수준으로 떨어져 있었습니다.

건강한 실내공기를 원한다면 아파트 세대마다 장착된 환기 장치를 제대로 알고 활용해야 합니다. 서울시 《환기 장치 관리운영 요령》은 아파트에 사람이 있을 때 실내공기가 정화되도록 시간당 10분 내외 환기 장치 가동을 권장하고 있습니다. 이렇게 했을 때 실내공기 질이 확연히 개선되는 효과를 볼 수 있는데 전기료는 월 5000원 수준입니다. 아파트 관리사무소는 입주자가 환기 장치 가동 기준을 숙지할 때까지 사용요령을 홈페이지에 게시하고 미세먼지 발생 시 안내 방송으로 적정한 사용과 관리가 이루어지도록 해야 합니다.

특히 주방에서 연소기기를 사용하여 조리할 때는 유해물질이 평상시보다 적게는 2배에서 많게는 60배까지 발생하므로 레인지후드를 반드시 가동해야 합니다. 조리 시에는 30분 이상 환기를 지속하는 것이 바람직합니다. 레인지후드와 함께 창문을 일부 개방하거나 환기 장치를 동시에 가동하면 조리 시 발생하는 오염물질을 효과적으로 배출할 수 있습니다.

환기 장치 관리의 핵심은 필터입니다. 필터를 관리하지 않고 그대로 사용하면 환기 장치가 무용지물이 되면서 다양한 건강상의 문제가 발생할 수 있습니다. 바깥공기 속 유해물질이 제대로 걸러지지 않을뿐더러 각종 세균과 곰팡이가 발생하여 환기 장치를 통해 실내로 확산될 가능성이 커집니다.

환기 장치 필터의 권장 교체 주기는 6개월인데, 수시 작동 시에는 3개월 주기로 점검하고 교체하는 것이 바람직합니다. 레인지후드의 필터는 조리 중에 발생한 유증기(oil mist : 기름이 증발하여 안개처럼 공기 중에 분포하는 것)로 인한 폐유 점착을 방지하기 위해 1~2개월에 한 번씩 세척하고 필터지를 교체하는 것이 좋습니다. 공기가 오가는 통로인 환기 덕트는 1~2년마다 주기적으로 점검하고 청소해야 하는데, 입주민이 직접 하기는 어렵고 전문 업체의 도움이 필요합니다.

많은 사람이 대기오염이 건강에 유해하다는 사실을 잘 알고 있지만 실내공기 오염이 대기오염보다 더 유해하다는 사실을 제대로 알지 못하는 경우가 많습니다. 세계보건기구에 따르면 실내공기 오염에 의한 사망자 수는 연간 380만 명에 달합니다. 건강한 실내공기를 원한다면 아파트에 이미 장착된 환기 설비를 제대로 알고 활용해야 합니다. 그리고 창문을 활짝 열고 묵은 공기를 내보내고 새로운 공기를 채워야 합니다.

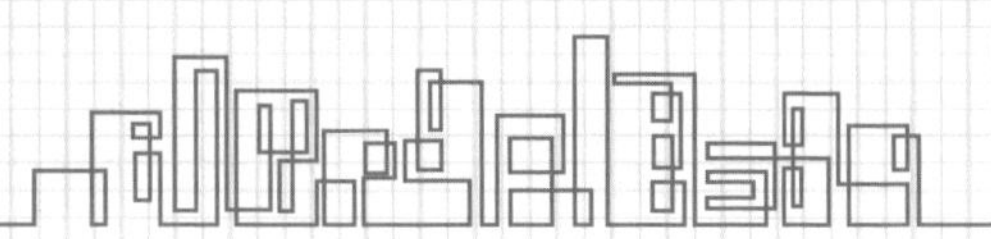

새집증후군을 날려버리는
아파트 공기(空氣) 굽기

▼
▼
▼

아파트의 실내공기는 신축일 때 입주 직후에 최악이 됩니다. 국립환경과학원에 따르면 폼알데하이드와 휘발성유기화합물 등의 오염도가 신축 아파트에서 입주 2개월 후 정점에 도달했습니다. 이후 실내 오염물질은 차츰 감소하기 시작해 입주한 지 3년이 지나면 거의 소멸하는 것으로 나타났습니다.
신축 아파트에서 실내공기 문제가 심각함에 따라 국토교통부는 「건강친화형 주택건설 기준」을 통해 공동주택을 신축하거나 리모델링을 하면 실내 마감 공사 이후 반드시 플

▶ 신축 공동주택 주요 오염물 오염도 실태 조사 결과 (단위 : ㎍/㎥)

거주 기간	톨루엔	폼알데하이드	자일렌(m, p)	아세톤	에틸벤젠
입주 전	272.81	71.68	88.80	70.58	49.76
입주 후 2개월	254.04	212.25	114.81	120.22	52.31
입주 후 4개월	162.01	220.51	83.07	65.62	34.98
입주 후 6개월	120.20	147.79	64.56	36.02	25.66
입주 후 8개월	91.31	89.89	32.76	35.75	13.82
입주 후 10개월	75.10	97.39	31.45	41.80	11.81

자료 : 국립환경과학원

러쉬아웃(flush out) 혹은 베이크아웃(bake out)을 하도록 정해놓고 있습니다.

플러쉬아웃은 환기 등을 이용하여 신선한 외부 공기를 실내에 충분히 끌어들임으로써 실내 오염원을 실외로 방출하는 방법입니다. 대형 팬 또는 기계 환기 설비를 이용하여 1m^2당 400m^3의 외부 공기를 실내로 유입시켜 실내 오염물질과 함께 외부로 배출시켜야 합니다.

베이크아웃은 마치 빵을 굽는 것처럼 실내공기의 온도를 높여 건축 자재나 마감 재료에서 나오는 유해물질의 배출을 일시적으로 증가시킨 후 환기해 유해물질을 제거하는 방법입니다. 실내온도를 33~38℃로 올려서 8시간 유지하고, 문과 창문을 모두 열고 2시간 환기하는 일을 3회 이상 반복해야 합니다.

관련 연구를 살펴보면 실내 오염물질 저감에는 플러쉬아웃보다 베이크아웃이 더 효과적인 것으로 나타나고 있습니다. 하지만 대부분의 건설사는 비용이 더 적게 들고, 실내 마감이나 자재, 가구류 등이 변형될 우려가 없는 플러쉬아웃을 선호합니다. 따라서 신축 아파트라면 입주하기 전에 입주민 스스로 베이크아웃을 추가로 하면 더욱 깨끗한 실내환경에서 생활할 수 있습니다.

▶ 베이크아웃하는 방법

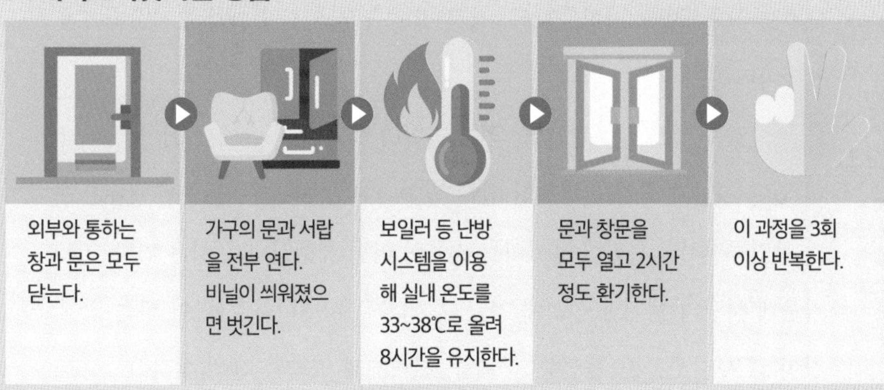

Apartment & Science **6F**

공간에 생명을 불어넣는 창의 과학

박찬욱 감독의 영화 〈올드보이〉에서 주인공 오대수는 영문도 모른 채 15년 동안이나 독방에 감금됩니다. 영화에서 그가 감금된 방에는 그림으로 그려진 가짜 창(窓)이 등장합니다. 이는 오대수로부터 햇빛과 바람, 소리는 물론 밤낮 구분과 시간 감각에 현실감까지 빼앗아버리는 역할을 합니다.

창이 없는 방은 감옥과 같습니다. 정확히 하자면, 감옥에도 쇠창살로 막혀 있고 크기가 작기는 하지만 창이 있습니다. 창이 없는 경우는 냉동창고나 무인공장처럼 사람이 생활하는 건물이 아닐 때뿐입니다. 창은 건축 요소 가운데 사람의 행위와 심리에 가장 큰 영향을 미칩니다. 사람이 사는 집에 창이 없으면 우울증, 불면증, 무력증, 면역체계 약화와 같은 심리적 · 생리적 손상을 유발하는 것으로 알려져 있습니다.

창, 안과 밖을 연결하는 소통의 통로

영어로 창문을 'window'라고 합니다. window는 고대 스칸디나비아어 'vindauga'에서 유래되었습니다. 'vindr'는 '바람'을 'auga'는 '눈'을 뜻하는 말입니다. 직역하면 '바람의 눈'입니다. 유리창 형태의 창이 건축물에 처음 등장한 것은 서기 100년쯤 로마시대로 보고 있습니다. 이전까지 창의 가장 큰 역할은 바람이 들고 나가는 환기가 아니었을까 짐작해봅니다.

한국인의 주거공간인 아파트에서 창은 다양한 역할을 하고 있습니다. 창은 크기나 방향을 통해 햇볕이 얼마나 잘 드는지 결정합니다. 채광이 좋을수록 공간은 쾌적하고 건강을 위협하는 곰팡이나 세균 번식이 줄어듭니다. 창의 개폐를 통한 통풍과 환기는 채광만큼 쾌적한 생활을 위해 필수적인 요소입니다. 바깥을 내려다보는 조망은 공간의 만족도를 결정하는 요소로 심리와 정서에 긍정적 영향을 미칩니다.

창은 프라이버시 차원에서도 중요한 문제가 됩니다. 인간의 정신건강을 위해서는 안이 보이지 않도록 가리고 소리의 전달을 차단할 수 있어야 하기 때문입니다. 또한 창은 건축 디자인 측면에서 사람들의 눈길을 끌어당기는 요소여서 아파트의 내 · 외관을 꾸미는 데도 중요한 역할을 합니다.

아파트에서 창을 얼마나 확보해야 하는지는 창면적비(WWR : Window-to

창문은 안과 밖, 나와 세상 사이의 접점이자 분기점 역할을 한다.

Wall Ratio)를 통해 가늠할 수 있습니다. 창면적비란 지붕과 바닥을 제외한 건축물 전체 외피 중 창이 차지하는 면적의 비율입니다. 우리나라 아파트의 창면적비는 25~45% 정도로, 외피의 3분의 1 정도가 창으로 뚫려 있다고 생각하면 됩니다.

창은 향에 따라 크기가 조금씩 달라지는 게 좋습니다. 남향일 때는 온종일 햇빛이 잘 드는 장점을 최대한 활용하기 위해 창면적비는 40~45% 정도로 높입니다. 북향은 햇빛이 직접 들어오지 못하고 유리 등에 반사된 확산광이 들어오므로, 열 손실을 낮추기 위해 창면적비는 35~40%로 줄입니다. 동향과 서향은 태양이 뜨고 질 때 햇빛이 집안 깊숙이 들어오므로, 햇빛이 과도하게 들어오는 것을 차단하기 위해 창면적비를 25~30% 정도로 작게 제한하는 게 적절합니다.

열 흐름을 통제하는 다양한 기술

창은 채광과 조망을 할 수 있도록 유리를 주재료로 사용하고, 환기를 위해 여닫을 수 있는 구조로 만들다 보니 피할 수 없는 약점이 생깁니다. 바로 건물에서 에너지가 집중적으로 빠져나가는 열적으로 가장 취약한 구멍이 되는 것입니다. 더욱이 여름에는 창을 통해 과다한 햇빛이 들어와 냉방부하를 매우 증가시키기도 합니다.

창의 열 성능을 평가하기 위해 다양한 지표가 활용되고 있습니다. 가장

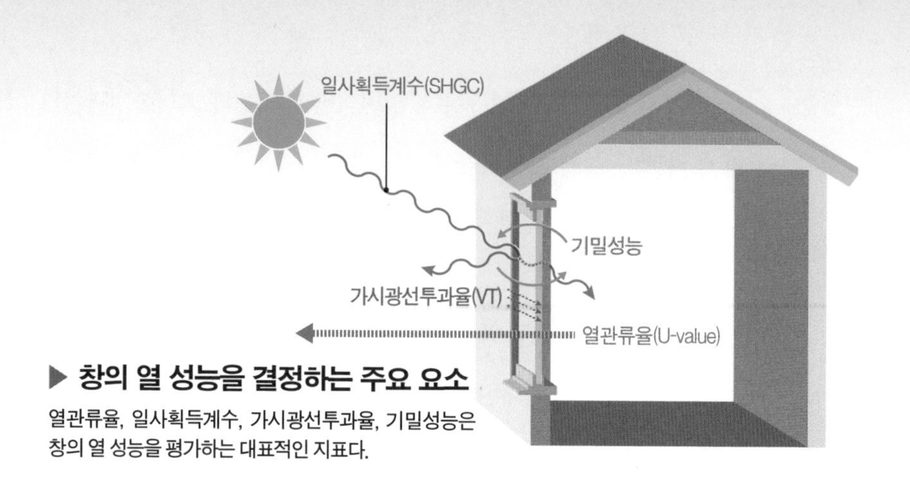

▶ 창의 열 성능을 결정하는 주요 요소

열관류율, 일사획득계수, 가시광선투과율, 기밀성능은 창의 열 성능을 평가하는 대표적인 지표다.

많이 사용되는 열관류율(U-value)은 전도, 대류, 복사 등 다양한 형태로 일어나는 열 전달 요인들을 모두 더해 하나의 값으로 나타낸 것입니다. 표면적이 1m²인 물체를 사이에 두고 온도 차가 1K(켈빈, 절대온도로 1K 차이는 1℃ 차이와 같다)일 때 물체를 통한 열류량을 W(와트)로 표시합니다. 수치가 높을수록 열이 쉽게 빠져나간다고 이해하면 됩니다. 일반적으로 건물 외피는 열관류율이 0.4~0.5W/m²K인데, 창은 열관류율이 3.3W/m²K로 에너지 손실이 7배 이상 큽니다.

일사획득계수(SHGC : Solar Heat Gain Coefficient)는 햇빛을 통해 열을 얻는 정도를 나타내는 지표입니다. 창을 직접 투과한 일사량과 유리에서 흡수된 후 실내로 유입되는 열을 합하여 계산합니다. 0에서 1 사이의 값을 가집니다. 수치가 높을수록 일사로 인한 열 획득이 많아 여름철에는 냉방부하가 커지게 됩니다. 보통 남향과 동 · 서향 창문은 차폐 성능을 강화하기 위해 SHGC 0.3 미만을 사용하고 북향은 일사 유입을 위해 0.6 미만을 사용합니다.

가시광선투과율(VT : Visible light Transmittance)은 눈에 보이는 가시광선이 투과하는 비율로 창의 투명도를 객관적으로 파악할 수 있는 지표입니다. 기밀성능(Air Tightness)은 창을 사이에 두고 양쪽에 압력 차가 발생했을 때 틈새를 통해 공기가 빠져나가는 흐름을 억제하는 성능을 보여줍니다.

우리나라에서는 창호에 대해 에너지소비효율 등급제도를 시행하고 있는데, 소비자의 선택을 돕고 생산자의 기술개발을 촉진하는 목적의 제도입니다. 에너지소비효율에 따라 다섯 등급으로 나눠지는데 1등급을 받기 위해서는 열관류율이 0.9W/m²K 이하이고 기밀성능이 1등급이어야 합니다.

창의 열 성능을 개선하기 위해 다양한 기술이 개발돼 사용되고 있습니다. 복층유리는 단판유리의 열적 취약점을 개선하기 위해 유리와 유리 사이에 공기를 밀봉하여 열관류율을 낮춘 제품입니다. 아파트에는 6mm 두께의 유리 두 장 사이에 12mm 공기층을 둔 24mm 복층유리가 많이 사용됩니다. 최근에는 단열성능을 강화하기 위해 유리 세 장 사이에 공기층을 둔 삼중유리 사용이 늘고 있는 추세입니다.

복층유리나 삼중유리 사이의 공기층에는, 열전도도가 낮으며 점성은 크고 움직임이 적은 아르곤(Ar)이나 크립톤(Kr) 같은 비활성 기체를 주입하면 창의 열 성능을 획기적으로 개선할 수 있습니다. 유리와 유리 사이 공간에서 대류나 열전도가 최소화되기 때문에 열관류율을 크게 줄이고 단열 성능을 대폭 강화할 수 있습니다.

아파트 창에 사용되는 가장 인기 있는 기술은 로이(Low-E) 코팅입니다.

다층유리 안쪽 면에 은(Ag) 등 금속을 증착해 피막을 만드는 기술입니다. 로이 코팅된 유리는 가시광선은 그대로 투과하지만 열을 가진 적외선은 반사해 열 흐름을 억제합니다. 결과적으로 채광과 조망에는 아무런 문제가 없지만 열은 오가기 어려워집니다. 로이유리는 여름철에는 바깥 열이 실내로 들어오는 것을 차단하여 냉방부하를 저감하고, 겨울철에는 실내 열이 바깥으로 빠져나가지 않게 해 난방에너지를 절감할 수 있습니다.

유리 사이를 진공으로 만드는 진공유리는 최근 일부 아파트에서 도입하기 시작했습니다. 진공층은 전도와 대류에 의한 열전달을 효과적으로 차단하는데, 로이 코팅까지 함께 적용하면 단열성능을 0.36W/m²K까지 낮출 수 있습니다. 일반적인 로이유리보다 3배 가까이 단열성능을 높인 수준입니다.

복층유리나 삼중유리를 만들 때 유리와 유리 사이에 적절한 거리를 유지하기 위해 '스페이서(spacer)'를 끼워 넣습니다. 기존에는 스페이서를 구조

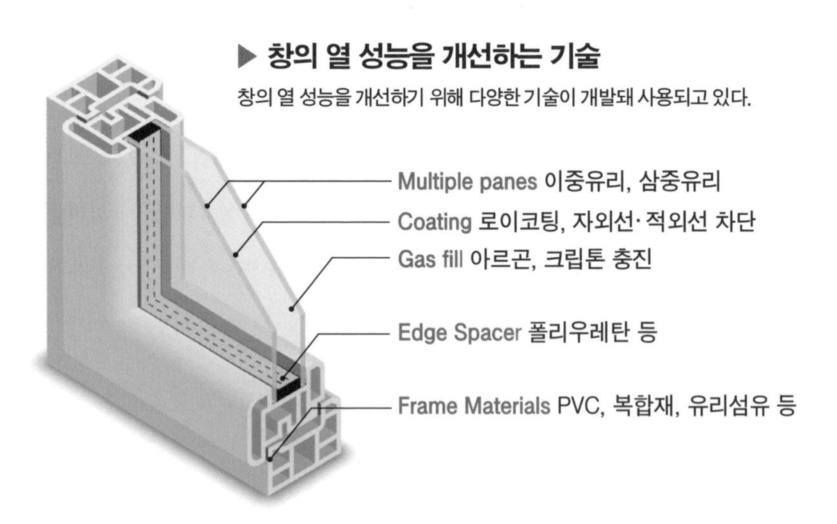

적 안전성을 위해 스테인리스스틸 등 금속재료로 만들었으나, 최근에는 열전도율이 낮은 폴리우레탄 등의 소재로 바꾸고 있습니다. 이는 유리를 구조적으로 잘 지지하면서 열 손실을 감소시켜 창의 열 성능을 개선하는 역할을 합니다.

한편, 창틀은 강성과 내구성이 높고 가공이 쉬워 한동안 알루미늄을 사용해 만들었습니다. 그런데 알루미늄은 높은 열전도율로 인해 창 전체의 열관류율을 높이는 문제가 있습니다. 요즘 대다수 아파트는 PVC(Poly Vinyl Chloride, 폴리염화비닐) 소재로 된 창틀을 사용합니다. PVC는 열전도율이 낮고 마모, 부식, 오염에 강해 창틀 재료로 제격입니다.

아파트 하자 민원 1위, 창문

창은 고정된 것이 아니라 통풍과 환기를 위해 하루에도 몇 번이고 열고 닫아야 합니다. 창을 개폐하는 데 오랫동안 사용된 가장 보편적인 방식은 슬라이딩(sliding)입니다. 창 문짝이 레일을 타고 좌우로 미끄러지듯 손쉽게 움직이지만, 움직일 때 틈새가 발생하여 열적으로 취약하다는 문제가 있습니다.

슬라이딩 방식을 보완해 개발한 것이 리프트 앤 슬라이딩(lift & sliding)입니다. 창을 움직일 때는 손잡이를 꺾어 창호를 조금 들어 올리고 움직임을 멈출 때는 다시 내려놓는 방식입니다. 마찰력이 감소하여 여닫기가 더 쉽고 창을 닫았을 때 밀착력이 좋다는 장점이 있습니다.

가장 완벽하게 밀폐할 수 있는 형태는 독일식 시스템창호에 사용되는 틸트 앤 턴(tilt & turn) 방식입니다. 환기할 때는 손잡이를 위로 꺾어 틸트 방식을 선택해 창 윗부분을 10°에서 15°가량 경사지게 엽니다. 창을 개폐할 때는 손잡이를 아래로 꺾어 밀거나 당겨서 창 전체를 여닫습니다. 단열성능은 단연 최고지만 슬라이딩 방식처럼 창문을 크게 열지 못해 답답하다는 평가도 있습니다.

창은 소음 측면에서도 중요합니다. 대부분 아파트는 도로를 인접하고 있어 외부 소음으로부터 자유로울 수 없습니다. 「주택건설기준 등에 관한 규정」에서는 아파트 세대 안에 모든 창을 닫은 상태에서 측정한 소음이 45dB(데시벨) 이하가 되어야 한다고 정하고 있습니다. 45dB은 일상적인 대화 소리 정도의 크기입니다.

아파트의 외부 소음을 줄이기 위해서는 외벽 중에서 차음성능이 가장 나쁜 창을 개선해야 합니다. 단층유리보다 복층유리는 10dB 이상 차음성능이 양호합니다. 복층유리의 경우 공기층의 두께나 아르곤 주입 여부, 로이코팅은 차음성능에 별다른 영향을 미치지 않는 것으로 나타나고 있습니다. 가장 중요한 요소는 기밀성으로 같은 구조의 창이라 할지라도 틈새가 없도록 제작하고 시공하면 차음성능이 크게 향상됩니다.

창은 아파트 입주민들이 가장 높은 빈도로 불만을 호소하는 하자와 밀접한 관련이 있기도 합니다. 실내외 온도 차가 클 때 실내 표면에 이슬이 맺히는 '결로(結露)'가 창 때문에 발생한다고 생각하기 때문입니다. 아파트에서 창은 단열재가 설치되는 벽체 부위에 비해 상대적으로 열저항(열 전달을 방해하는 성질로 열저항이 낮으면 열이 쉽게 전달된다)이 낮아 겨울철 창 주위에서 냉복사나 찬공기 흐름인 '콜드 드래프트(cold draft)' 현상이 나타나고, 유리창 표면에 물방울이 주렁주렁 맺히기 쉽습니다. 특히 실내와 외부의 완충 공간인 발코니를 거실과 침실 등의 용도로 확장하면서 커다란 크기의 창으로 바깥 공기와 직접 접하게 되었는데요. 그 결과 결로 문제가 더욱 심각해지고 있습니다. 조망권이 중요해지면서 경치를 최대한 가리지 않기 위해 창문 프레임은 점차 얇아지는 추세인데요. 창문 프레임이 얇아지면 창 모서리의 열저항이 낮아져 결로에 취약해집니다.

다층유리에서 유리창 사이 단열 스페이서 장착과 로이 코팅, 아르곤 가스 충진, 프레임 치수 조정 등이 결로를 줄이는 데 도움이 됩니다. 하지만 결로의 근본 원인은 실내외 높은 온도 차이와 실내 습기 발생이므로 적절한 실내 온습도 관리와 규칙적인 환기가 더 중요하다고 할 수 있습니다.

20세기를 대표하는 위대한 건축가 중 한 명인 프랭크 로이드 라이트Frank Lloyd Wright, 1867~1959는 "태양은 모든 삶의 거대한 발광체로서 어떤 건물에서도 그 기능이 발휘되어야 한다"고 말했습니다. 역시 위대한 건축가인 루이스 칸Louis Isadore Kahn, 1901~1974은 "자연의 빛이 도달치 못하는 방은 생명이 없는 죽은 방"이라는 말을 남겼습니다. 외부에 있는 자연을 건축물 내부로 가져와 공간에 생명력을 부여하는 역할을 하는 것이 바로 창입니다. 안과 밖의 경계를 그리기도 지우기도 하는 창은 과학기술을 담고 점차 진화하고 있습니다.

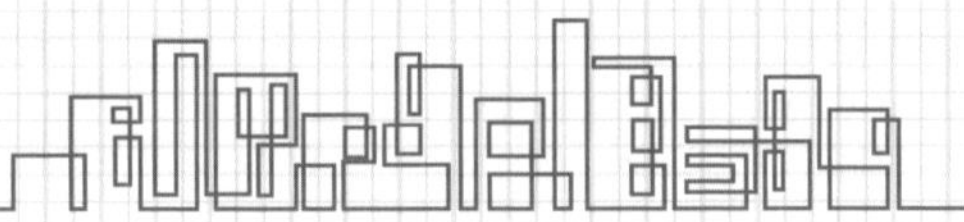

태양광에서 빗물까지 알아서 조절하는

똑똑한 창문

동화 속 유리 궁전을 꿈꾸는 것일까요? 아파트에서 창이 차지하는 면적이 점점 늘어나더니 최근에는 외벽 전체가 유리창인 아파트까지 등장했습니다. 외벽이 전부 유리창이면 내부에서 탁 트인 조망을 확보할 수 있는 동시에 바깥쪽은 햇빛이 반사돼 화려하게 빛납니다. 하지만 화려한 겉모습만큼 모든 게 만족스러운 건 아닙니다. 창면적비가 큰 건물의 가장 큰 문제는 냉난방에 취약하다는 점입니다.

유리창이 가진 이와 같은 문제를 극복한 '스마트 윈도'가 뜨고 있습니다. 스마트 윈도는 바깥의 태양광이 실내로 얼마만큼 들어올지 자유롭게 조절할 수 있는 유리창으로, 에너지 손실을 줄이고 냉·난방 효율을 높여 실내환경을 쾌적하게 조절할 수 있습니다. 기온이 낮아지면 유리가 투명한 상태가 돼 햇빛이 건물 내부로 흘러가도록 도와주고, 기온이 높아지면 유리가 불투명하게 변해 외부의 열이 건물 내부로 들어오는 것을 막는 원리입니다.

스마트 윈도는 크게 수동형과 능동형으로 구분할 수 있습니다. 수동형은 주변 환경조건에 따라 산화·환원 반응이나 액체에서 고체로 상전이가 일어나 유리창이 스스로 변하는 완전 자동 방식입니다. 반면 능동형은 전원장치가 달려있어 전기신호로 유리창의 색이나 투광도를 조절합니다. 그래서 사용자가 취향대로 색과 투광도를 조정할 수 있습니다. 스마트 윈도는 성능과 내구성이 향상되고 생산 비용이 줄어들면서 머지않아 상용화할 수 있을 것으로 기대됩니다. 태양광 조절을 넘어 빗물 센서를 장착해 우천 시 스스로 닫히는 똑똑한 창의 등장도 가능할 것으로 예상됩니다.

일상의 전복으로 이루어낸 부엌의 변신

주방은 음식을 만들거나 차리고 설거지하는 공간입니다. 주방을 뜻하는 영어 '키친(kitchen)'의 어원은 라틴어로 불을 사용하는 곳을 의미하는 '코키나(coquina)'입니다. 코키나가 옛날 영어인 '쿠치네(cycene)'를 거쳐 키친이 되었습니다. 과거에는 주방보다 '부엌'이라는 이름으로 더 많이 불렸죠. 우리말 부엌도 영어처럼 '불(부)을 피우는 장소(엌)'라는 말에서 유래했습니다.

주방은 집안에서 상당히 특이하고 이질적인 공간입니다. 눈에 띄는 가장 큰 특징은 어원처럼 불을 직접 사용하는 공간이라는 점입니다. 농경과 정착 생활이 시작된 신석기시대에 인류는 처음으로 '집'을 지었습니다. 땅을 둥글게 혹은 네모나게 파고 평평하게 다진 다음, 한가운데 화덕을 설치했습니다. 화덕 옆에는 저장 구멍을 파서 식재료를 보관했고요. 그리고 바닥 둘레를 따라 나무 기둥을 세우고 갈대나 억새를 엮어 지붕을 덮었습니다. 이렇게 지은 집이 움집입니다. 불 때문에 음식물 조리와 난방은 수천 년 동안 떼려야 뗄 수 없는 관계를 유지했습니다.

주방, 배열이 가장 다채로운 공간

주방은 욕실과 더불어 집안에서 물을 사용하는 흔치 않은 공간이기도 합니다. 물은 직접 먹는 식수일 뿐만 아니라, 위생 차원에서 매우 중요합니다. 주방에 물이 있기 때문에 식재료를 깨끗하게 씻고 밥 먹는데 필요한 식기류 등을 설거지할 수 있습니다.

주방은 음식을 만드는 일을 하는 작업 공간이기도 합니다. 음식을 만드는 일은 식재료를 씻고 다듬는 것에서 시작해 적당한 크기로 썰고 자르기, 가열하고 조리하기, 양념하고 간 맞추기, 상 차리기 등 여러 과정을 거쳐야 합니다. 특히 한국 음식은 밥과 국에 반찬을 동시에 준비하기 때문에 손이 많이 가고 한층 더 복잡합니다. 삼시세끼 반복되는 식사를 준비하는 노고는 상상을 초월합니다. 이 때문에 "부엌일을 하면 하루에 십 리를 걷는다"는 얘기가 있을 정도입니다. 따라서 주방은 동선을 효율적으로 설계해야 합니다.

이 외에도 주방은 집안에서 처치 곤란한 쓰레기가 제일 많이 발생하는 장소입니다. 주방 쓰레기는 잠시만 내버려 둬도 벌레가 꼬이거나 부패할 수

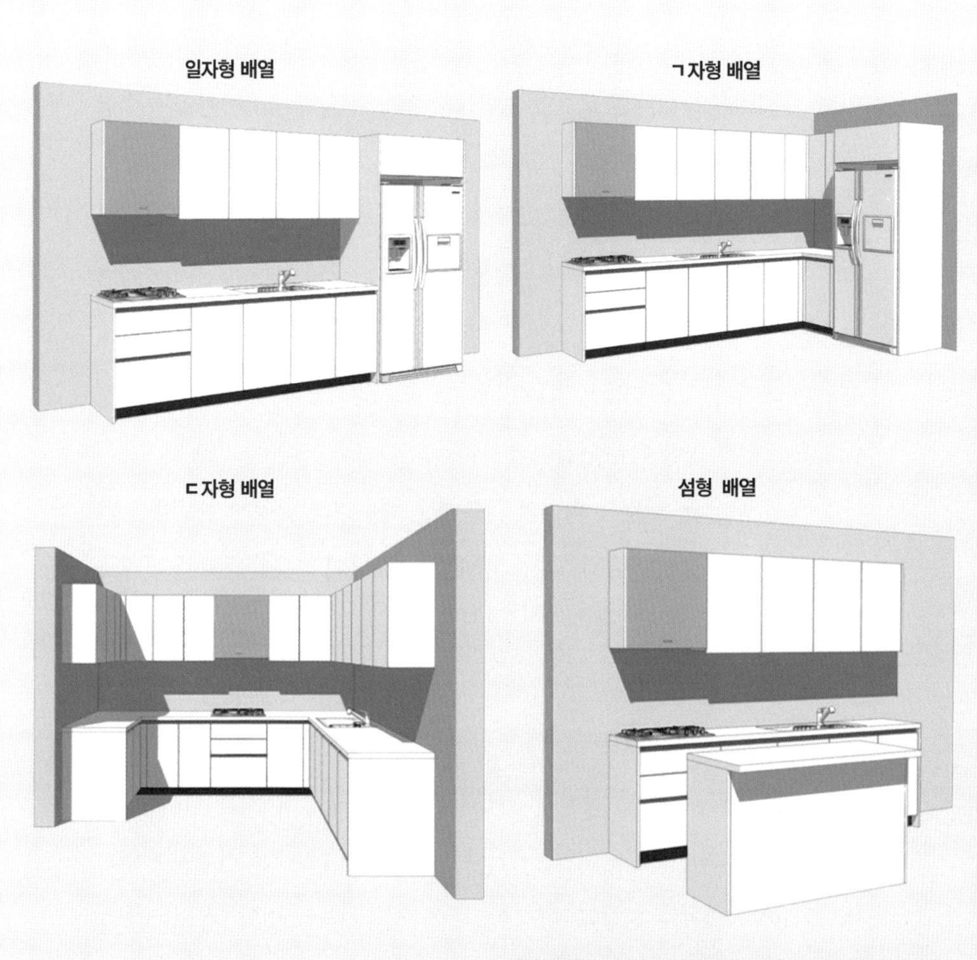

물과 불을 사용하고 식재료 손질에서 조리, 음식 차리기까지 다양한 작업이 이루어지는 주방은 아파트에서 배열이 가장 다채로운 공간이다. 그림은 아파트에서 널리 사용하는 일자형, ㄱ자형, ㄷ자형, 섬형 배열. ⓒ 리바트

있어 즉각적인 처리와 효율적인 분리수거에 대한 고려가 필요합니다. 또 주방에는 각종 식재료부터 냉장고와 밥솥, 냄비, 팬 등 다양한 주방기기와 조리도구, 식기류 등이 필요하므로 집안에서 가장 효율적이고 빈틈없는 수납이 이뤄져야 합니다.

이러한 다양한 특징들로 인해서 주방은 아파트에서 배열이 가장 다채로운 공간입니다. '일자형 주방'은 개수대와 가열대, 조리대 등 작업대를 일렬로 배열한 형태입니다. 차지하는 공간이 적어 아담한 면적에 적합합니다. 배관과 배선이 집중돼 있어 적은 비용으로 만들 수 있지만 작업 동선이 길어지고 조리 공간이 좁은 단점이 있습니다.

'ㄱ자형 주방'은 맞닿은 벽면의 한쪽에는 개수대를 나머지 한쪽에는 가열대 등을 ㄱ자 모양으로 배치하는 형태입니다. 널리 사용하는 무난한 구조죠. 작업대가 90°로 배치되면서 동선이 삼각형을 이룹니다. 일자형 주방에 비해 움직임이 효율적입니다. ㄱ자의 반대편은 작업대가 없는 여유 공간이어서 두 명이 함께 음식을 만들어도 동선이 크게 꼬이지 않습니다.

'ㄷ자형 주방'은 3면에 작업대를 배치한 짜임새 있는 형태입니다. 작업 동선이 단축돼 효율적이고 수납공간도 넉넉합니다. 작업대를 거실을 바라보게 배치하면 식탁에 앉아있는 아이들을 보며 음식을 준비할 수 있는 장점이 있습니다. 하지만 차지하는 공간이 많아 비교적 넓은 평형에 적용할 수 있고, 두 명이 함께 음식을 준비할 때는 동선이 꼬여 불편할 수 있습니다.

'병렬형(二) 주방'은 보통 1m 내외인 통로를 사이에 두고 작업대를 적당히 나눠 배치하는 형태입니다. 추가 배치하는 작업대가 섬처럼 독립되어 있

일제강점기 시대의 부엌(위, © 국립중앙박물관)과 현대의 주방(아래, © 리바트) 모습. 음식을 만들거나 차리는 공간인 주방은 주거공간 가운데 가장 큰 변화와 혁신이 일어난 장소다.

으면 '섬형(아일랜드형) 주방'이라 부릅니다. 병렬형은 ㄷ자형 주방처럼 동선은 효율적이나 넓은 공간이 필요하다는 단점이 있습니다.

부엌이 키친으로 불리기까지

우리나라에서 전통적인 부엌은 난방과 조리를 동시에 담당하는 공간이었습니다. 아궁이에 불을 지펴 구들을 데우는 동시에 그 위에 가마솥을 올려놓고 밥을 하고 국을 끓였습니다. 우리 옛 선조들은 에너지원이 귀했던 상황에서 난방과 조리를 하나의 열원으로 해결하는 매우 효율적인 시스템을 고안한 것이죠. 하지만 한 공간이 두 가지 역할을 하다 보니, 부엌 풍경은 몹시 부산했습니다. 아궁이에 불을 지피면 부엌에 매캐한 연기가 피어오르고 검댕이 날리기 마련입니다. 그 안에서 채소나 생선을 씻고 다듬고 음식을 조리하다 보면 한바탕 아수라장이 펼쳐집니다.

전통 부엌에서 일하는 사람들은 모두 신발을 신었습니다. 이 점은 부엌이 더러워지기 쉬운 작업장이었다는 사실을 극명하게 나타냅니다. TV 사극 드라마에서 대감이 대청마루 위에 뒷짐 지고 서서 "게 아무도 없느냐?"고 외치면, "쇤네, 여기 있습니다요."라고 외치며 하인이 뛰쳐나오는 장소가 바로 부엌이었습니다.

1960년대 우리나라에서 건설된 초기 아파트의 주방은 전통적인 부엌을 그대로 계승한 형태로 만들어졌습니다. 주방은 거실과 분리된 독립된 작업

공간이었고, 밥상을 날라 방이나 거실에 음식을 차렸기 때문에 식당은 별도로 없었습니다. 마루로 마감된 거실에서 시멘트 바닥으로 된 주방으로 가기 위해서는 문을 열고 신발을 신어야 했습니다. 연탄보일러가 도입되면서 취사와 난방이 분리된 것은 그나마 다행이었습니다. 그 전에 난방으로 아궁이를 쓸 때는 온돌 구들장 밑에서 불을 때야 해서 주방은 거실보다 2계단 정도 높이가 낮았습니다. 계단을 오르내리며 신발을 신었다 벗었다 하면서 무거운 밥상이나 설거지통을 나르는 일은 생각만 해도 고역입니다.

1970년대부터 아파트가 우리나라 곳곳에 대량으로 건설됐는데요. 이 시기 난방 기술의 발전은 주방의 역사에 새로운 전기를 마련합니다. 아파트에 중앙난방이 채택되면서 바닥난방이 주방으로까지 확대되었고 그 결과 주방은 신발을 신지 않아도 되는 완전한 실내공간으로 탈바꿈하게 됩니다.

실내공간이 된 주방에는 새로운 가구들이 놓이면서 모습이 크게 바뀌었습니다. 주방을 바꾼 대표적인 가구가 싱크대입니다. 싱크대는 주방에서 일하는 사람의 허리를 펴게 해준 일등 공신이지요. 싱크대가 크게 유행하면서 주방의 입식화가 신속히 진행되었습니다. 또 주방 옆에 식탁을 놓길 원하는 사람들이 늘면서 '식당' 개념이 정착합니다.

1980년대 들어서도 아파트의 주방에서는 변화의 물결이 계속됩니다. 사람들이 기능적이면서 미적인 가치를 추구하면서 시스템 키친이 소개되어 인기를 끕니다. 시스템 키친은 조리대와 가열대, 개수대 등을 틈새나 돌출부 없이 연결하고 일체화한 맞춤 붙박이형 가구로 공간을 구성한 주방을 가리킵니다. 아파트를 중심으로 시스템 키친이 대량으로 보급되었습니다.

(위)1970년대 선보여 선풍적 인기를 모은 싱크대는 1980년대 시스템 키친으로 진화한다. 사진은 오리표(현재 에넥스) 싱크대. © 국립민속박물관
(아래)시니어 세대를 위한 주방. 가구 모서리를 둥글게 처리하고 높이를 조절할 수 있으며 의자에 앉은 채 작업할 수 있다. © 에넥스

이 시기는 우리나라에 주방가구 전문회사들이 등장해 큰 폭으로 성장한 때이기도 합니다. 1990년대에는 한정된 공간을 더 편리하게 사용하기 위해 주방 내 동선과 인체 치수 등을 고려하는 '효율성' 개념이 주방공간 계획에 중요 요소로 자리를 잡았으며, 획일화된 형태에서 벗어나 좀 더 미적이고 개성적인 주방공간 연출이 시도되었습니다.

2000년대가 넘어서면서 주방에 가전제품들이 스며드는 빌트인(built-in) 바람이 불었습니다. 그전까지 주방 가전제품은 냉장고와 전자레인지 정도에 불과했는데, 김치냉장고, 오븐, 식기세척기 등 종류도 늘고 사용이 일반화되었습니다. 다양한 주방가전들을 빌트인 형태로 주방가구 안에 넣음으로써 사용이 편리해졌고 시각적으로도 깔끔해졌습니다. 또 주방에 TV와 오디오, 홈 네트워크 시스템이 도입되기 시작했습니다.

2010년대 들어서도 주방은 사용자를 고려해 더욱 효율적인 공간으로 변모하고 있습니다. 연령, 성별, 장애와 상관없이 많은 사람이 편리하게 사용하는 '유니버설디자인(Universal Design)'에 대한 관심이 높아지면서, 시니어 세대를 위해 가구 모서리를 둥글게 처리하고 높이를 조절할 수 있으며 의자나 휠체어도 들어갈 수 있는 편리하고 안전한 주방이 등장했습니다.

부엌은 스마트 키친을 꿈꾸는가?

요즘 '집밥'의 개념이 바뀌고 있습니다. 맛있는 음식을 쉽고 간편하게 만드는 레시피가 보급되면서 요리 문턱이 낮아지고 있습니다. 음식 재료와 조리법이 들어있는 밀키트(meal kit)와 조리 과정을 간소화한 가정간편식(HMR : Home Meal Replacement) 시장도 큰 폭으로 성장하고 있습니다.

힘든 가사노동이었던 요리가 누구나 할 수 있고 즐길 수 있는 문화생활이 되면서 주방에 관한 생각이 바뀌고 있습니다. 이제 주방은 가정주부의 전용 공간이 아니라 가족 구성원 모두가 함께 사용하는 공용공간입니다. 아파트의 후면 한쪽으로 치우쳐 있었던 주방은 거실과 함께 중심공간 역할을 하고 있으며, 탁 트인 경치를 내려다보며 식사할 수 있도록 세대 전면에 배치하는 경우도 늘고 있습니다. 거실에서만 접근이 가능하던 획일적인 동선에서 벗어나 현관으로 별도 통로를 내기도 합니다.

아파트의 중심공간이 되면서 주방의 역할에도 변화가 생기고 있습니다. 음식 조리나 식사만을 위한 공간이었던 주방은 가족 구성원이 함께 시간을 보내는 다목적 공간으로 탈바꿈하고 있습니다. 가족과 소통하는 장소가 되면서 4인 이하의 가구에서도 6인용 식탁을 사용하는 비중이 증가하고 있으며, 공간을 넓힌 와이드형 주방이 인기입니다. 식탁에서 노트북이나 스마트 기기를 사용할 수 있도록 전기 콘센트를 배선 설계에 반영하고 있습니다. 주방 디자인에 관한 관심 또한 높아져, 주방 공간에 딱 맞게 설치되는 냉장고 등의 가전 제품군이 유행입니다.

제4차 산업혁명의 도래와 함께 인공지능(AI : Artificial Intelligence)과 사물인터넷(IoT : Internet of Things), 정보통신기술(ICT : Information & Communication Technology), 로봇 기술이 발전하면서 주방은 향후 집안에

서 가장 혁신적인 공간이 될 것으로 예견됩니다. 주방에 첨단 과학기술을 적용하는 '스마트 키친(smart kitchen)'은 더 이상 공상이 아닌 현실로 성큼 다가오고 있습니다.

냉장고는 전 세계 내로라하는 가전업체가 주목하는 스마트 장비입니다. 냉장고가 식재료를 관리하고 필요한 물품을 알아서 구매하며 가족 구성원에게 식단을 제안하는 영양사 역할까지 합니다. 음식 준비 작업을 하는 키친 테이블은 다양한 레시피를 보여주고, 냄비를 올리면 접한 면의 인덕션 코일만 작동해 조리가 진행됩니다. 5천여 가지가 넘는 음식을 조리할 수 있는 로봇 요리사까지 등장한 상황입니다.

스마트 키친의 보급 속도는 기술적 완성도와 제품의 경제성, 사회적 수용성 등이 결정할 전망이다.

집 안 구석구석 온기를 불어넣고 식구들의 배를 채워주던 부엌은 오랫동안 주된 주거공간과 분리된 열악한 환경이었습니다. 부엌이 주방이 되고 집의 변두리에서 중심으로 들어오기까지, 많은 기술 발전과 함께 경제적 · 사회적 변화가 뒷받침되었습니다. 인류가 처음으로 지은 집은 어떤 모습이었던가요? 움집의 중심은 누가 뭐래도 부엌이었습니다. 아파트에서 주방이 전통적인 부엌을 계승한 작업공간에서 가족과 함께하는 삶의 중심공간이 되기까지, 이것은 '변화'가 아니라 주방이 주거공간 안에서 본래의 역할을 되찾는 '회복'일지도 모르겠습니다.

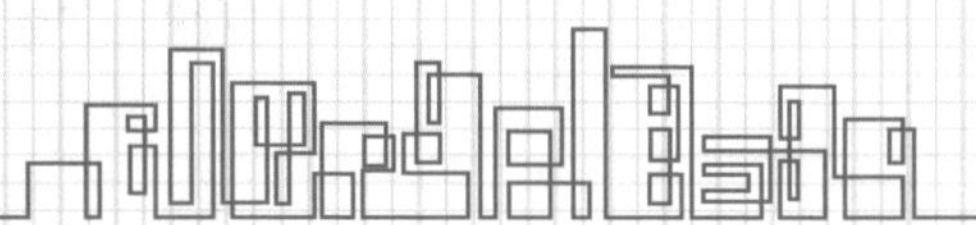

시아버지와 며느리가 볼기짝을 맞대는

불온한 일이 벌어지는 공간

뒷간은 화장실의 옛 이름입니다. 뒷간은 주요 생활 공간과 떨어트려 뒷마당에 별채 형태로 짓는 게 일반적이었습니다. 더럽고 냄새나는 뒷간을 되도록 살림채에서 멀리 떨어트리고 싶어 했던 것이죠. 살림 공간과 내외하던 화장실이 집 안으로 들어온 건 언제일까요?

1957년, 이승만 대통령은 아파트 준공식에 참석해 이런 요지의 축사를 했습니다. "이렇게 편리한 수세식 화장실이 종암아파트에 있습니다. 정말 현대적인 아파트입니다." 대통령까지 나서서 현대성을 극찬한 종암아파트는 집안에 수세식 화장실을 설치한 첫 번째 아파트입니다.

종암아파트 평면도를 보면 현관 옆에 작은 화장실이 있습니다. 세면대나 샤워 시설은 없고, 쪼그려서 볼일을 보는 수세식 좌변기가 덩그러니 놓여있습니다. '아파트'라는 건축 자체가 생소했던 1950년대 후반, 멀리 인천에서도 이 현대식 아파트를 구경하러 왔는데요. 구경꾼들이 가장 감탄했던 것이 바로 화장실이었다고 합니다.

하지만 수세식 화장실의 편의를 누리기에는 제반 환경이 너무 열악했습니다. 종암아파트가 지어진 지 1년쯤 지난 1959년 6월 5일 「동아일보」에는 다음과 같은 인터뷰가 실렸습니다. "수세식 변소라고 하여 화려한 시설은 있지만 하루에 10분씩 단 두 번 밖에 물

중앙건설이 1958년 서울 성북구 종암동 언덕에 지은 종암아파트는 우리나라 건설사가 독자 기술로 처음 시공한 아파트다. 종암아파트는 1993년 헐리고 그 자리에 1995년 종암선경아파트가 들어섰다. © 중앙건설

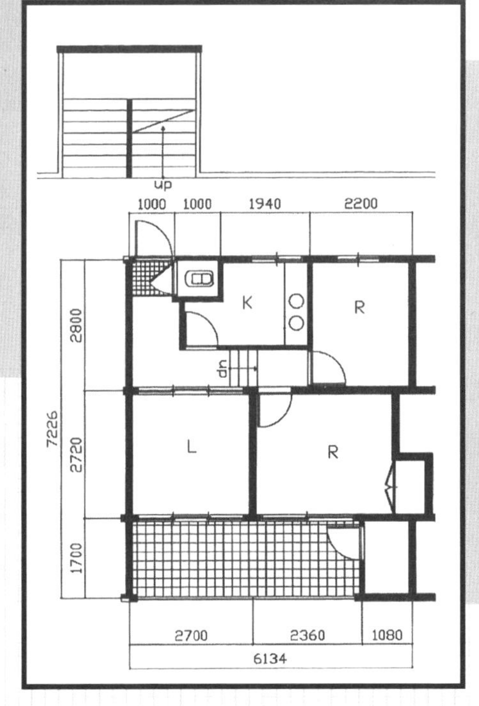

종암아파트 평면도. 현관 옆에 수세식 좌변기가 있는 화장실이 있다.

토지주택박물관이 재현한 마포아파트 화장실.
ⓒ 토지주택박물관

이 나오지 않아 사용할 수 없고 상층에 사는 사람들은 수돗물조차 구경하기 힘들다." 입주 초기 정치인, 예술인, 교수 등이 살며 명성을 얻은 종암아파트는 슬럼화가 빠르게 진행돼 결국 1993년 철거되었습니다.

오늘날 일반적으로 사용하는 양변기가 최초로 설치된 아파트는 1962년 대한주택공사(현 LH한국토지주택공사)가 지은 마포아파트입니다. 마포아파트는 처음으로 '단지' 개념을 도입한 아파트로, 실내에 수세식 화장실과 입식 부엌을 도입했습니다. 국내에 양변기 제조업체가 없어서 양변기는 전량 일본에서 수입했다고 합니다.

마포아파트 화장실은 종암아파트보다 진일보했음에도 설계 당시부터 비판받았습니다.

마실 물도 귀한데 수세식 화장실이 가당하지 않다는 것이었죠. 게다가 거주자 일부가 뜻밖의 사유로 양변기 사용을 거부했습니다. "시아버지와 며느리가 볼기짝을 맞대는 게 고약하다"는, 지금 들으면 황당한 이유였지요. 게다가 마포아파트의 수세식 화장실은 또 다른 이유로 환영받지 못했습니다. 1960년대는 대다수 국민이 화장실 휴지로 신문지를 쓰던 시절이었습니다. 마포아파트 관리사무소는 신문지로 막힌 양변기를 뚫느라 무척이나 바빴다고 합니다.

우여곡절을 겪으며 집 안으로 들어온 화장실은, 이제 '욕실'이라는 이름으로 생리위생 공간이자 휴식 공간의 역할을 하고 있습니다. 우리나라 아파트의 욕실은 욕조, 세면대, 변기를 한 공간에 구성한 통합형이 전형적인 형태입니다. 변기, 세면대, 욕조, 샤워부스 등 기본설비와 수전, 샤워기 등 부속설비, 수납장, 거울, 수건걸이, 휴지걸이 등 보조설비가 설치됩니다. 인터폰과 응급벨, 비데 등을 설치하는 경우도 늘고 있습니다. 욕실 바닥 깊이는 5cm 이상 낮춰 문을 여닫을 때 욕실화가 걸리지 않도록 합니다. 최근 아파트는 면적이 넓지 않더라도 욕실을 두 개 설치하는 것이 일반적입니다.

욕실은 집안에서 가장 환경이 급변하는 장소입니다. 특히 온도와 습도 변화가 상당한데요. 고온다습한 환경에 주기적으로 노출되기 때문에 곰팡이를 비롯한 각종 미생물로 오염되기 쉽습니다. 욕실 공기를 환기하고 온도와 습도를 적절하게 유지하는 데 필요한 것이 환풍기입니다. 흥미로운 사실은 환풍기를 가동하는 것보다 문을 열어두는 것이 습열 관리에 더 효율적이라고 점입니다. 전문가들은 가장 효율적인 방법은 욕실 문을 열고 환풍기를 가동하면서 인접 공간의 공조를 함께 가동하는 것이라고 얘기합니다.

Apartment & Science **8F**

추억에서 잡동사니까지, 삶에 필요한 모든 것을 담는 수납

사람이 살아가는 데 참 많은 물건이 필요하다는 사실을 결혼하며 처음 알게 되었습니다. 새로 장만한 세간살이들로 가득한 신혼집에서 일주일을 보내고 손톱을 자르려고 보니 손톱깎이가 없어, 늦은 저녁 편의점을 찾았습니다. 비빔국수를 해 먹을 요량으로 국수를 삶았는데, 국수를 헹굴 채반이 없었습니다. 덜렁거리는 단추를 단단히 붙들어 매려고 보니 이번에는 실과 바늘이 없었습니다. 그렇게 없는 물건이 발견될 때마다 사다 보니, 결혼하고 한참 동안 날마다 무언가를 샀습니다. 그렇게 집을 채웠더니 새로운 문제가 찾아왔습니다. 집안에 들인 많은 물건을 '어떻게 정리할 것인가?'였습니다.

인간이 살아가는 데 많은 물건이 필요합니다. 기본적인 의식주 생활을 위해 꼭 필요한 물건이 있고, 필수적이지는 않지만 있어서 편리한 물건이 있고, 당장 쓸모는 없지만 앞으로 쓸 것 같아 버리지 못하는 물건이 있습니다. 추억이 되어 간직하거나 가치가 높아 보관하는 물건도 있습니다. 우리가 사는 아파트는 이 모든 물건을 담을 수 있어야 합니다.

아파트는 입주민이 가진 물건들을 보관할 수 있도록 다양한 수납공간을 제공합니다. 경제가 성장하고 생활이 풍족해지면서 가정에서 보유하는 물건의 수는 과거에 비해 크게 늘었고, 앞으로도 계속 증가할 전망입니다. 하지만 내부 공간이 한정된 아파트에서 수납공간을 무작정 늘리기는 쉽지 않아 보입니다. 수납공간이 넓어지면 생활공간이 줄어드는 불편함을 감수해야 하기 때문입니다. 아파트에서 수납이 과거보다 현재에 더 중요하고, 앞으로 더욱 중요해지는 이유입니다.

뚜렷한 사계절이 있기에 갈수록 늘어나는 옷가지를 위한 수납

수납은 안정되고 편리한 생활환경을 유지하기 위해서 물건을 정리하고 정돈하여 보관하는 일입니다. 깔끔해 보이도록 물건을 치워서 어디 쌓아놓았다고 수납을 제대로 한 게 아닙니다. 수납할 때 물건은 본질과 기능이 훼손되지 않도록 적절한 방식으로 보관해야 하고, 필요할 때 적재적소에서 쉽고 빠르게 꺼내어 사용할 수 있어야 합니다. 이 때문에 수납에서는 물품의 정리 체계와 활용하는 동선이 중요합니다.

경제 수준이 높아지면서 보유 물품이 늘어나 수납이 더욱 중요해지고 있다.

아파트에서 수납에 특히 신경 쓰는 장소 중 하나는 안방입니다. 안방은 전통적으로 장롱과 서랍장 같은 고정식 수납 가구가 배치되는 장소입니다. 계절마다 다른 옷과 이불부터 속옷, 양말, 수건, 벨트, 가방 등 안방에 보관하는 물건은 생각보다 많습니다. 한때 붙박이장이 장롱을 대신해 인기를 끌었지만, 요즘에는 붙박이장은 작은방으로 밀려나고 안방은 드레스룸으로 통일된 상황입니다.

드레스룸(dressing room)은 말 그대로 방 전체에서 옷을 보관하는 옷방으로 미국이나 서유럽에서 발달한 대형수납방(walk-in closet)에 해당합니다. 원래는 별도의 방 하나를 통째로 활용하는 형태로 등장했는데, 지금은 안방의 부속 공간 개념으로 설치되고 있습니다. 사계절이 있어 계절마다 필요한 옷이 달라지는 우리나라에서는 기본적으로 수납해야 할 옷가지가 많습니다. 계절적 영향과 입주민의 높은 선호도를 바탕으로, 드레스룸은 요즘 아파트에서는 평수를 불문하고 반드시 설치하는 필수 공간으로 자리 잡고 있습니다.

장롱과 서랍장은 밀폐된 상태로 옷을 보관하지만 드레스룸은 열린 공간에 의류와 액세서리를 보관합니다. 덕분에 옷이 보관품으로 낭비되기보다는 눈에 띄어 더 자주 입을 수 있습니다. 또 드레스룸이 옷을 수납하는 공간에 머무르지 않고 옷을 갈아입는 공간을 함께 제공해 부부간에도 사생활 보호가 가능하다는 장점이 있습니다.

드레스룸 크기는 입주민 선호를 고려해 공간적 여유가 있으면 최대한 넓게 만드는 추세입니다. 이에 따라 아파트 전용면적이 증가할수록 드레스룸 크기가 비례적으로 증가하는 경향이 뚜렷이 나타납니다. 소형 평형에서는 一자형 모양이 대부분인데, 면적이 넓어지면 ㄱ자형이나 ㄷ자형으로 구성하는 경우가 많습니다.

드레스룸에 수납해야 하는 옷은 종류도 다양하고 보관하는 방식도 다양합니다. 일반적으로 남성은 거는 옷이 많고 상의와 하의를 구분하여 보관하며 넥타이, 벨트 등의 액세서리를 갖고 있습니다. 여성은 옷의 길이와 품목이 다양하고 가방이나 모자와 같은 잡화류가 많은 특징을 보입니다. 드레스룸은 옷을 거는 형태인 행거와 접어서 수납하는 서랍, 수납물을 올려놓는 선반을 기본으로 하여 이들 간 조합으로 다양한 수납 요구에 대응합니다.

의류 수납 중 가장 까다로운 품목은 거는 옷 수납입니다. 옷걸이에 거는 방식은 접어서 보관하는 방식에 비해 공간 이용이 비효율적이지만 의류의 성능을 유지하는 보관법이어서 감수할 수밖에 없습니다. 일반 가정에 거는 옷이 대략 60~70벌이 있다고 가정할 때 드레스룸 행거의 길이는 최소 3~3.5m(간격 5cm 정도)를 확보해야 합니다.

주부를 테트리스 전문가로 만드는 주방

주방은 아파트 안에서 가장 혼잡함이 느껴지는 공간입니다. 일단 공간 자체가 비어 있지 않습니다. 아파트 내에서 가구 점유율이 가장 높은 공간이 주방으로 바닥면적에서 가구가 차지하는 비율이 30~40%나 됩니다. 아울러 주방은

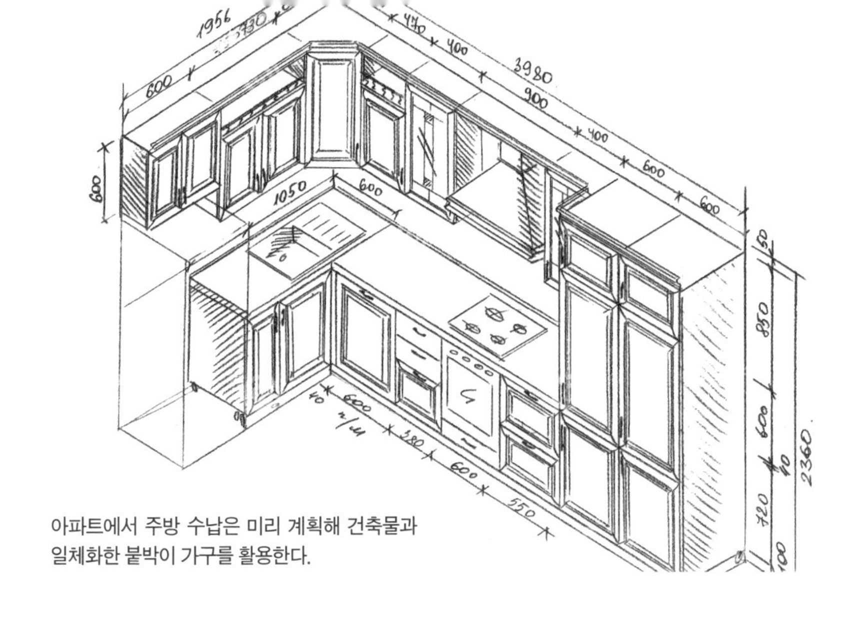

아파트에서 주방 수납은 미리 계획해 건축물과
일체화한 붙박이 가구를 활용한다.

사용하는 물품이 많은데다, 장보기를 통해 물품이 끊임없이 공급됩니다.

아파트 주방을 조사한 연구에 따르면 주방에는 평균 693개나 되는 물품이 보관되고 있었습니다. 가장 많은 물품은 보관식품(평균 197개)으로 면, 가루, 빵 · 과자, 과일, 음료, 유제품, 고기, 소스, 곡류, 통조림 등이 여기에 해당합니다. 접시, 그릇, 컵, 수저, 쟁반 등 식사용품(평균 165개)도 많고 반찬통, 물병, 양념통, 유리병 등 보관용품(평균 93개)과 위생비닐, 행주, 타올, 일회용품 등 보관비품(평균 86개)도 필요합니다. 냄비, 팬, 대야, 칼, 국자 등 조리용품(평균 47개)과 밥솥, 믹서, 에어프라이어, 식기세척기 등 주방가전(평균 8개)도 있습니다.

주방에서 보관하는 물품은 숫자도 많지만, 모양과 형태가 제각각이고 같은 물품이어도 여러 개일 때가 많고 심지어 상자째로 보관할 때도 있습니다. 음식을 만들거나 식사할 때면 수십 개의 물품을 손쉽게 꺼내 쓸 수 있어야 하며 사용한 후 바로 정리할 수 있어야 합니다. 따라서 주방은 집안에서 가장 효율적이고 빈틈없는 수납이 이뤄져야 하는 공간입니다.

아파트는 주방 수납을 위해 붙박이 가구(built in furniture)를 제공합니다. 붙박이 가구는 아파트를 지을 때부터 미리 계획하여 건축물과 일체화해 만든 가구입니다. 가능한 벽을 많이 이용해 먼지가 끼는 틈을 가려줄 뿐만 아니라 시각적으로 혼란스럽지 않고 통일되고 정돈되어 보이는 느낌을 준다는 장점이 있습니다.

가열대와 개수대, 작업대로 쭉 연결된 주방 상판은 자주 사용하는 조리용품과 식사용품, 주방기기 등을 올려놓는 데 사용합니다. 가장 손쉽게 수납할 수 있는 장소지만 물품을 많이 늘어놓으면 지저분해 보이는 단점이 있습니다. 주방 상판을 기준으로 무거운 것은 되도록 아래쪽에, 가끔 사용하는 것은 되도록 위쪽에 두는 게 수납 요령입니다.

상부장은 그릇, 컵 등 식사용품과 보관용품, 부피가 작은 조리용품을 수납하고, 하부장은 팬과 냄비 등 부피가 큰 조리용품과 보관식품을 수납하는 데 사용합니다. 상부장은 수납할 수 있는 물품의 개수가 하부장보다 많지만, 무게와 크기까지 고려하면 하부장이 수납에는 더 효율적입니다. 인출식 서랍장을 설치하면 부피가 큰 냄비와 팬 등을 더 쉽게 넣고 꺼낼 수 있습니다.

키큰장과 코너장은 보관식품과 보관비품, 주방기기 등을 수납하는 데 사용합니다. 수납이 불편하다는 얘기가 지속적으로 나오지만, 가끔 사용하거나 부피가 큰 물품을 보관하는 데는 나쁘지 않습니다. 냉장고와 김치냉장고가 들어갈 자리에도 키큰장을 설치해 자주 사용하지 않는 물품을 넣어놓는 경우가 늘고 있습니다.

주방과 바로 연결되도록 동선을 짜는 다용도실은 측면에서 주방 수납을 지원하는 역할을 합니다. 다용도실(utility)은 본래 유용성 · 실용성이라는 뜻이 있는데, 건축에서는 무엇이나 할 수 있는 편리한 방 또는 무엇에나 도움이 되는 방이라는 뜻으로 사용합니다. 우리나라 아파트에서 다용도실은 마당을 대신할 목적으로 도입되어 발전한 공간입니다. 다용도실은 김장 등 다량의 물을 사용하는 우리 고유의 식생활 문화를 뒷받침하는 역할을 해왔습니다. 전통주택 뒷마당의 장독대나 광과 비슷한 역할을 한다고 보면 됩니다. 냉장고에 넣을 필요가 없는 식재료를 보관하고 음식물의 조리 이전 작업을 여기에서 합니다.

최근 수납공간에 대한 요구가 커지면서 별도의 팬트리를 갖춘 아파트들이 크게 늘고 있습니다. '팬트리(pantry)'는 빵을 저장하는 공간이라는 뜻의 프랑스어 'panterie'에서 유래한 말로, 원래 식료품 저장창고를 가리킵니다. 우리나라 아파트에서 팬트리는 선반이 빼곡히 설치된 작은 수납방 형태로,

신발장은 신발을 여유 있게 수납하기 위해 깊이는 35cm 이상으로 하고, 과거보다 신발 보유량이 늘어난 것을 고려해 높이는 천장까지 꽉 채워 디자인한다.

다양한 물품을 정리 · 정돈해 보관하고 쉽게 꺼낼 쓸 수 있다는 장점이 있습니다. 아무래도 주방 물품을 주로 보관하기 때문에 팬트리는 주방과의 동선을 가장 신경 씁니다.

같은 공간 속 서로 다른 수납 문제

아파트의 현관도 다양한 물품을 수납하는 장소가 됩니다. 신발장은 신발과 우산, 공구 등을 수납하는 공간입니다. 현관에 위치하여 가족과 손님 눈에 가장 먼저 띄기 때문에 내부 수납 효율성만큼 단정한 외부 디자인이 중요합니다. 신발을 여유 있게 수납하기 위해 깊이는 35cm 이상으로 하고, 수납량을 최대화하기 위해 높이는 천장까지 꽉 채웁니다. 신발이 패션으로 자리잡으면서 과거보다 신발 보유량이 크게 늘고 있어 신발장만으로는 수납공간이 부족하게 느껴지기 쉽습니다.

아파트 현관에 팬트리가 설치돼 있으면 수납에 상당한 도움이 됩니다. 현관 팬트리는 외부에서 사용해 실내로 갖고 들어오기 어려운 물품을 수납하는 장소가 됩니다. 신발장에 넣지 못한 신발부터 킥보드, 자전거, 배드민턴 라켓 같은 운동용품, 각종 공구, 청소용품 등을 여기에 넣어놓습니다. 자주 사용하지 않거나 특별히 정해진 수납공간이 없는 물품들을 보관하는 데도 유용합니다. 캠핑 등 아웃도어 활동이 활발해지면서 현관 팬트리는 점점 대형화되는 추세가 나타나고 있습니다.

일반적으로 아파트에서 수납공간의 총면적은 단위 세대 평면의 10% 수준으로 계획합니다. 하지만 똑같은 수납공간이 주어지더라도 아파트 개별 세대마다 차이가 크게 나타납니다. 정리 · 정돈을 자주 하는 세대에서는 수납공간이 여유롭게 느껴지지만 물건을 잘 버리지 못하는 세대에서는 수납공간이 부족하다고 느낄 수 있습니다. 또한 수납은 가구의 영향을 많이 받습니다. 사실 가구는 침대, 소파, 식탁 등 일부를 제외하고 대부분 수납기능을 포함하는데, 고정식 수납공간에 비해 수납효율은 떨어지지만 정리 · 정돈에 상당히 도움이 됩니다.

집 자체도 수납에 상당한 영향을 줍니다. 연구에 따르면 일반적으로 집의 규모가 클수록, 집안에 수납공간이 넓을수록, 거주 기간이 길수록 가정에서 소유하는 물품의 양이 많아집니다. 이 외에 라이프사이클도 수납에 영향을 주는 것으로 알려져 있습니다. 신혼기부터 50대가 될 때까지 소유하는 물품이 계속 증가하다가 그 이후부터 서서히 감소하게 됩니다.

아파트에서 제공하는 수납공간은 계속 진화하고 있습니다. 드레스룸이 평수가 작은 아파트에까지 설치되고, 주방은 더욱 입체적으로 변하고 있으며, 신발장과 팬트리는 점점 넓어지고 있습니다. 하지만 아파트의 수납공간은 필요에 비해 계속 부족하게 느껴지는 게 사실입니다. 최근 조사에 따르면 아파트 입주민의 절반 정도인 49.2%가 수납에 만족하지 못하고 있으며, 만족하지 못하는 이유는 공간이 부족해서가 86%로 압도적으로 많았습니다. 공간의 최대한도까지 물건을 소유하고 싶은 인간의 욕구가 작동하는 한, 아파트에서 수납은 계속 중요한 문제가 될 전망입니다.

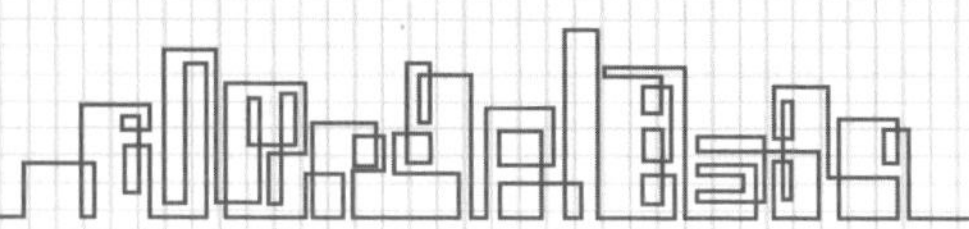

우리 집에 나도 모르는 **공간이 숨어 있다?**

"당신 집에 아무도 모르는 숨은 공간이 있습니다." 수납공간이 부족해서 골머리를 앓는 사람에게 인테리어 전문가라는 이가 이렇게 이야기한다면 어떤 생각이 들까요? 게다가 그 공간이 세대 면적의 10~20%가량이라고 한다면요? 꼭 넓은 수납공간을 원하는 사람이 아니어도 혹할 수밖에 없는 정보입니다.

실제로 아파트에는 우리가 잘 모르는 숨은 공간이 있습니다. 바로 피트 공간입니다. '피트(pit)'는 움푹 팬 구멍을 뜻합니다. 건축에서는 건축 설비나 전기배선, 수도배관, 가스배관 등의 각종 배관을 설치·통과시키기 위해 만든 공용공간을 가리킵니다. 통신배선실(TPS), 전기배선실(EPS), 파이프실(PS) 등이 피트에 포함됩니다. 최근에는 지하주차장의 피트 공간을 세대 외부 창고로 만들어 제공해 호응을 얻은 건설사도 있습니다.

세대 내에도 피트 공간이 있습니다. 세대 내 피트 공간은 눈에 보이지 않고, 내부와 통하는 문이 없어서 쉽게 알아챌 수 없습니다. 아파트 단지마다 조금씩 다르지만 전용면적 84㎡의 아파트라면 $10m^2$ 정도의 피트 공간이 있습니다. 피트 공간은 꼭대기 층부터 지하까지 수직으로 연결되며, 화재가 발생하면 유독 가스와 불길의 통로가 됩니다. 안전과 직결된 중요 설비를 통과시키기 위해 만든 공간이기 때문에 공용면적으로 분류

2019년 피트 공간을 확장하다 사고가 난 아파트의 평면도. 현관 오른쪽과 침실 위쪽으로 × 표시된 공간(노란색으로 표시)이 피트 공간이다.

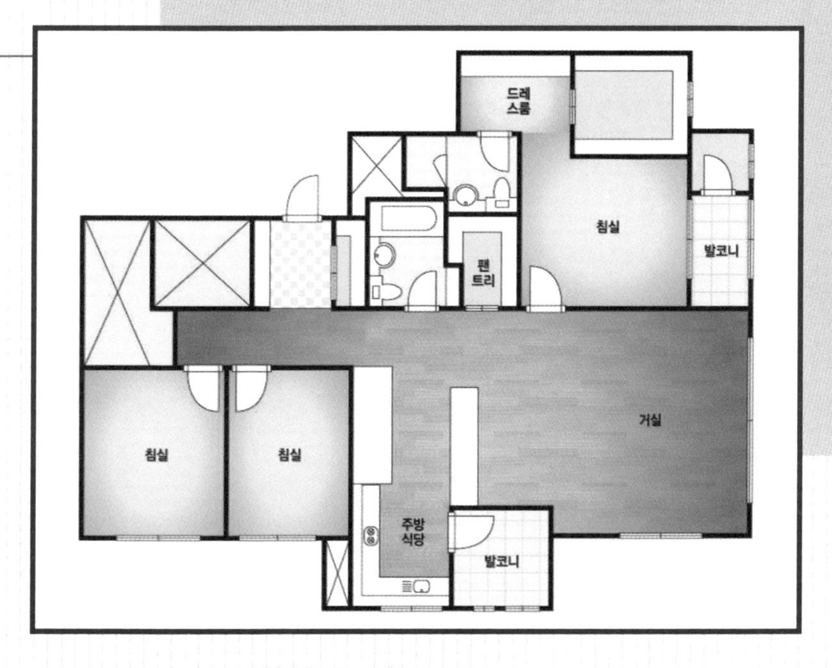

합니다. 아파트 평면도에서 × 표시된 공간 가운데 피트 공간이 있습니다. 생활공간과 피트 공간을 구분하는 벽은 철근콘크리트가 아닌 벽돌로 세운 임시 벽이어서 마음먹으면 손쉽게 허물 수 있습니다.

그러면 피트 공간을 확장해서 수납공간을 확보하면 되지 않을까요? 결론을 먼저 말씀드리자면, 피트 공간을 사적인 용도로 사용하는 것은 「공동주택관리법」이 금지하는 불법입니다. 게다가 안전 측면에서도 매우 위험합니다. 실제로 2019년 경남 창원시의 한 아파트에서 피트 공간 확장 공사를 하던 인테리어 시공업자가 벽이 무너지면서 깔려 숨지는 사고가 나기도 했습니다. 불법 확장 공사 사실이 적발되면 1년 이하 징역 또는 1000만 원 이하의 벌금을 내야 합니다. 그리고 불법 확장한 피트 공간을 원상복구 해야 합니다.

Apartment & Science **9F**

이웃을 적으로 만드는 층간소음

가족과의 대화나 웃음소리, 아이들이 커가는 소리, 휴식을 안겨주는 TV나 음악 소리, 반려견이 주인을 반기는 소리 등 우리의 삶은 다양한 소리로 가득 차 있습니다. 만약 소리가 없다면 마치 음소거 버튼을 누른 TV처럼 우리의 삶은 재미 없고 그 어떠한 감흥도 느끼기 어려울 겁니다. 그런데 우리 삶에 반드시 수반되는 그 '소리(sound)'가 다른 누군가에게는 엄청난 고통을 안겨주는 '소음(noise)'이 될 수도 있습니다.

아파트는 위아래와 양옆으로 집들이 서로 맞닿아 있어 태생적으로 소음에 취약한 구조입니다. 사실 내 집에서 책을 읽고, 쉬고, 잠을 자는데 다른 집의 소음으로 방해를 받는다면 불쾌감을 느낄 수밖에 없습니다. 아파트에서 이웃 간 갈등과 분쟁을 불러일으키는 주원인인 '층간소음' 이야기입니다. 층간소음은 공동주택에서 사람의 활동으로 인해 발생하여 다른 입주자들에게 피해를 주는 소음으로 정의합니다. 층간소음으로 인한 이웃 간 갈등이 강력범죄로까지 비화되면서 심각한 사회문제가 되고 있습니다.

층간소음, 빨리 많이 지어야 했던 시대적 산물?

아파트에서 층간소음이 특히 문제가 되는 이유는 두꺼운 벽이 천장을 떠받치고 있는 '벽식 구조'로 지어진 경우가 많기 때문입니다. 벽식 구조는 위층이나 대각선 등 인접 세대에서 발생한 소음 진동이 벽을 타고 고스란히 다른 세대로 전달되어서 층간소음에 취약합니다. 반면 기둥 위에 가로 방향으로 보를 얹은 후 그 위에 천장을 올린 '라멘 구조'나 기둥이 튼튼한 천장을

▶ 층간소음과 아파트 구조의 관계

벽식 구조

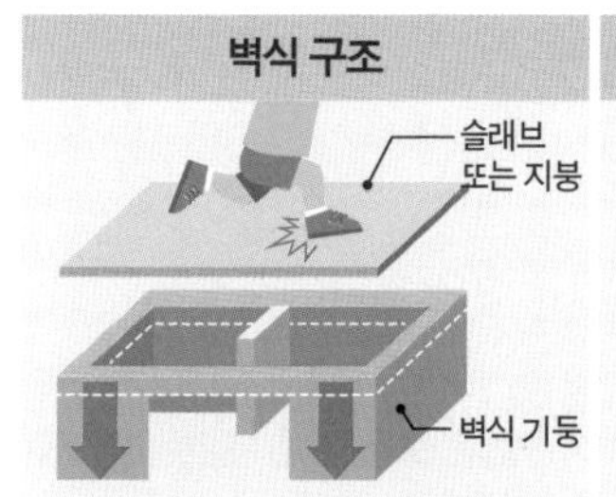

벽이 기둥 역할을 하며 천장을 받치는 구조로 아파트 건설에 많이 사용됨. 바닥 울림이 고스란히 벽을 타고 다른 세대로 전달

라멘 구조(기둥식 구조)

슬래브
또는 지붕
보
기둥

천장에 수평으로 설치한 보와 기둥이 천장을 받치는 구조. 오피스텔과 주상복합 건설에 많이 적용됨. 바닥에서 전달되는 소음이 보와 기둥을 타고 분산

무량판 구조

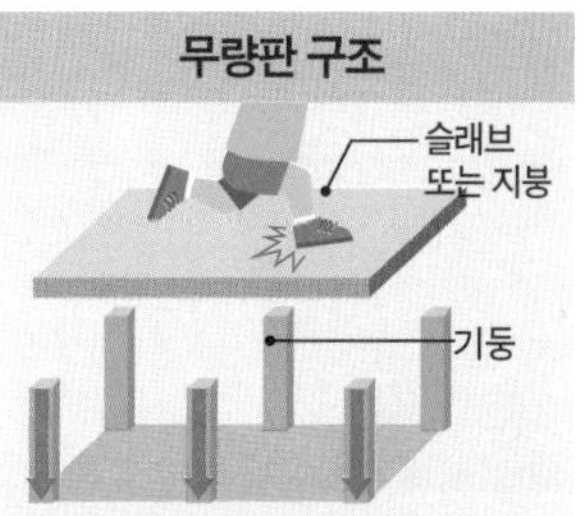

보 없이 기둥만 천장을 받치는 구조로 오피스 빌딩에 많이 사용됨. 보가 없기 때문에 슬래브를 두텁게 만들어 층간소음 완화

아파트는 위아래와 양옆으로 집들이 서로 맞닿아 있어 태생적으로 소음에 취약한 구조다.

떠받치고 있는 '무량판 구조'는 층간소음 차원에서 훨씬 유리합니다.

우리나라는 왜 층간소음에 취약한 벽식 구조로 지은 아파트가 많을까요? 답은 경제성 때문입니다. 1980년대 이전에 지어진 아파트는 대부분 라멘 구조였습니다. 그러다 1980년대 이후 과천, 목동, 상계 등의 신도시가 개발되는 과정에서 벽식이 라멘 구조를 빠르게 대체했습니다. 벽식 구조는 벽 · 천장 · 바닥을 일체형으로 만들기 때문에 라멘 구조에 비해 층고를 낮게 지을 수 있는 장점이 있습니다. 무엇보다 공사 기간이 짧아 공사비용이 더 적게 들죠. 반면 벽식 구조는 층간소음에 취약하고, 내력벽 때문에 구조 변경이 어렵습니다. 벽 · 천장 · 바닥이 일체형이라 낡은 배관 등 설비 교체도 어렵습니다. 빨리 많은 아파트를 지어야 했던 건설사들은 공사 기간이 짧고 비용이 저렴한 벽식 구조를 도입한 것입니다.

사고력 저하에 생리적 이상 불러오기도

층간소음의 원인인 소음은 공기 등이 진동하면서 에너지가 전달되는 파동(wave)입니다. 그 음파 진동이 우리 귀에 있는 고막을 자극해 괴롭게 만드는 것이죠. 소음은 발생하는 방식에 따라 텔레비전이나 음향기기, 애완동물 등에서 발생하는 '공기 전달 소음'과 뛰거나 걷는 동작 등 충격으로 발생하는 '직접 충격 소음'으로 구별할 수 있습니다.

공기 전달 소음은 음파 진동이 벽이나 바닥과 충돌할 때 에너지 일부는 반사되고 일부는 흡수되며 퍼져나갑니다. 실제 두꺼운 벽이나 바닥을 통과해서 음파 진동이 전달되는 양은 많지 않습니다. 아파트에서 주로 문제가 되는 층간소음은 직접 충격 소음입니다.

직접 충격 소음은 충격을 일으키는 물체의 특성에 따라 '경량충격음'과 '중량충격음'으로 구분합니다. 경량충격음은 의자를 끌거나 작은 물건을 떨어뜨릴 때처럼 가볍고 딱딱한 물체로 인한 충격으로 발생하는 소음입니다. 높은 주파수의 소음으로 지속 시간이 짧아 불쾌감이 크지 않습니다. 중량충격음은 어른이 걷거나 아이가 뛰어놀 때처럼 무겁고 부드러운 충격에 의해 발생하는 낮은 주파수의 소음입니다. 중량충격음은 지속 시간이 길어 심한 불쾌감을 불러일으키고 정신적 고통을 일으킵니다.

▶ **층간소음의 원인** 자료 : 환경부

층간소음 원인	충격음 구분	비율(%)
아이들 뛰는 소리 또는 발걸음 소리	중량	69.2
문 개폐, 가구	중량, 경량	5.4
망치질	중량	4.2
가전제품	진동, 중량, 경량	3.3
진동(기계), 운동기구	진동, 중량, 경량	2.8
악기, 대화, 부엌 조리	공기전달음	2.6
원인 미상 등	기타	12.6

환경부가 2012년부터 2021년까지 접수한 층간소음 민원을 분석한 결과, 층간소음의 주요 원인은 아이들이 뛰는 소리 또는 발걸음 소리로 이에 대한 민원이 69.2%로 가장 많았다.

층간소음으로 인한 다툼은 빈번하지만 느끼는 정도는 사람마다 다를 수 있어 우리나라에서는 층간소음의 객관적 기준을 법률로 정해놓고 있습니다. 「공동주택 층간소음의 범위와 기준에 관한 규칙」은 층간소음을 종류에 따라 주간(새벽 6시부터 저녁 10시까지)과 야간(저녁 10시부터 새벽 6시까지)을 구분해서 평균치인 등가소음도(Leq : equivalent sound Level)와 최대치인 최고소음도(Lmax : maximum sound Level)를 활용해 규정하고 있습니다.

직접 충격 소음은 1분간 등가소음도 기준으로 주간에는 43dB(데시벨) 이하이고 야간에는 38dB 이하여야 하며, 최고소음도 기준으로는 주간에 57dB, 야간에는 52dB 이하여야 합니다. 몸무게 28kg인 어린이가 1분간 뛸

▶ 아파트에서 발생하는 다양한 층간소음의 크기 정도

단위 : dB, 자료 : 국토교통부

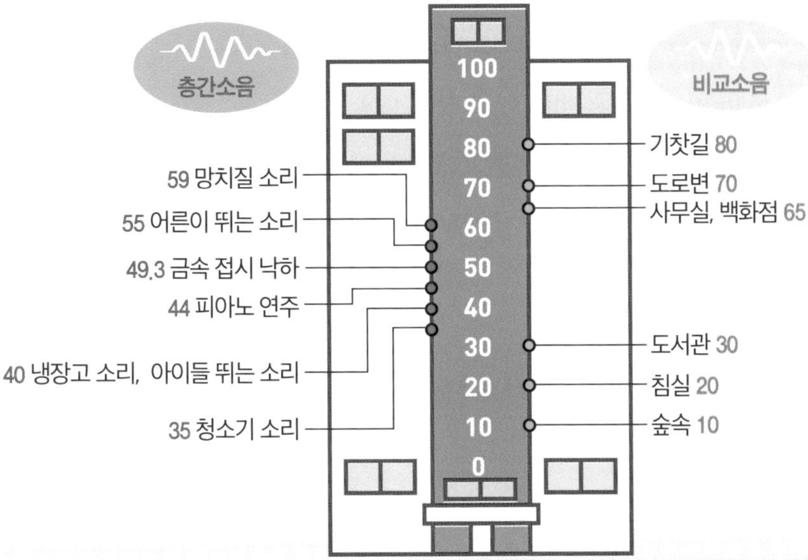

층간소음
59 망치질 소리
55 어른이 뛰는 소리
49.3 금속 접시 낙하
44 피아노 연주
40 냉장고 소리, 아이들 뛰는 소리
35 청소기 소리

100
90
80
70
60
50
40
30
20
10
0

비교소음
기찻길 80
도로변 70
사무실, 백화점 65
도서관 30
침실 20
숲속 10

때 발생하는 정도의 소음이 43dB, 30초간 뛸 때 발생하는 정도의 소음이 38dB입니다. 57dB은 이 어린이가 50cm 높이에서 바닥으로 뛰어내렸을 때 발생하는 정도의 소음입니다. 한편 공기 전달 소음은 5분간 등가소음도 기준으로 주간에는 45dB, 야간에는 40dB 이하여야 합니다.

우리나라 아파트에서 생활하는 사람의 절반 가까이가 층간소음으로 인한 불쾌감을 느끼며, 3분의 1은 층간소음으로 인한 생활방해를 경험하고 있습니다. 남성보다 여성이 층간소음에 더 민감한 반응을 보이며, 20대보다는 30대와 40대, 50대에서 층간소음으로 괴로워하는 경우가 더 많습니다. 코로나19 이후 재택근무나 원격수업 등으로 집에 있는 시간이 늘어나면서 층간소음은 더욱 큰 분쟁의 씨앗이 되고 있습니다.

층간소음이 인간에 미치는 다양한 악영향은 과학적으로 증명되어 있습니다. 심리적으로 인간의 사고력을 저하하고 휴식과 수면을 방해하며 피로감을 계속 느끼게 합니다. 생리적으로 위궤양, 소화불량, 심장병, 혈관 수축, 혈압 상승, 호르몬 변화, 성장 장애 등을 불러일으킬 수 있습니다. 이 밖에 짜증 및 불쾌감을 증가시키고 공격적 태도를 불러오며, 극심할 경우 살인 충동까지 느끼게 만드는 것으로 알려져 있습니다.

층간소음을 흡수하는 바닥의 비밀

층간소음으로 인한 갈등이 점점 심해지면서 아파트에서 층간소음을 잡기 위한 다양한 연구가 진행되고 있습니다. 층간소음을 줄이기 위한 연구는 아파트 바닥에 집중됩니다.

아파트 바닥을 뜯어보면 콘크리트 슬래브가 가장 아래 기초 토대를 이루고 있습니다. 콘크리트 슬래브에서 층간소음을 낮추는 핵심 요인은 '두께'입니다. 슬래브 두께를 두껍게 할수록 층간소음은 확연히 줄어듭니다. 연구에 따르면 슬래브 두께가 30mm 증가할 때마다 중량충격음은 1.5dB 감소합니다.

「주택건설기준 등에 관한 규정」에 따라 콘크리트 슬래브 두께는 벽식 구조에서 210mm, 라멘 구조에서 150mm, 무량판 구조에서 180mm 이상으로 만들어야 합니다. 전문가들은 라멘 구조는 150mm인 현 기준을 유지해도 큰 문제가 없지만, 벽식 구조는 240mm로, 무량판 구조는 210mm로 콘크리트 슬래브 두께 기준을 강화해야 층간소음을 적절한 수준으로 낮출 수

▶ 아파트 바닥 구조

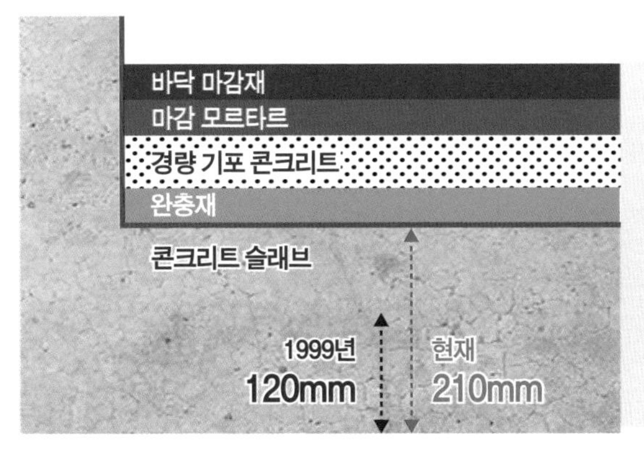

아파트 바닥은 '콘크리트 슬래브 → 완충재 → 경량 기포 콘크리트 → 마감 모르타르 → 바닥 마감재'까지 총 5가지 단면으로 되어 있다. 사회적으로 층간소음 문제가 대두되면서 1999년 이전 120mm였던 콘크리트 슬래브 두께 규정은 210mm 이상으로 강화됐다.

있다고 얘기합니다. 콘크리트 슬래브를 30mm만 더 두껍게 만들면 층간소음 문제를 상당수 해결할 수 있다는 분석입니다. 아파트에서 가장 골치 아픈 층간소음 문제의 해법이 생각보다 간단하다고 볼 수도 있는데요. 하지만 콘크리트 슬래브를 30mm 더 두껍게 하려면 산술적으로 7층을 올릴 때마다 1개 층 바닥을 만들 수 있는 양의 콘크리트를 더 쏟아부어야 합니다. 공사비도 대폭 늘어날 뿐 아니라 자원과 환경에 대한 부담 측면에서도 고려할 것이 많은 방안입니다.

슬래브 위에는 완충재(차음재)를 20mm 이상 두께로 설치합니다. 완충재는 층간소음을 분산하고 흡수하는 역할을 합니다. 단열 성능이 우수한 스티로폼에 고무 재질 바닥판을 결합한 재료를 많이 사용합니다. 완충재는 층간소음을 줄이기 위해 가장 활발히 연구개발이 진행되는 분야로, 건설사들은 차음 기능을 높인 다양한 첨단 완충재를 선보이고 있습니다. 스티로폼과 고무 재질을 개선하기 위하여 새로운 소재를 개발하고 있으며, 진동을 흡수하는 강철 바닥판을 선보이기도 하고, 최근에는 3개 층을 쌓아 소음을 거르는 필터형 방식도 나왔습니다.

완충재 위에는 콘크리트 안에 기포를 많이 넣어 무게를 가볍게 한 경량기포 콘크리트가 40mm 두께로 들어갑니다. 온돌 구조에서 바닥 하부로 열이 유출되고 바닥 충격을 막는 역할을 합니다. 그 위에는 시멘트와 모래를 물로 반죽한 마감 모르타르(mortar)를 40mm 두께로 깔아 온돌을 만들고, 마지막으로 마루 등 마감재를 덮으면 아파트 바닥이 완성됩니다.

어린 자녀를 키울 때 아래층에 대한 배려로 층간소음을 조금이라도 줄이기 위해 매트를 시공하는 경우가 늘고 있습니다. 층간소음 매트는 마룻바닥에 비해 충격이 일어나는 시간이 길어 충격을 분산시키는 효과가 있습니다. 따라서 물건을 떨어뜨렸을 때처럼 높은 주파수의 경량충격음은 크게 줄어듭니다. 하지만 아이들이 뛸 때 발생하는 중량충격음을 차단하는 데는 효과가 떨어진다는 한계가 있습니다.

층간소음을 잡는 과학

층간소음에 대한 관심이 지금처럼 높지 않았던 예전에 건설된 아파트들은 층간소음에 더 취약한 것이 사실입니다. 2000년대 이전 건설된 아파트는 슬래브 두께가 지금의 거의 절반 수준인 120mm에 불과해 걷는 소리까지 아래층에 전달될 정도입니다. 이미 완공된 아파트의 바닥을 뜯어고칠 수도 없는 노릇이니 층간소음에 시달리는 입주민은 답답할 수밖에 없습니다. 이 경우 '흡음재'가 효과적인 해결책이 될 수 있습니다.

천장에 설치하는 흡음재는 이미 발생한 소음 크기를 줄이고 전달을 막는 역할을 합니다. 오래된 아파트뿐만 아니라 층간소음 저감 기술이 바닥에 적용된 요즘 아파트도 흡음재를 사용하면 층간소음을 더욱 획기적으로 낮출 수 있습니다. 흡음재는 스파이럴 트랩형과 멤브레인형, 마이크로타공형이 주로 사용되고 있습니다.

스파이럴 트랩형 흡음재는 병이나 항아리에 입을 대고 큰 소리로 말했을

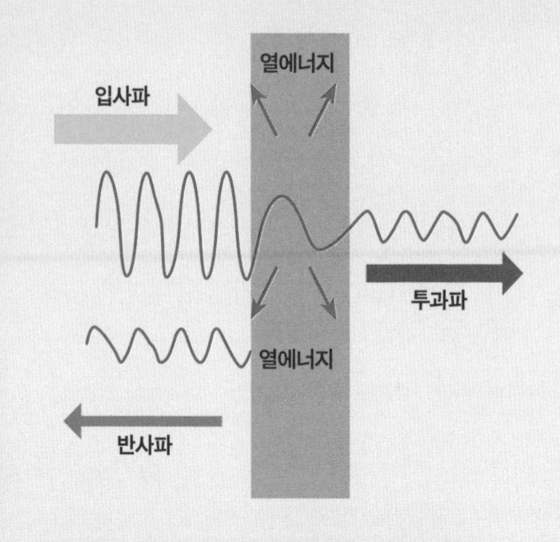

▶ **흡음재의 원리와 대표적인 흡음재**

천장 흡음재는 바닥에 적용된 층간소음 저감 기술을 보완해 층간소음을 획기적으로 낮출 수 있다. ⓒ김인호 「층간소음 저감을 위한 저주파 천장 흡음재 기술」

때 공명이 생겨 소리가 작게 들리는 원리를 이용합니다. 트랩 입구에 저주파의 긴 파장을 고려해 소용돌이 형태의 경로를 설치하면, 입사음과 반사음의 위상이 반대가 돼 층간소음이 상쇄됩니다.

멤브레인형 흡음재는 구멍이 없는 철판, 목재 등 판 구조형 또는 막 구조가 음파에 반응하여 공진할 때 음에너지가 운동에너지로 변형되어 흩어져 버리는 원리를 사용합니다. 입사된 음은 판이나 막을 진동시키고 그 내부 마찰로 진동에너지를 잃고 흡수됩니다.

마이크로타공형 흡음재는 멤브레인형 흡음재와 원리는 동일합니다. 판에 지름 약 0.5mm의 무수히 많은 미세한 구멍을 만들어 공기 속력을 저감시켜 에너지 감쇠 성능을 높입니다. 소음 진동이 전달되면 공기의 마찰과 열전도, 재료의 진동 등에 따라 소음의 에너지 감쇠가 증가합니다.

최근에는 층간소음 저감을 위해 사물인터넷(IoT) 등 첨단 디지털 기술을 활용하는 방안도 등장했습니다. 층간소음이 언제 어느 정도로 발생하는지 가늠하기 어렵기 때문에 이웃 간 분쟁이 발생하는 경우가 많은데요. IoT 기반 층간소음 관리시스템은 집안 곳곳에 소음측정기를 부착해 층간소음이 일정 수준 이상으로 높아지면 앱을 통해 알려줍니다. 우리집에서 발생하는 소음을 객관적으로 확인할 수 있어서 행동을 조심하고 이웃을 배려하게 돼 층간소음이 확연히 줄어듭니다. 좀 더 능동적인 방법으로 층간소음 발생 시 소음측정기가 수집한 정보를 실시간으로 분석한 후, 상쇄할 수 있는 백색소음을 발생시켜 층간소음을 줄이는 방안에 관한 연구도 진행되고 있습니다.

「주택법」 개정에 따라 2022년 8월 아파트의 층간소음 차단 성능을 시공 후 확인하는 '층간소음 사후확인제'가 도입됐습니다. 기존에는 건설사가 준비한 바닥구조 시험체로 사전 평가만 받으면 됐지만, 이제는 아파트 완공 후 사용승인을 받기 전 검사를 받아 기준에 미치지 못하면 보완시공을 하거나 손해배상을 해야 합니다. 발등에 불이 떨어짐에 따라 건설사들이 팔 걷고 나서면서 아파트의 층간소음 해결에 일대 진전이 있을 것으로 기대됩니다.

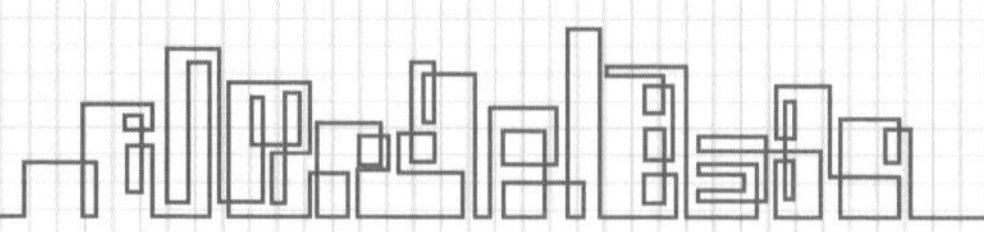

아파트 매미가
유독 시끄럽게 우는 이유

▼
▼
▼

아파트에 여름이 찾아오면 층간소음 못지않게 입주민을 괴롭히는 소음이 있습니다. 바로 아침부터 늦은 밤까지 쉬지 않고 시끄럽게 울어대는 매미 울음소리입니다. 한때 '여름의 전령사'로 사랑받던 매미의 합창은 여름만 되면 아파트 주민의 가장 큰 민원 대상이 되고 있습니다.

매미가 처절하게 우는 까닭은 세상에 자신의 흔적을 남기기 위해서입니다. 매미는 유충(굼벵이)으로 땅속에서 5~7년가량 나무뿌리 수액을 먹고 살다가 지상으로 올라와 허물을 벗고 한 달 정도 번식하며 살다가 죽습니다. 열심히 우는 수컷만 암컷을 만나 짝짓기에 성공해 자손을 남길 수 있습니다. 가을이 오면 죽음을 맞이하는 건 다 똑같지만, 그 사이 후손을 남기느냐 아니냐는 생명체에게는 매우 중요한 일입니다. 여기서부터 인간과 매미와의 갈등이 시작됩니다.

서울시보건환경연구원 조사에 따르면 매미 울음소리는 거의 확성기 급으로 주간 65dB, 야간 60dB인 생활소음 기준을 크게 초과하는 것으로 나타났습니다. 공원보다 아파트 지역에서 매미가 더 시끄럽게 울고 있었으며, 열대야에는 비열대야 기간보다 10% 가까이 울음소리가 커져 더위에 지친 사람들을 괴롭혔습니다.

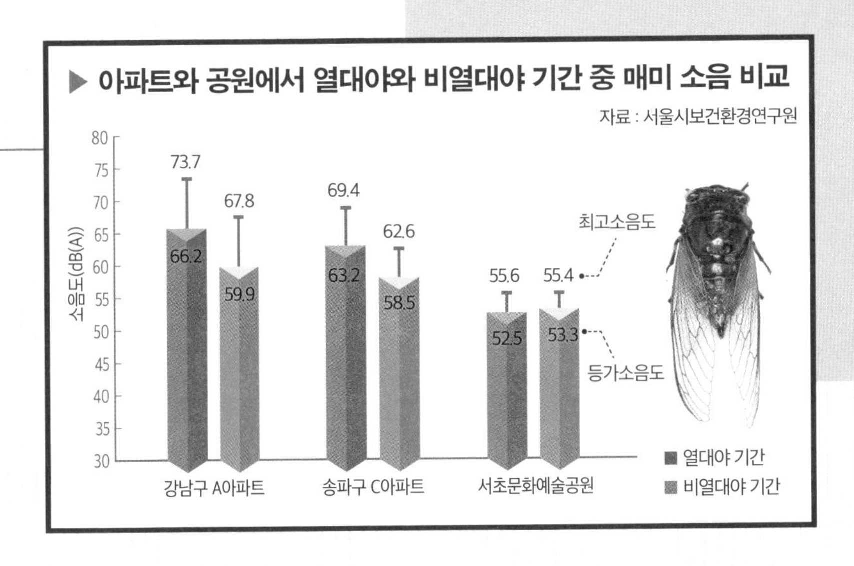

전문가들은 한낮에 울어야 하는 매미가 밤에도 쉬지 않고 우는 이유는, 아파트 곳곳에 설치된 가로등 조명이 지나치게 밝기 때문이라고 얘기합니다. 매미는 보통 오전 5시를 전후로 울기 시작해 오후 8시 전후로 울음을 멈춥니다. 그러나 야간에도 밝은 도시에서는 3~4시간 정도 더 길게 운다고 합니다. 아울러 매미는 온도에 상당히 민감한 곤충인데요. 녹지가 부족한 아파트 단지가 도시 열섬(330쪽 참조)이 되면서 매미를 잠들지 못하게 한다고 지적합니다.

아파트에서 매미 소리가 유난히 크게 들리는 이유를 말매미의 개체 수가 급격히 증가했기 때문으로 분석하는 전문가도 있습니다. 말매미는 울음소리가 80dB로, 한국에 사는 14종의 매미 가운데 울음소리가 가장 큽니다. 말매미는 1970년대부터 진행된 급격한 도시화 덕에 다른 매미보다 개체 수를 쉽게 불릴 수 있었습니다. 플라타너스와 벚나무는 척박한 환경에서도 잘 자라고 성장이 매우 빠른 나무입니다. 조경을 빨리 완성하기 위해 아파트 단지마다 플라타너스와 벚나무를 많이 심었습니다. 문제는 이 플라타너스와 벚나무가 말매미가 가장 좋아하는 나무라는 것입니다. 아파트에서 매미가 밉상 곤충이 된 사연은 결국 우리 인간 때문이라고 할 수 있습니다.

"뚜렷한 사계절이 있기에 / 볼수록 정이 드는 산과 들"

〈아! 대한민국〉이라는 노래의 가사 일부입니다. 우리나라의 뚜렷한 사계절은 일 년 내내 더위나 추위가 이어지는 지역에 사는 사람들에게 부러움의 대상입니다. 하지만 주거공간인 아파트 입장에서는 한여름 무더위와 한겨울 맹추위라는 극과 극의 상황을 둘 다 대비해야 합니다. 여름철 더위는 선풍기나 에어컨 등 계절가전의 도움을 받아 이겨낼 수 있는데, 겨울철 추위에 대한 대비는 조금 복잡합니다.

중앙 vs. 개별 vs. 지역의 삼국대전

겨울에 실내온도를 높여 따뜻하게 하는 일을 '난방'이라 합니다. 인간은 체온이 불과 2~3℃만 떨어져도 생명이 위험해지기에 난방은 인류 생존과 직결된 문제였고, 그 결과 난방의 역사는 주거의 역사와 궤를 같이합니다. 우리나라에서는 불을 피워 방바닥 구들장을 데우는 '온돌'을 발명한 선조들 덕분에 지금도 방바닥을 데우는 바닥난방을 사용하고 있습니다.

한편 벽난로를 사용하던 서양에서는 지금도 공기를 데우는 대류난방을 주로 사용하고 있습니다. 공기는 후끈후끈할 만큼 따뜻해지기 쉽지 않을뿐더러 금세 차가워지기 때문에 계속 데워야 합니다. 이 때문에 바닥난방을 처음 접하는 외국인들은 따뜻함에 한 번, 에너지 효율성에 두 번 놀란다고 합니다. 미국과 서유럽에 한국식 바닥난방이 알려지면서 신축 주택 상당수에 바닥난방 설비가 설치되고 있고, 일본에서는 바닥난방이 대세로 정착했습니다. 온돌은 건축 분야의 한류(韓流)인 셈입니다.

사계절이 뚜렷한 우리나라에서는 주거공간을 만들 때 한여름 무더위와 한겨울 맹추위라는 극과 극의 상황에 대비해야 한다.

한국인의 주거공간인 아파트에서는 당연히 바닥난방을 사용합니다. 바닥을 데우는 난방 방식은 다양합니다. 아파트의 난방 방식은 고려사항이 각기 다르고 변경이 쉽지 않아, 아파트를 건설하기 전 설계 단계 때 결정합니다. 단독주택은 개별난방 하나만 가능하지만, 공동주택인 아파트는 중앙난방, 개별난방, 지역난방이라는 3개의 선택지가 주어집니다.

과거 아파트에서 널리 사용한 '중앙난방'은 단지 내 기계실에 위치한 대형보일러로 열과 온수를 만들어서 각 세대에 공급하는 방식입니다. 값싼 중유를 사용해 경제적이고, 개별 세대에서 보일러를 관리하는 부담이 없으며, 상시 온수를 쓸 수 있다는 장점이 있습니다. 하지만 보일러실에서 난방 양을 일괄 결정해 일정 시간만 공급하기 때문에 세대별로 온도를 조절할 수 없는 단점이 있습니다. 또 공급온도가 일정치 않아 가구에 따라 너무 덥거나 반대로 너무 추울 수도 있습니다. 소비자 불편에 유가 상승으로 경제성까지 떨어지면서 중앙난방은 시장에서 퇴출되는 상황입니다.

현재 아파트에 많이 사용하는 '개별난방'은 각 세대에 보일러를 설치해 난방과 온수를 공급하는 방법입니다. 보일러 연료로는 도시가스를 주로 사용합니다. 개별난방의 장점은 세대에서 원하는 만큼 자유롭게 난방을 사용할 수 있고, 사용한 만큼 정확히 비용을 부담한다는 점입니다. 하지만 세대별로 보일러를 유지 관리해야 하고, 세대 안에 별도 보일러실 공간이 필요하다는 단점이 있습니다. 또 대형 탱크에 충분한 급탕을 준비하고 있는 중앙난방이나 지역난방과 달리 온수를 사용할 때마다 보일러를 가동해야 하는 점도 불편합니다.

▶ 아파트에 사용되는 난방 방식의 특징 자료 : 한국토지주택공사

중앙난방 방식

아파트 단지 내의 중앙기계실에서 보일러를 가동하여 각 세대로 난방을 공급하는 방식

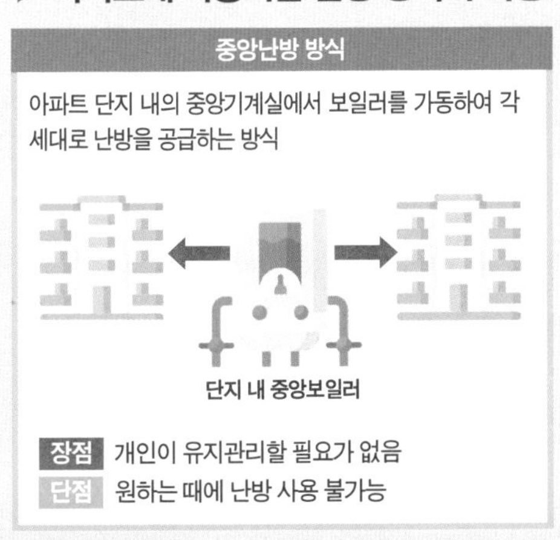

장점 개인이 유지관리할 필요가 없음

단점 원하는 때에 난방 사용 불가능

개별난방 방식

각 세대별로 보일러를 설치하여 개별적으로 난방하는 방식

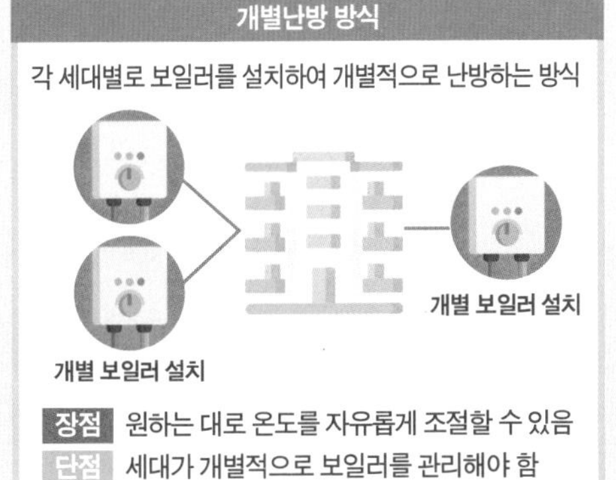

장점 원하는 대로 온도를 자유롭게 조절할 수 있음

단점 세대가 개별적으로 보일러를 관리해야 함
사용 습관에 따라 난방비가 많이 나올 수 있음

지역난방 방식

지역발전소에서 아파트 단지로 열을 공급하고 이를 이용하여 난방하는 방식

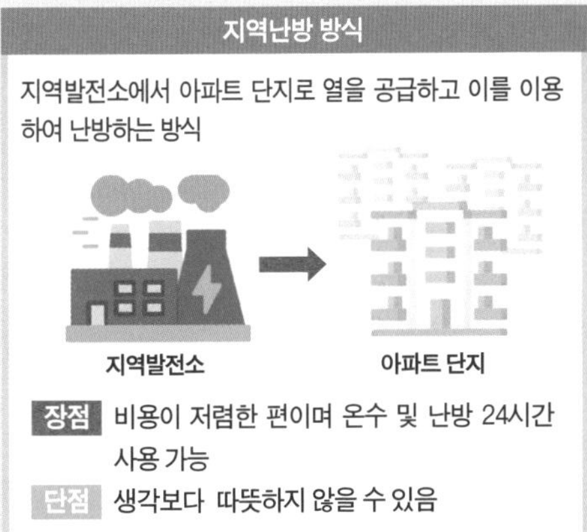

장점 비용이 저렴한 편이며 온수 및 난방 24시간 사용 가능

단점 생각보다 따뜻하지 않을 수 있음

지역별 난방 방식 비중 (2020년 기준)

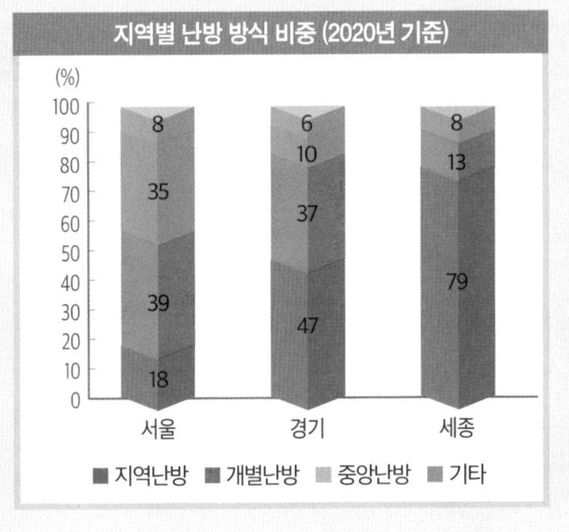

신도시 아파트에 널리 사용되는 '지역난방'은 열병합발전소(전력 생산과 지역난방 등의 열 공급 설비를 모두 갖춘 발전소. 화력발전은 화석 연료를 연소시켜 얻은 열로 물을 끓여 발생한 증기로 터빈을 돌려 전력을 생산하는데, 이때 쓰고 남은 열을 지역난방에 사용)에서 물을 데워 열 수송 배관을 통해 각 세대로 보내주는 방식입니다. 24시간 난방과 급탕을 사용할 수 있고, 유지 · 관리가

편리하며, 경제적이다는 장점이 있습니다. 쓰레기 소각열이나 발전소 폐열을 공급받으면 난방비는 더 저렴해집니다. 하지만 공급온도가 정해져 있어 바닥을 뜨끈뜨끈하게 데우기 힘든 것은 단점입니다. 사용상 편리하기에 아파트 입주민들이 가장 선호하는 방식입니다. 대규모 택지에 아파트를 조성할 때는 정부의 집단에너지 확대 정책에 따라 종합 효율이 높은 지역난방을 선택하도록 하고 있습니다.

당신이 따뜻해질 때까지

겨울이 찾아오면서 수은주가 뚝 떨어졌습니다. 아파트를 따뜻하게 만들기 위해서 안방 한쪽 벽에 설치돼 있는 온도조절기를 올립니다. 개별난방 아파트는 다용도실에 설치돼 있는 보일러가 작동하면서 난방에 쓸 물을 데우기 시작합니다. 중앙난방과 지역난방 아파트라면 배관을 타고 바로 온수가 공급됩니다. 이때 먼저 고려해야 할 사항이 있습니다. 날씨가 추워지면 많은 세대가 난방을 가동할 텐데, 세대별로 온수를 어떻게 나누냐의 문제입니다.

아파트에서는 세대마다 온수가 공평하게 공급되도록 '정유량 밸브'를 사용합니다. 온수가 특정 세대에 과도하게 흐르지 않도록 공급되는 유량을 미리 정해놓은 겁니다. 정유량 밸브는 열을 공급할 때 정해진 최대 유량으로 흐르게 하고, 필요가 없으면 아예 공급을 중단시킵니다. 온수를 균등하게 공급할 수 있다는 게 최대 장점이지만, 단속적으로 흘러 실내온도가 설정온도 주변에서 부단히 진동해 효율이 떨어진다는 단점도 있습니다.

아파트 세대 안에 공급된 온수는 일반적으로 주방 싱크대 하부에 설치돼 있는 '난방분배기'를 거쳐 각 방으로 이동합니다. 난방분배기에는 연결된 배관마다 미세유량 조절밸브가 달려있어 각 방으로 전달되는 온수의 양을 조정할 수 있습니다. 2000년대 이전에 건립된 아파트들은 안방에만 온도센서가 설치돼 있어 실내온도가 일괄적으로 조절되었습니다. 일부 방의 온도만 바꾸려면 난방분배기에서 그 방에 연결된 배관을 찾아서 수동으로 밸브를 조절해야 합니다. 2000년대 이후 신축된 아파트들은 방마다 온도제어기가 설치돼 있습니다. 이 경우 방에서 실내온도를 설정하면 난방분배기에서 모터 구동기가 그 방으로 연결되는 밸브를 여닫아 온도를 조절합니다.

난방분배기를 통과한 온수는 바닥에 매설된 온수코일을 따라 순환하면서

▶ 준공 시기별 단위면적 당 난방에너지 사용량 자료 : 국토교통부

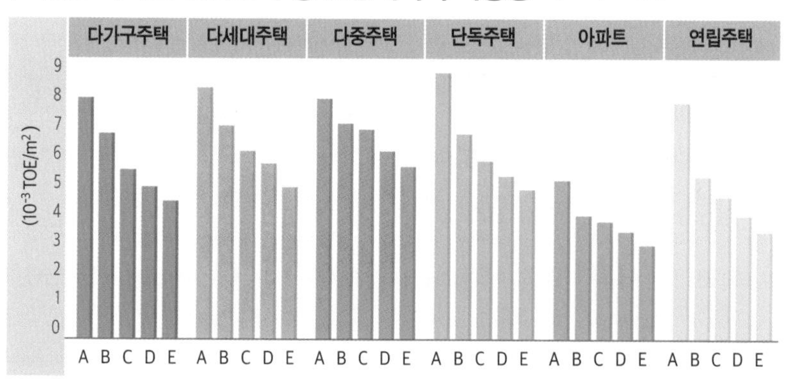

주거 유형별 준공 시기에 따른 단위면적 당 난방에너지 사용량. 단열 기준을 상향한 시기를 기준으로 A그룹(1979년 9월 이전), B그룹(1979년 9월~2000년 12월), C그룹(2001년 1월~2008년 6월), D그룹(2008년 7월~2013년 8월), E그룹(2013년 9월 이후)을 비교한 결과다.

아파트 단열재로 사용하는 비드법 보온판, 압출법 보온판, 그라스울 단열재, 미네랄울 단열재. © 위승환 등 「건축용 단열재의 환경 성능 평가」

방바닥 온도를 높이게 됩니다. 아파트 각 방에 설치되는 온수코일은 두께 16mm의 플라스틱 관을 사용합니다. 아파트 바닥을 시공할 때 경량 기포 콘크리트층 위에 온수코일을 20cm 거리를 두고 미로처럼 복잡하게 배열한 후 시멘트와 모래를 물로 반죽한 시멘트 모르타르를 40mm 두께로 깔아 온돌을 완성합니다. 이 온수코일 관을 통해 60~70℃ 정도의 온수가 순환하면서 방바닥을 30℃ 전후로 가열하게 됩니다.

겨울철 아파트 실내환경이 따뜻하게 유지되는데 난방 못지않게 큰 영향을 미치는 것이 '단열'입니다. 국토교통부의 〈주거용 건물 에너지 사용량 통계〉에서 준공 시기별 단위 면적당 난방에너지 사용량(135쪽)을 보면 단열 기준을 상향할 때마다 난방에너지 사용량이 크게 줄었다는 사실을 확인할 수 있습니다. 단열 기준을 처음 시행한 1979년 9월 이전에 지어진 아파트에 비해 2013년 이후 지어진 아파트는 난방에너지 사용량이 42%나 줄었습니다.

아파트에서 단열재로 널리 사용하는 것은 비드법 보온판입니다. 흔히 스티로폼이라고 부르는 단열재로 폴리스티렌(PS)을 발포한 알갱이(bead)를 붙여 만듭니다. 내부에 열이 잘 전달되지 않는 공기층을 형성해 단열하는 원리입니다. 압출법 보온판은 수소염화불화탄소(HCFC)를 넣어 폴리스티렌을 발포한 단열재로, 스티로폼보다 물에 강합니다. 열전도가 낮은 유리섬유로 만든 그라스울 단열재와 인조광물 섬유로 만든 미네랄울 단열재는 불에 잘 타지 않는 장점이 있습니다.

최근 등장한 진공 단열재는 보온병처럼 열을 전달할 물질 자체가 존재하지 않아 열전도율 또한 0이 되는 진공을 활용한 방식입니다. 성능이 탁월해 단열재 두께를 기존보다 8분의 1로 줄일 수 있습니다. 지구상 가장 가벼운 고체인 에어로겔(98%가 기체로 채워진 물질)로 만든 단열재 역시 두께를 기존보다 5분의 1로 줄일 수 있습니다. 진공과 에어로겔 등 첨단 단열재가 널리 사용되기 위해서는 생산단가를 낮추는 일이 필요합니다.

아파트에는 이웃집 열을 빼앗아 가는 열도둑이 산다

아파트에 사는 사람들이 흔히 하는 착각 중 하나가, 우리 집과 이웃이 대충 비슷한 난방요금을 부담할 것이라는 생각입니다. 하지만 같은 아파트 단지에 살면서 실내온도를 똑같이 설정한다고 해도 개별 세대에 부과되는 난방요금은 천차만별로 다를 수 있습니다. 똑같은 실내온도를 만드는 데 필요한 난방에너지의 양이 세대마다 다르기 때문입니다.

아파트에서 난방은 최하층 세대가 가장 불리하고, 최상층, 중층 이하, 중

아파트에서 겨울철에 난방을 전혀 하지 않는 비난방 세대는 인접 세대에 상당한 민폐를 끼친다. 비난방 세대와 위아래로 접촉하고 있는 세대는 난방에너지가 최대 42.3%(비난방 세대의 아래층 세대)까지 증가했다.

층 이상 순으로 유리해집니다. 아파트 층수별 단위면적 당 난방에너지 사용량을 조사한 연구에 따르면 평균(41.51kWh/m²y)을 기준으로 최하층은 50%(61.97kWh/m²y), 최상층은 20%(51.54kWh/m²y) 가까이 난방에너지를 더 사용했습니다. 중층 이하는 대략 평균과 비슷하고(42.13kWh/m²y), 중층 이상은 20% 가까이 에너지를 덜 사용하는 것(34.43kWh/m²y)으로 나타났습니다.

이처럼 층에 따라 난방에너지 사용량에 차이가 나타나는 이유는 아파트는 각 세대가 서로 붙어 있기 때문입니다. 세대가 붙어 있으므로 인접 세대의 영향을 받고, 따뜻한 공기는 위로 올라가고 차가운 공기는 아래로 내려가는 성질도 영향을 미칩니다. 그래서 위아래로 인접 세대가 없는 최하층과 최상층이 난방에 불리합니다. 그나마 최상층은 아래층으로부터 열이 전달되지만, 최하층은 위로 열을 뺏기기만 해서 에너지 소모가 더 많습니다.

햇빛이 실내에 들어오는 양인 일사 유입량도 난방에 상당한 영향을 미칩니다. 일사 유입량의 차이로 창문이 남향을 끼고 있는지 아닌지에 따라 난방에너지 사용량이 달라집니다. 일반적으로 저층보다는 고층에서 난방부하가 적습니다. 아파트 동과 동 사이의 거리인 인동간격이 넓어지면 햇빛을 가리는 부분이 줄어들어서 난방부하가 감소하기 때문입니다.

몇 해 전 한 영화배우가 자신이 사는 아파트의 난방비 비리를 파헤치면서 '난방 열사(熱士)'라 불리게 된 일이 있었습니다. 이 사건으로 아파트에 살면서 난방비를 아주 조금 내거나 전혀 내지 않는 사람들이 상당히 많다는 사실이 널리 알려지게 됐습니다. 열량계를 고의로 고장 내거나 조작하는 일은 범죄 행위입니다. 문제는 실제 난방을 전혀 사용하지 않는 사람들이 생각보다 더 많이 존재한다는 점입니다.

아파트 특성상 난방을 가동하지 않는 비난방 세대라도 인접 세대로부터 열이 전달되어 그다지 춥지 않습니다. 인접 세대가 20℃인 경우 난방을 하지 않아도 15℃ 정도가 유지된다고 합니다. 하지만 비난방 세대가 존재하면 인접 세대에 상당한 민폐를 끼치게 됩니다. 연구에 따르면 난방을 전혀 가동하지 않는 세대와 접촉 면적이 작은 좌우 세대는 상하 세대에 비해 훨씬 적은 열을 빼앗겨 난방에너지 증가율이 1% 전후에 불과했습니다. 하지만 난방을 전혀 하지 않는 세대 바로 위층 세대는 바닥온돌을 통해 열을 빼앗겨 난방에너지가 24.1% 증가했습니다. 가장 큰 피해자는 비난방 세대의 아래층 세대였습니다. 아래층 세대의 경우 단열재가 제대로 없으면 최대 42.3%까지 난방에너지가 증가하는 것으로 나타났습니다.

이웃으로부터 몰래 열을 빼앗는 비난방 세대가 난방비를 부담하지 않는 것이 정당한지는 논란의 여지가 있어 보입니다. 이처럼 많은 사람이 모여 사는 공동주택에서 '좋은' 이웃의 조건은 일반적으로 생각하는 것보다 훨씬 까다롭습니다.

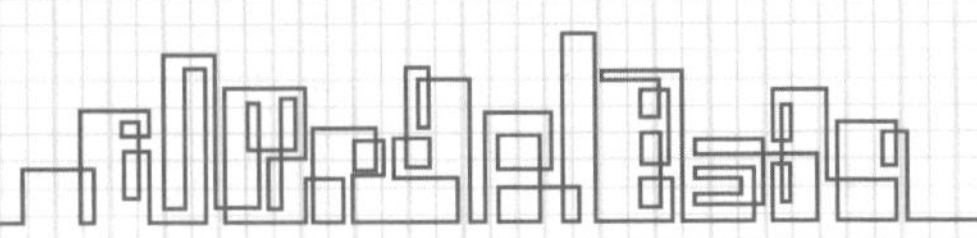

관리비가 적은 아파트는 따로 있다

▼
▼
▼

아파트에서 '아껴야 잘산다'라는 오랜 가르침을 실천하려면 눈여겨봐야 할 것이 있습니다. 매월 꼬박꼬박 내야 하는 '관리비' 고지서입니다. 아파트 관리비는 공동으로 사용하는 설비 또는 시설을 안전하고 효율적으로 유지관리하기 위해 관리 주체에 납부하는 비용입니다. 크게 공용관리비와 개별사용료, 장기수선충당금의 세 가지 항목으로 구분할 수 있습니다.

공용관리비는 아파트 유지관리를 위해 필요한 비용으로 일반관리비(인건비), 경비비, 청소비, 소독비, 승강기 유지비, 위탁관리수수료 등으로 구성됩니다. 개별사용료는 전기료, 수도료, 가스사용료, 난방비, 급탕비 등으로 자신이 사용한 만큼 내는 금액입니다. 장기수선충당금은 아파트 주요 시설의 교체와 보수를 위해 주택 소유자로부터 징수하여 적립하는 비용입니다.

아파트를 꼼꼼히 살펴보면 관리비가 많이 나올지 적게 나올지 예측할 수 있습니다. 중앙난방을 사용하는 경우 개별난방이나 지역난방보다 관리비가 더 많이 나옵니다. 고층아파트는 저층아파트보다 엘리베이터가 많아 공용전기료와 승강기유지비가 늘고, 복도식은 계단식에 비해 관리 면적이 늘어 청소비와 소독비가 증가합니다. 세대수가 많은 대단지 아파트에서는 개별 단가가 하락하는 규모의 경제(기업이 생산량을 늘림에 따라 아파트를 꼼꼼히 살펴보면 관리비가 많이 나올지 예측할 수 있다. 일반적으로 난방 방식은 계별이나 지역 난방이며, 저층과 계단식으로 된 대단지면서, 지은 지 15년 미만인 아파트가 관리비가 적게 나온다.

개별난방 또는 지역난방

저층과 계단식으로 된 대단지

관리비 절약 왕

지은 지 15년 미만

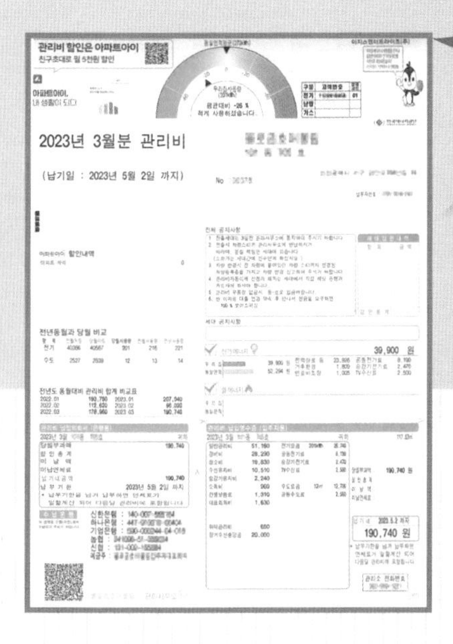
관리비 할인은 아파트아이
친구초대로 월 5천원 할인

2023년 3월분 관리비

(납기일 : 2023년 5월 2일 까지)

전년동월과 당월 비교

전년도 동월대비 관리비 합계 비교표

39,900 원

190,740 원

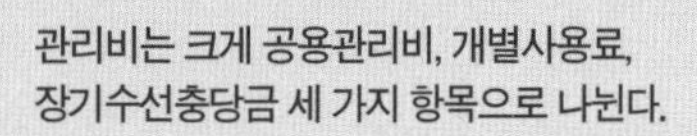
관리비는 크게 공용관리비, 개별사용료, 장기수선충당금 세 가지 항목으로 나뉜다.

제품 하나를 만드는 단위당 비용이 하락하는 현상)가 나타나 관리비가 적게 나옵니다.

아파트가 노후화되면 고칠 게 많아지는데 일반적으로 15~20년 경과 시점부터 관리비가 상승하는 추세가 나타납니다. 또 주상복합 아파트는 일반 아파트보다 관리비가 비싸기로 유명한데요. 세대수는 적은 반면 커뮤니티 시설은 많으며 외부인들의 출입이 잦아 청소비, 경비비 등이 많이 들기 때문입니다. 종합해 보면 개별난방이나 지역난방을 사용하며 저층과 계단식으로 된 대단지면서, 지은 지 15년이 안 된 일반 아파트가 관리비가 적게 나온다고 할 수 있습니다.

Chapter 2

우리의 삶을 담는 그릇,
건물

아파트의 뼈와 살, 콘크리트

20세기 중반 SF의 거장 아이작 아시모프Isaac Asimov, 1920~1992는 인류가 미래에 강철로 만들어진 도시에서 살 것으로 상상하고 소설 『강철도시(The Caves of Steel, 1953)』를 썼습니다. 그러나 현재 도시를 이루고 있는 것은 '콘크리트(concrete)'입니다. 그리고 앞으로도 이를 대체할 재료가 출현할 가능성은 그리 커 보이지 않습니다.

인류의 대략 70%는 콘크리트 속에서 살고 있다고 합니다. 인간은 콘크리트로 살 집을 만들고 일할 건물과 공장 등의 건축물을 만듭니다. 통행을 위한 도로와 다리, 터널은 물론 땅속에 거미줄처럼 얽혀있는 상 · 하수도관, 그리고 거대한 항만과 댐 등도 콘크리트로 되어있습니다. 전 세계에서 매년

300억 톤에서 400억 톤 사이의 콘크리트가 사용되는 것으로 추산되는데, 콘크리트는 인간이 물 다음으로 가장 많이 사용하는 물질입니다.

콘크리트, 조력자 철근을 만나 최고의 건축 재료가 되다

아파트 역시 건물 전체가 콘크리트로 만들어져 있습니다. 사실 콘크리트가 없었다면 아파트는 탄생할 수도, 이처럼 성공적으로 널리 보급될 수도 없었을 겁니다. 아파트 하면 워낙 강하게 떠오르는 이미지가 콘크리트이기 때문에 아파트가 밀집된 모습을 '콘크리트 숲'이나 '콘크리트 정글'로 표현하기도 합니다.

콘크리트는 자갈과 모래, 시멘트에 물과 혼화재를 함께 섞어서 만드는 건축 재료입니다. 콘크리트는 고대 로마시대 건축물에도 사용됐을 정도로 오래된 건축 재료입니다. 서기 125년 완공된 판테온(pantheon)이 콘크리트를 사용해 지은 건물입니다. '모든 신들의 신전'이라는 이름의 판테온은 원통형 벽체 위에 반구형 돔(dome) 지붕을 얹은 모습입니다. 지름이 43m인 돔 지붕 안쪽에는 거푸집을 사용한 흔적이 남아 있습니다.

콘크리트에는 기본 강도를 결정하는 자갈과 모래가 60~70%, 재료를 접착하는 역할을 하는 시멘트가 10~20%, 마실 수 있을 정도의 깨끗한 물이 10~20%, 그리고 콘크리트에 특성을 부여하는 혼화재가 소량 들어갑니다. 자갈과 모래, 시멘트, 물 등은 전 세계 어디서나 쉽게 구할 수 있고 가격이

DOMINVM IN SANCTIS EIVS
LAVS EIV

저렴하다는 장점이 있습니다.

콘크리트가 건축 재료로 돋보이는 이유는 재료를 처음 배합했을 때는 마치 빵 반죽처럼 유연해서 다양한 형태를 만들 수 있고, 충분한 시간을 두고 굳히면 높은 강도와 내구성을 자랑하기 때문입니다. 콘크리트를 구성하는 각 재료의 양은 나중에 굳고 난 다음 콘크리트의 최종 특성에 영향을 미칩니다. 예를 들어 시멘트 함량을 높이거나 물을 적게 첨가하면 나중에 굳은 콘크리트의 강도와 내구성이 향상됩니다. 하지만 콘크리트 반죽 상태에서 유동성이 줄어 작업성이 떨어지므로, 각 재료의 적절한 배합이 콘크리트의 생명입니다.

콘크리트는 훌륭한 건축 재료이지만 치명적인 단점이 있습니다. 건축물을 세우려면 물체에 압력을 가해 부피를 줄이려는 힘인 압축력, 양쪽으로 잡아당기는 힘인 인장력, 면을 가위처럼 끊는 전단력 등 다양한 힘을 고려해야 합니다. 그런데 콘크리트는 압축력에는 매우 강하지만 인장력과 전단력에는 상당히 취약합니다. 이때 해결사로 등장한 것이 '철근'입니다. 콘크

조반니 파올로 판니니, <로마 판테온의 내부>, 1734년, 캔버스에 유채, 128×99cm, 워싱턴D.C.국립미술관

▶ 콘크리트를 구성하는 물질

콘크리트는 기본 강도를 결정하는 자갈과 모래가 60~70%, 재료를 접착시키는 시멘트가 10~20%, 마실 수 있을 정도의 깨끗한 물 10~20%, 콘크리트에 특성을 부여하는 혼화재가 소량 들어간다.

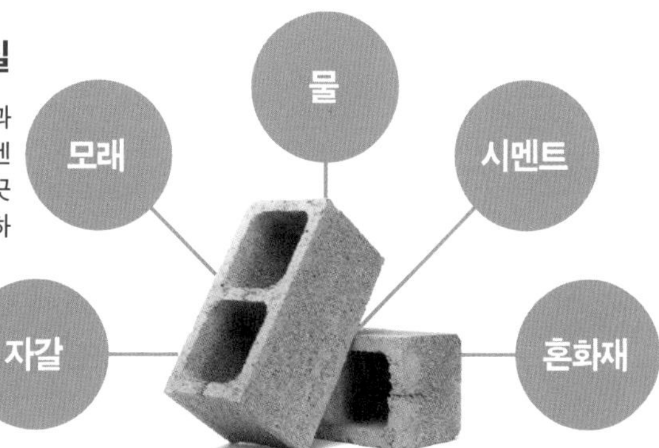

▶ 무근콘크리트와 철근콘크리트

콘크리트 바닥에 큰 하중이 실리면 윗면은 압축력을 받고 밑면은 인장력을 받아 균열이 발생한다. 콘크리트에 철근을 넣으면 이에 효율적으로 대항할 수 있다.

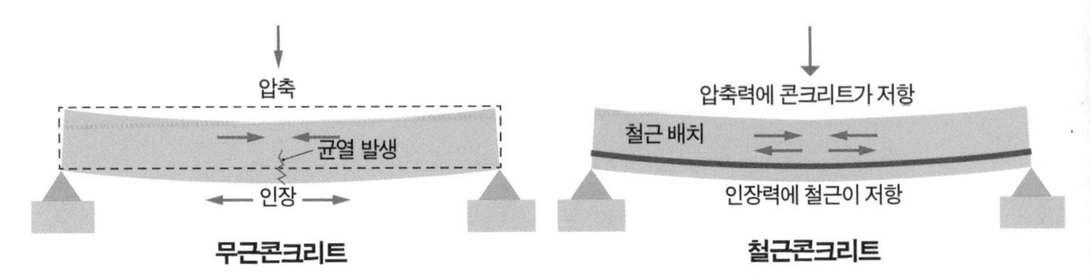

리트 속에 철근을 넣으면 압축에 잘 견디는 콘크리트의 강점과 인장과 전단에 강한 철근의 강점을 모두 살릴 수 있습니다.

철근은 뛰어난 건축 재료지만 공기와 물에 노출되면 녹슬면서 부식해 사용에 제약이 많습니다. 이런 철근을 강알칼리성을 띠는 콘크리트에 파묻어 놓으면 부식이 발생하지 않아 약점을 극복할 수 있습니다. 콘크리트와 철근의 궁합은 거의 동일한 열팽창계수(일정한 압력에서 온도가 상승할 때 물체의 팽창 정도를 비교하는 값) 때문에 더욱 돋보입니다. 콘크리트와 철근을 일단 붙여놓으면 외부 온도가 변할 때 같이 늘어나고 줄어들기 때문에 서로 떨어지지 않고 계속 단단하게 붙어 있습니다.

콘크리트와 철근의 조합은 서로 사이가 틀어질 때도 중요한 의미가 있습니다. 콘크리트로만 건물을 만들면 강한 힘을 받을 때 버티다가 한계치를 넘는 순간 박살이 나는 특성이 있습니다. 부서지기 직전까지 아무런 전조 증상이 없어 위험을 사전에 대비하기가 어렵습니다. 반면 콘크리트와 철근으로 건물을 만들면 콘크리트가 파괴되기 전에 철근이 먼저 변형돼 처짐과 균열이 발생합니다. 즉 철근은 건물의 붕괴 위험을 사전에 알려주는 역할을 합니다. 1995년 삼풍백화점 붕괴 사고(168~169쪽 참조) 때도 천장이 처지고 벽에 금이 가는 전조증상이 나타났습니다. 이처럼 건물이 위험 신호를 보일 때는 신속하게 대피해야 합니다.

부활하는 PC 공법과 튼튼한 RC 공법

콘크리트로 아파트를 짓기 위해서는 '거푸집(formwork)'부터 준비해야 합니다. 거푸집은 일종의 형틀입니다. 반죽 상태의 콘크리트를 부어 넣어 계획된 강도에 도달할 때까지 굳히는 데 사용합니다. 원하는 크기와 모양의 거푸집이 준비되면 그 안에 철근을 마치 정글짐처럼 가로와 세로로 '배근' 합니다. 배근이란 설계에 맞도록 철근을 배열하고 조립하는 일입니다. 수평 철근은 인장력을, 수직 철근은 전단력을 강하게 하는 역할을 합니다. 여기에 반죽 상태의 콘크리트를 부어 넣는 '타설'을 한 후, 내부에 공간이 생겨 불량이 나지 않도록 적당한 진동을 주어 공기를 제거하고 치밀하게 하는 '다짐'을 진행합니다.

다짐 후에는 콘크리트를 단단히 굳히기 위해 '양생(養生)'이라는 과정을 거쳐야 합니다. 양생은 콘크리트가 굳을 때까지 물리적인 충격과 외부환경으로부터 나쁜 영향을 받지 않도록 보호하고 관리하는 일로, 콘크리트가 강해지는 핵심 과정입니다. 콘크리트 표면을 덮어 노출면을 보호하고 적당한

◀ 아파트 지하주차장 외벽 벽체를 PC 공법으로 시공하는 모습. © 한화건설
▲ 아파트 건설 현장에서 거푸집을 설치하고 철근을 배근한 후 콘크리트를 타설하는 RC 시공 모습. © LH(오른쪽)

수분을 유지합니다. 또 적당한 온도를 유지하기 위해 보온하고 가열하기도 합니다. 양생을 통해 시멘트와 골재들은 더 단단하게 접합해 균열은 적어지고 내구성이 강화됩니다. 콘크리트 타설부터 양생까지 과정은 공장에서 할 수도 있고, 현장에서 진행할 수도 있습니다.

'사전제작 콘크리트(PC : Precast Concrete)' 공법은 공장에서 다수의 거푸집을 사용하여 벽과 바닥 등 구조체를 대량으로 생산한 후 현장에서 레고 블록을 쌓는 것처럼 조립하는 방법입니다. 공장 내 최적의 환경에서 제작해 품질이 좋고, 현장에서는 접합만 해 공사 기간을 단축할 수 있습니다. 1980

년대 우리나라에 아파트가 대량으로 건설될 수 있었던 것은 공장에서 구조체를 쉬지 않고 찍어낸 PC 공법 덕분이었습니다.

PC 공법의 단점은 접합입니다. 공장에서 구조체를 튼튼하게 잘 만들어도 현장에서 접합을 제대로 하지 못하면 도로 아미타불이 되어버리기 때문입니다. 특히 시공 과정에서 접합 부위에 아주 미세한 틈이라도 발생하면 누수(漏水)라는 해결하기 곤란한 하자로 이어집니다. 누수라는 치명적인 약점과 함께 단열성능 저하로 인한 관리비 상승 등이 PC 공법의 문제점으로 지적되면서, 1990년대 이후 PC 공법은 사양길로 접어들었습니다.

그러나 2020년 코로나19 강타 후 건설업계에 탈현장화 바람이 불면서 PC 공법이 새롭게 주목받고 있습니다. 대형 건설사들이 아파트 지하주차장에 PC 공법을 적용하기 시작했으며, 정부는 아파트 전체를 PC 공법으로 건설하는 실증사업 등 국가 연구개발(R&D) 프로젝트를 진행하고 있습니다. 제작과 설계, 시공 기술이 보완된 PC 공법이 화려하게 부활할 수 있을지 귀추가 주목됩니다.

'철근콘크리트(RC : Reinforced Concrete)' 공법은 건설 현장에서 층마다 거푸집을 설치하고 철근을 배근한 후 콘크리트를 타설하고 양생한 다음 거푸집을 떼어내 건물을 만드는 방식입니다. 철근콘크리트 자체의 강도는 공장에서 만든 것보다 떨어질 수 있습니다. 하지만 RC 공법은 벽과 바닥 등을 일체형으로 만들기 때문에 건물 전체는 PC 공법으로 만든 것보다 훨씬 견고합니다. 2000년대 이후 지어진 아파트에는 대부분 RC 공법이 사용되었습니다.

RC 공법의 단점은 시간입니다. 아래층 콘크리트 양생이 끝나야 비로소 위층을 올릴 수 있는데, 양생하는 동안 공사가 중단되기 때문에 공사 기간이 PC 공법에 비해 대략 30~40% 더 걸립니다. 햇빛과 바람, 비, 온도 등 외부 환경의 영향으로 철근콘크리트 품질을 유지하기도 까다롭습니다. 폭우나 한파가 몰려오면 공사를 아예 중단해야 할 수도 있습니다. 현장에서 복잡한 시공을 해야 하기에 인력도 더 많이 필요합니다.

RC 공법으로 아파트를 시공할 때는 반죽 상태의 콘크리트를 높은 층까지 올리는 일이 상당히 중요한 과제가 됩니다. 반죽 상태의 콘크리트를 위로 올릴 때는 유압 피스톤 펌프로 콘크리트를 압송하는 방식을 주로 사용합니다. 하지만 고층으로 올라갈수록 마찰력이 높아지고 압력 손실이 늘어나는 반면 토출량이 줄어들어 작업에 어려움을 겪습니다. 건설사는 콘크리트 수직 압송 기술과 그에 맞는 배합 기술을 꾸준히 개발하고 있습니다. 롯데건설은 대한민국에서 가장 높은 마천루이자 세계에서 다섯 번째로 높은 건물인 롯데월드타워(지상 123층, 높이 554.5m)를 건설하면서 514.25m까지 콘크리트를 쏘아 올린 기록을 보유하고 있습니다.

콘크리트의 빛과 그림자

콘크리트는 강도를 표시하기 위해 'MPa(메가파스칼)'이라는 단위를 사용합니다. 1MPa는 1㎠당 10kg의 하중을 견딜 수 있는 강도입니다. 일반적으로

▶ 일반 콘크리트, 고강도 콘크리트, 슈퍼콘크리트 비교

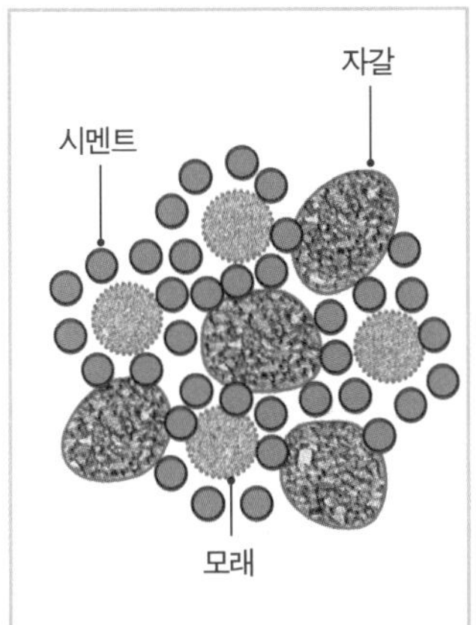

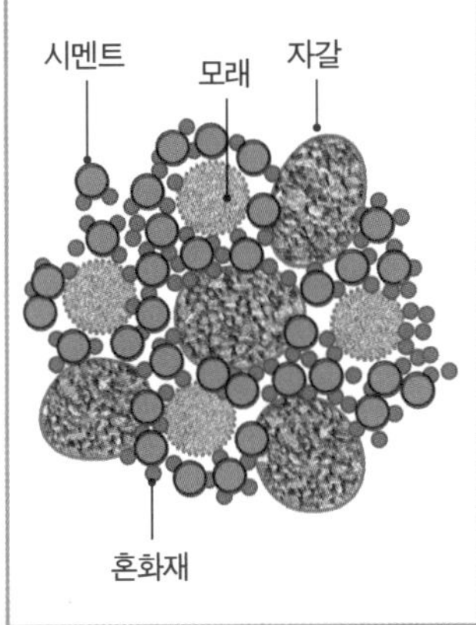

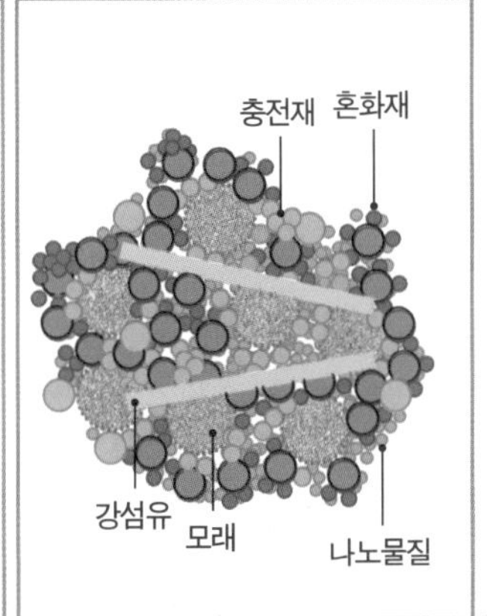

일반 콘크리트(NSC)	고강도 콘크리트(HSC)	슈퍼콘크리트(UHPC)
압축강도 : 20~40MPa 공극률 : 10~20%	압축강도 : 50~100MPa 공극률 : 5~8%	압축강도 : 120~300MPa 공극률 : 2% 이내

한국건설기술연구원에서 개발해 KCS에서 상용화한 슈퍼콘크리트(UHPC). 마이크로 충전재와 나노 혼화재를 사용해 일반 콘크리트(NSC)와 고강도 콘크리트(HSC)보다 강도를 대폭 높였다. ⓒ KCS

아파트 건설에는 20~40MPa 정도 강도의 콘크리트가 사용됩니다. 최근 아파트가 점점 더 높아지면서 고강도 콘크리트에 대한 수요가 증가하고 있습니다. 건축물을 높게 만들면 전체 무게가 증가해 아래층의 기둥이나 벽체가 두꺼워져 사용 가능한 면적이 줄어들면서 경제성이 떨어집니다. 하지만 고강도 콘크리트를 사용하면 안전성과 내구성은 물론 경제성까지 확보할 수 있습니다.

우리나라에서 가장 높은 아파트는 2019년 포스코건설이 부산 해운대에 건설한 엘시티 더샵(주거동은 지상 85층 339.1m, 사무동은 101층 411.6m)입

'2019 한국건축문화대상'에서 본상을 수상한 울릉도 힐링스테이 코스모스 리조트(사진 왼쪽)의 나선형 지붕 구조물과 '2018 서울시 건축상' 대상을 받은 서울 강남구 삼성동 PLACE1(사진 오른쪽)의 독특한 외벽 패널에 슈퍼콘크리트가 사용되었다.

니다. 이 주상복합아파트에는 1㎠가 800kg의 하중을 견디는 80MPa 고강도 콘크리트가 사용됐습니다. 2016년 완공된 롯데월드타워에는 150MPa의 초고강도 콘크리트가 사용됐습니다. 1㎠가 1.5톤의 하중을 견디는 강도인데요. 성인 손바닥 넓이에 중형 승용차 100대를 쌓아 올려도 버틸 수 있는 정도의 강도입니다.

한국건설기술연구원은 2017년 세계 최고 수준의 압축강도인 300MPa을 자랑하는 슈퍼콘크리트(UHPC)를 개발했습니다. 슈퍼콘크리트는 일반 콘크리트에 비해 강도가 5배 이상 높고, 유동성이 높아 시공성이 우수하며, 내구성이 뛰어나서 수명도 4배 이상 깁니다. 콘크리트와 철근 사용량이 30% 이상 줄어 경제성도 뛰어나기 때문에 앞으로 국내외 다양한 건축물에 활용될 것으로 기대를 모으고 있습니다.

슈퍼콘크리트의 핵심은 '공극률'을 낮추는 데 있습니다. 공극률은 단단하게 굳은 콘크리트 전체에서 비어있는 공간이 차지하는 비율을 뜻합니다. 공극률이 낮아질수록 콘크리트가 버틸 수 있는 무게가 늘어납니다. 즉 압축강도가 커지는 것이죠. 공극률이 낮아지면 외부 물질의 영향을 덜 받아 콘크리트의 수명도 늘어납니다. 슈퍼콘크리트는 빈틈을 줄이기 위해 1㎛(100만분의 1m) 이하의 충전재와 나노미터(10억분의 1m) 크기의 특수 혼화재를 사용합니다. 그 결과 슈퍼콘크리트의 공극률은 일반 콘크리트 대비 5배 이상 줄어든 2% 이하입니다.

콘크리트는 인류가 개발한 최고의 건축 재료이지만 워낙 사용량이 많아 전 지구적 환경에 어두운 그림자를 드리우고 있습니다. 세계 온실가스 배출량의 약 7%가 콘크리트를 만들고 사용하는 과정에서 발생합니다. 철거 현장에서 발생하는 막대한 양의 폐콘크리트는 처치 곤란한 폐기물입니다. 폐콘크리트를 잘게 부숴 순환골재로 재활용하기도 하지만, 천연골재에 비해 품질이 좋지 않아 도로 포장이나 주차장 공사 등 사용에 제한이 많습니다. 콘크리트가 최고의 건축 재료로 앞으로도 계속 군림하기 위해서는 고유의 강점을 잃지 않으면서 폐기물량을 감소시키고 재활용을 늘리는 일이 필요합니다.

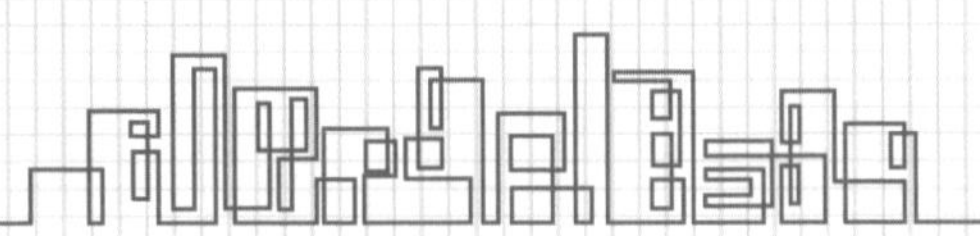

아파트를 지을 때 콘크리트는
얼마나 필요할까?

아파트 한 채를 만들기 위해 콘크리트는 얼마나 많이 필요할까요? 우리나라 아파트는 공장에서 재료를 배합해 반죽 상태의 콘크리트를 만든 후 현장으로 날라 타설하는 방식으로 건설됩니다. 공장에서 미리 배합한 콘크리트를 '레미콘(ready-mixed concrete)'이라 부릅니다. 레미콘 운반 차량을 레미콘으로 잘못 알고 있는 경우가 많은데요. 레미콘이 굳지 않도록 커다란 통을 계속 굴리면서 운반하는 차량의 정식 명칭은 '믹서 트럭(mixer truck)'입니다. 궁금한 것은 아파트를 만들 때 레미콘이 얼마만큼 필요할까 하는 점입니다.

21개 아파트를 조사한 연구에 따르면 아파트 1m²당 레미콘 2184.72kg을 사용한 것으로 나타났습니다. 국민주택 규모인 전용면적 84m²를 기준으로 하면 레미콘은 약 185톤이 필요합니다. 건설 현장에서 흔히 보이는 믹서 트럭 한 대에는 15톤의 레미콘이 실려있습니다. 아파트 한 채당 대략 13대분이 필요하다고 보면 됩니다. 만약 1500세대의 대단지 아파트를 짓는다고 가정하면 모두 합쳐 대략 27만 7500톤, 다시 말해 1만 8500대분의 레미콘이 필요하다는 계산이 나옵니다.

철근은 아파트가 고층화될수록 사용량이 크게 증가하는 특성이 있습니다. 연구에서 아파트 1m²당 철근은 63.64kg이 필요했습니다. 84m² 기준으로 약 5.4톤, 1500세대

▶ 아파트 1m²당 필요한 건축 자재의 양

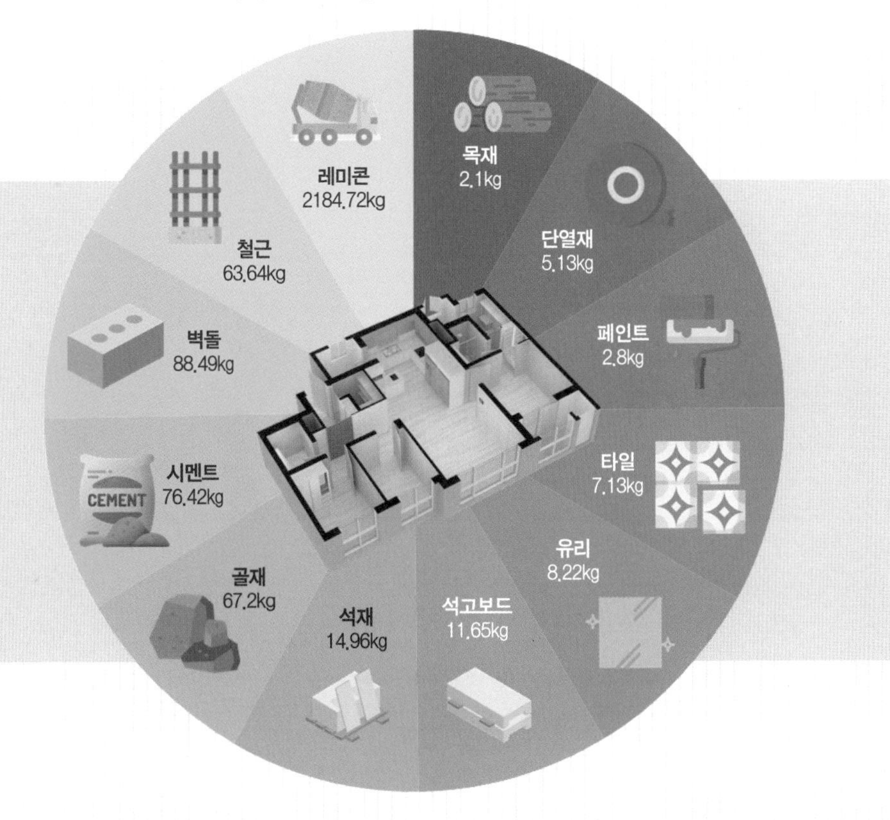

단지에는 약 8000톤이 필요합니다. 이 외에 아파트 1m²당 벽돌이 88.49kg, 시멘트가 76.42kg, 골재가 67.2kg 필요합니다. 석재(1m²당 14.96kg), 석고보드(11.65kg), 유리(8.22kg), 타일(7.13kg), 단열재(5.13kg), 페인트(2.8kg), 목재(2.1kg) 등도 아파트 만들 때 빼놓을 수 없는 재료들입니다.

Apartment & Science **12F**

안전성부터 층간소음까지 좌우하는 '건축 구조'

인간이 두 발을 딛고 똑바로 서 있을 수 있는 까닭은 튼튼한 뼈대를 갖고 있기 때문입니다. 흔히 골격이라고 부르는 뼈대는 생명체에서 생체를 지지하는 역할을 하는 생물학적 기관으로, 사람의 경우 몇 가지 뼈가 유기적으로 결합하여 견고한 구조물을 이루고 있습니다.

생명체와 마찬가지로 아파트도 튼튼하게 서 있으려면 튼튼한 뼈대가 필요합니다. 건축물에서는 다양한 형태로 뼈대를 만들 수 있는데, 뼈대를 구성하는 방식을 가리켜 '건축 구조(architectural structure)'라 합니다. 건축 구조는 건축물의 물리적 안정성을 담보하는 동시에 내부 공간을 결정하며 미래 잔여 수명에까지 영향을 미치는 건축의 핵심적인 구성 요소입니다.

더 많이, 더 빠르게, 더 저렴하게 지을 수 있는 구조

아이들이 좋아하는 레고 블록을 가지고 튼튼한 아파트를 만든다고 가정해 보겠습니다. 안정적으로 높은 층수로 쌓아 올리기 위해서 우선 넓은 바닥판을 준비한 후, 그 위에 적정한 간격을 두고 사각형 블록을 사용해 튼튼한 '기둥(column)'을 수직으로 쌓습니다.

기둥을 완성한 다음 그 위에는 기다란 블록을 사용해 가로와 세로 방향으로 짜임새 있게 연결합니다. 건축에서 기둥과 기둥을 연결하는 구성 요소를 '보(beam)'라고 합니다. 기둥과 보가 연결된 건물의 기본 뼈대는 놀이터에서 쉽게 볼 수 있는 정글짐과 같은 형태가 됩니다. 이 위에 판 형태의 블록을 올

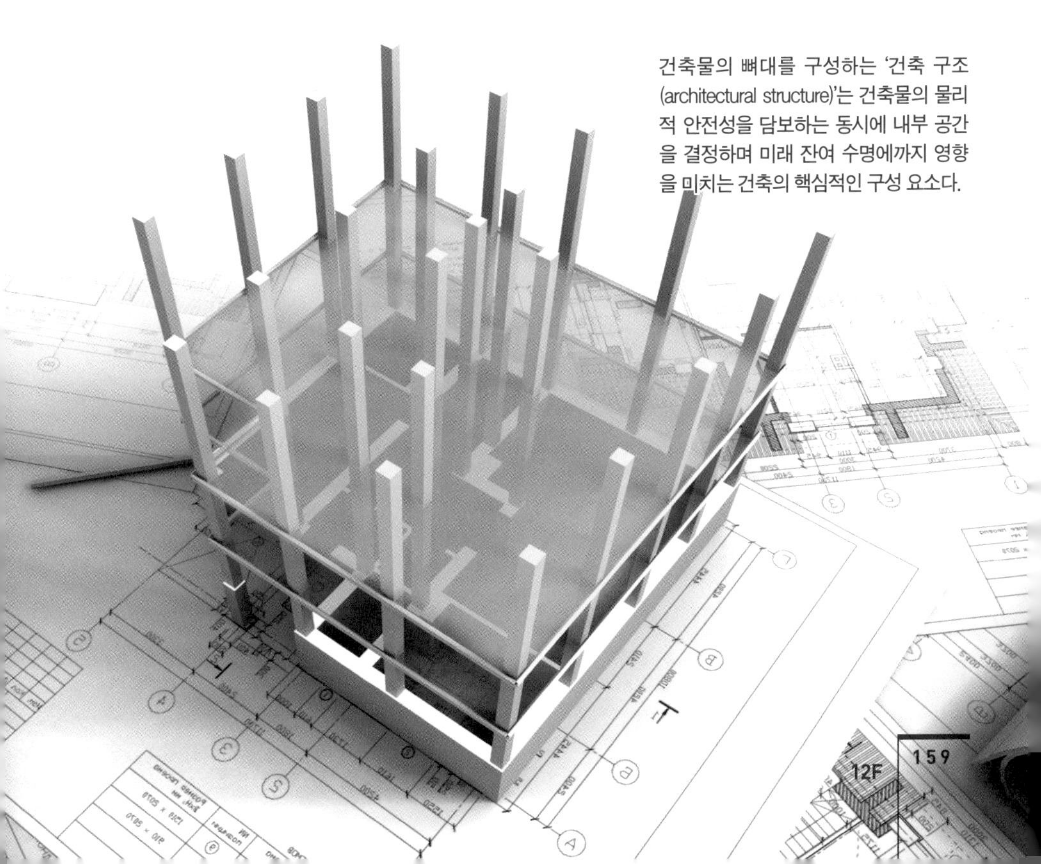

건축물의 뼈대를 구성하는 '건축 구조(architectural structure)'는 건축물의 물리적 안전성을 담보하는 동시에 내부 공간을 결정하며 미래 잔여 수명에까지 영향을 미치는 건축의 핵심적인 구성 요소다.

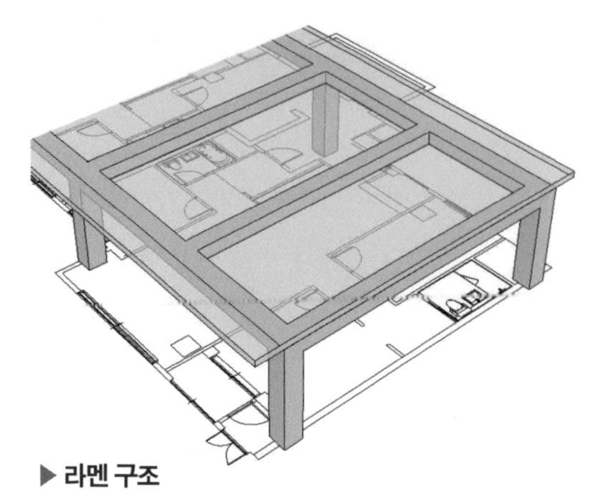

▶ 라멘 구조

수직으로 세운 기둥이 그 위에 보를 지탱하고, 보는 그 위에 깔리는 바닥슬래브의 무게를 지탱하는 방식을 라멘 구조라고 한다. ⓒ 강지연 외 「공동주택 장스팬 무량판구조의 경제성 평가」

려서 아래층의 천장이자 위층의 바닥인 '슬래브(slab)'를 만들면 튼튼한 구조의 건물 한 층이 완성됩니다. 위층 바닥에 똑같은 방식으로 블록을 계속 쌓아 올리면 구조적으로 안정적인 아파트 건물을 지을 수 있습니다.

기둥이 그 위의 보를 지탱하고, 보는 다시 그 위에 깔리는 바닥슬래브의 무게를 지탱하는 방식을 '라멘 구조(rahmen structure)'라 합니다. '라멘(rahmen)'은 독일어로 액자 혹은 사진틀을 뜻합니다. 라멘 구조에서는 보와 슬래브로 이뤄진 수평 구조부재(構造部材)들이 마치 액자와 같은 모양으로 짜여서 수직 구조부재인 기둥에 접합되기 때문에 붙은 명칭입니다.

라멘 구조는 동서고금을 막론하고 건축물에 가장 많이 사용되는 구조 방식입니다. 1970년대까지 우리나라 초창기의 아파트들은 대부분 라멘 구조로 지어져 있습니다. 라멘 구조는 시공이 간단하고 하자 발생이 적으며 구조 역학 측면에서 대단히 튼튼하다는 장점이 있습니다. 그러나 주거용으로 사용할 때 실내에 기둥과 보가 튀어나와서 공간 활용이 불편하고 심미성이 떨어진다는 단점이 있습니다.

1970년대 서울의 강남 개발이 본격화되면서 아파트 대량 건설이 시작되자 아파트 구조에 변화가 생겼습니다. 주거공간인 아파트는 일반 사무 빌딩과 달리 세대를 구분하고 또 같은 세대 내에서도 방과 화장실 등을 만들기 위해 칸막이 역할을 하는 벽을 많이 세워야 합니다. 더 많이, 더 빠르게, 더 저렴하게 아파트를 짓기 위해 고민하던 건설회사들은 평면 곳곳에 분포한 '벽'에서 힌트를 얻었습니다.

시초는 1979년 완공된 서울 서초구 잠원동 대림아파트입니다. 이 아파트는 기존에 기둥과 기둥 사이에 있던 두께 10cm 내외의 칸막이벽들이 두께 20cm에 달하는 두꺼운 내력벽으로 둔갑해 있습니다. 강력한 내력벽을 마치 벌집 칸막이처럼 곳곳에 설치한 결과, 수평을 지지하는 보 없이 바닥을 바로 올릴 수 있게 됐습니다. 우리나라 아파트에 '벽식 구조(wall column structure)'가 성공적으로 데뷔한 겁니다.

벽식 구조가 선풍적 인기를 끌면서 2000년대 우리나라에서 건설되는 아파트의 98% 이상이 벽식 구조로 지어졌고, 2020년대에도 건설되는 아파트 열에 아홉은 벽식 구조를 채택하고 있습니다. 벽식 구조의 가장 큰 장점은 '경제성'입니다. 라멘 구조로 아파트를 지으면 1층 높이가 3.2~3.3m 정도 됩니다. 보가 필요 없는 벽식 구조는 1층 높이를 2.6~2.7m까지 낮출 수 있습니다. 층고가 낮아

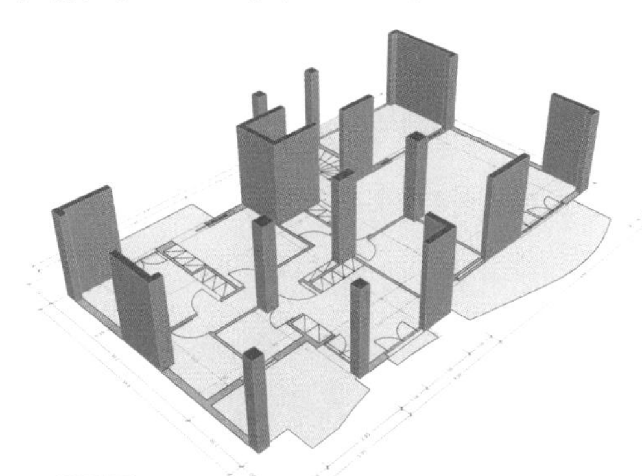

▶ **벽식 구조**

수평을 지지하는 보 없이 벽이 천장을 받치는 형태를 벽식 구조라고 한다.

지면 건설 재료가 적게 들어 공사비가 절약될 뿐만 아니라 공사 기간도 줄일 수 있다는 큰 장점이 있습니다.

아파트의 고층화와 고급화에 맞춰 등장한 무량판 구조

아파트에서 벽식 구조가 독보적으로 많이 사용되고 있지만, 이 구조가 만능인 것은 아닙니다. 벽식 구조는 아파트 평면을 뒤덮고 있는 내력벽을 건드릴 수 없어서 입주민이 평면을 변형할 수 없고 노후화됐을 때 리모델링이 어렵습니다. 구조 역학 측면에서 40층 이상 높이 올리기에도 부담이 됩니다. 또한 위층에서 발생한 소음이 곳곳에 존재하는 내력벽을 타고 아래층으로 그대로 전달되기 때문에 층간소음에 취약하다는 문제가 있습니다.

반면 라멘 구조는 기둥만 건드리지 않으면 되기 때문에 공간 가변성이 뛰어나, 거주자가 원하는 대로 평면을 변형할 수 있습니다. 칸막이벽을 뜯기 쉬워 노후화된 배관 등 설비 교체 역시 벽식 구조보다 간편합니다. 또한 소음 진동이 타고 내려오는 내력벽이 없고 층과 층 사이에 존재하는 보가 완충 역할을 해 벽식 구조보다 층간소음에 훨씬 강한 면모를 보입니다.

층간소음 등 벽식 구조의 단점이 도드라지면서 라멘 구조가 다시 주목받으려는 순간, 새로운 '핀치 히터(pinch hitter, 대타)'가 나타나 바람을 일으키고 있습니다. 주인공은 대들보(梁) 없이(無) 건물을 높게 올리는 '무량판(無梁板, flat slab) 구조'입니다. 무량판은 수평 구조부재인 보를 사용하지 않고 기둥이 슬래브를 바로 지탱하는 구조 형식입니다.

무량판 구조는 벽식 구조에서 내력벽을 없애는 대신 기둥을 여러 개 설치했다고 이해하면 됩니다. 라멘 구조와 비교하면 보를 설치하지 않아도 되므로 층고를 줄일 수 있어 건축비가 절감되고 공사 기간이 단축됩니다. 벽식 구조와 비교하면 내력벽이 필요치 않아 공간 가변성이 높아지고 실내를 넓게 활용할 수 있습니다. 얼핏 무량판 구조는 라멘과 벽식 구조의 장점을 모두 갖춘 것처럼 보입니다.

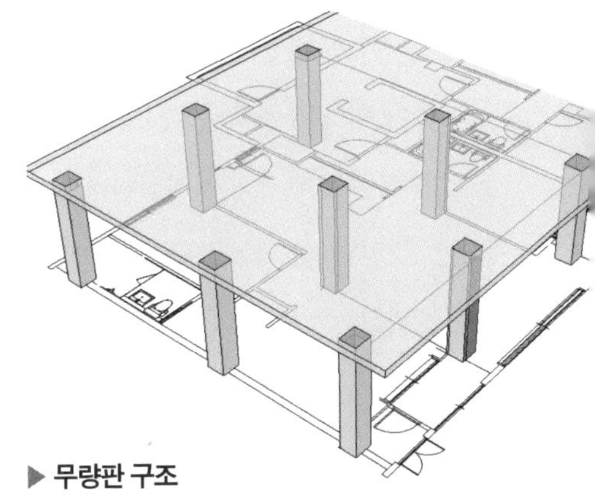

▶ **무량판 구조**

수평 구조부재인 보 없이 기둥이 슬래브를 떠받치는 구조. ⓒ 강지연 외 「공동주택 장스팬 무량판구조의 경제성 평가」

경제성 관점에서 세 구조를 비교한 연구에 따르면, 골조공사(건축물의 뼈대가 되는 기둥, 보, 바닥 등을 만드는 공사) 비용이 벽식 구조가 가장 적게 들고, 무량판 구조는 5% 증가하고 라멘 구조는 22%나 증가하는 것으로 나타났습니다. 무량판과 라멘 구조는 벽식 구조에 비해 콘크리트를 덜 사용하지만 칸막이벽 설치를 위해 조적(벽돌) 비용이 많이 듭니다. 무량판 구조는 슬래브를 튼튼히 하기 위해서 철근 사용량이 20% 늘고, 라멘 구조는 슬래브를 강화하고 보까지 만들어야 해 철근 사용량이 60% 가까이 증가합니다.

무량판 구조는 실내를 넓게 활용할 수 있다는 이점 때문에 원래 대형 쇼핑몰이나 백화점 등의 건물에 많이 사용되었습니다. 그러다 '고급화'를 표방한 아파트들이 등장하면서 무량판 구조로 짓는 아파트가 늘어나는 추세입니다. 무량판 구조는 소음의 진동이 타고 내려오는 내력벽이 없어 층간소음이 벽식 구조보다 적고, 중대형 평형에서 거실과 방을 크게 만들 수 있다는 장점이 부각된 결과입니다.

무량판 구조의 단점은 실내에 두꺼운 기둥이 라멘 구조에 비해 더 많이 생긴다는 점입니다. 또한 공간을 더 넓게 쓰기 위해서는 기둥 간격을 벌려야 하는데, 기둥 간격이 넓어질수록 슬래브 두께가 증가하여 공사비가 상승하게 됩니다. 태생적으로 무량판 구조는 보가 없어 하중 부담이 높은 건축 구조입니다. 따라서 시공과 관리 부실 등 변수가 생기면 사고에 취약하다는 단점이 있습니다.

'대지의 분노' 지진, 아파트는 어떻게 대비하고 있나?

우리나라도 더 이상 지진의 안전지대는 아닌 것으로 보입니다. 2000년 이후 한반도에는 매년 규모 2.0 이상 지진이 70여 차례, 규모 3.0 이상 지진이 10여 차례 발생하고 있습니다. 2023년 1월 9일 새벽에는 인천 강화도 앞바다에서 규모 3.7의 지진이 발생했는데, 지진 관측을 시작한 이래 수도권에서 발생한 역대 가장 강한 지진이었습니다. 인천 전역은 물론 인근 경기와 서울, 멀리 강원에서까지 흔들림이 감지되기도 했습니다.

수도권에 역대급 지진이 발생하자 소셜네트워크서비스(SNS)에서 사람들의 입에 가장 많이 오르내린 건 '과연 내가 사는 아파트가 지진에 안전할까?'라는 주제였습니다. 자다 깰 정도로 흔들림을 느꼈다는 일부 아파트 입주자들은 지진으로 건물이 무너지는 건 아닌지 불안감을 호소했습니다. 반면 흔들림을 느끼기 어려웠다면서, 내진 설계가 잘 되어 그런 것 같다며 안심하는 경우도 있었습니다.

일반적으로 아파트에는 철근콘크리트 기둥과 벽을 강화해서 지진과 같은 수평 방향의 흔들림에 대항하는 내진 기술이 적용됩니다. 예를 들어 벽식 구조 아파트라면 수직 하중을 견디는 내력벽(bearing wall) 일부를 수평으로 작용하는 힘에도 저항하는 전단벽(sherr wall)을 겸하도록 합니다. 내력벽은 두께가 20cm인데 비해 전단벽은 30~35cm로 더 두껍게 만들고 철근을 더 빼곡히 배근한 후 콘크리트를 채워 넣습니다. 전단벽은 세대 간 칸막이벽, 엘리베이터와 계단의 코어 벽체, 건물 외벽 등에 시공합니다.

최근에는 아파트 높이가 높아지면서 건물과 지반 사이에 탄성체를 삽입해

▶ **아파트 바닥에 작용하는 힘**

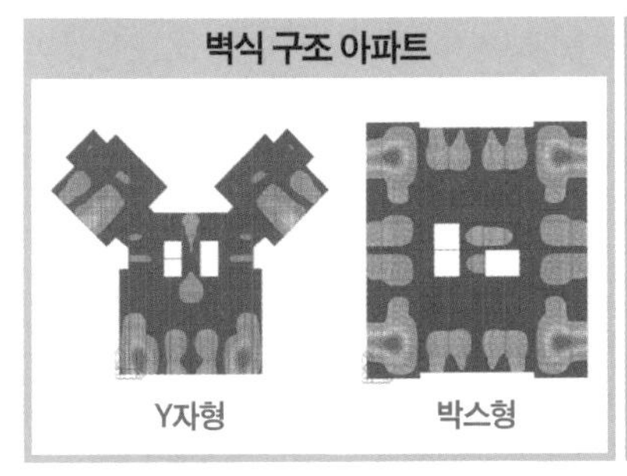

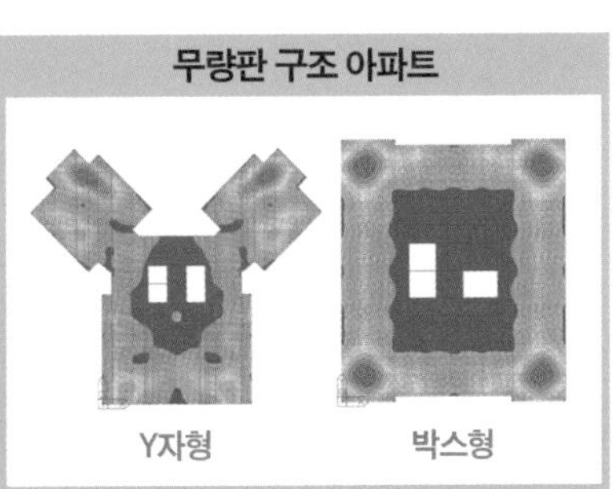

Y자형과 박스형의 타워형 아파트에서 단위면적 당 작용하는 힘의 분포를 나타낸 그림. 벽식 구조(왼쪽)에 비해 무량판 구조(오른쪽)에서 슬래브가 훨씬 힘을 많이 받는다. ⓒ 한승호 외「탑상형 공동주택의 평면구조가 내진성능에 미치는 영향」

지반으로부터 전달되는 진동을 줄이는 '면진(免震)' 기술과 지진의 흔들림에 맞춰 건물도 흔들리게 하여 충격을 분산 흡수하는 '제진(制震)' 기술 등 초고층 빌딩에 적용되던 첨단 공법들이 아파트에 확대 적용되고 있습니다.

많은 사람이 현재 내가 사는 아파트가 지진이 발생해도 안전할지, 내진 설계가 되어있는지 궁금해합니다. 「건축법」에 따라 현재 우리나라에 건립되는 모든 아파트는 내진 등급 1등급을 충족하도록 설계되고 있습니다. 1등급은 규모 6.3의 지진에서도 붕괴하지 않고 버티는 수준입니다.

지진으로부터 안전한 아파트를 가르는 숫자, 1988!

오래된 아파트라면 서울올림픽이 중요한 기준이 됩니다. 1985년 멕시코의 수도 멕시코시티에 규모 7.6의 초대형 지진이 발생해 9500여 명이 사망하는 대재앙이 발생했습니다. 멕시코 대지진은 올림픽을 준비하던 우리나라가 내진 설계를 도입하는 결정적 계기가 됐습니다. 1988년부터 6층 이상이거나 연면적(하나의 건축물 각 층의 바닥면적 합계) 10만㎡ 이상인 건물에 내진 설계가 의무화됐습니다. 아파트는 대부분 이 기준에 부합해, 1988년부터 아파트를 지을 때 내진 설계를 적용하기 시작했습니다.

문제는 1988년 이전에 지어진 아파트들은 내진 설계가 없어 지진에 대해 완전히 무방비라는 점입니다. 지진 발생이 잦아지는 상황에서 내진 설계가 적용되지 않은 아파트 입주민들은 불안에 떨 수밖에 없습니다. 그렇다고 내

1985년 9월 19일 멕시코의 수도 멕시코시티에서 규모 7.6의 초대형 지진이 발생했다. 멕시코시티는 진앙에서 350km 떨어져 있었으나, 호수를 매립해 발전한 도시로 지반이 약해 피해가 막대하였다. 멕시코 대지진은 우리나라가 건축물 내진 설계 기준을 제정하는 데 직접적인 계기가 되었다.

진 설계가 없다는 이유로 물리적 수명이 남아 있는 아파트를 허물 수도 없는 노릇입니다. 결국 아파트 건축 구조를 보강하여 지진에 대비하는 것이 최선이라고 판단됩니다.

최근 사용이 늘고 있는 무량판 구조는 당연히 내진 설계가 적용되었기 때문에 구조 보강 대상이 아닙니다. 라멘과 벽식 구조로 지은 옛날 아파트들은 리모델링 할 때 내진 기준을 충족하도록 보강이 필요합니다. 라멘 구조의 경우 리모델링 과정에서 벽체를 허물고 내력벽을 추가로 설치하는 간편한 방식으로 내진 설계 기준을 충족할 수 있으며 비용적인 부담도 적습니다. 이에 반해 벽식 구조는 내력벽을 건들 수 없어 증축 부분을 보강해야 하는데, 공법도 복잡하고 비용이 많이 소요됩니다.

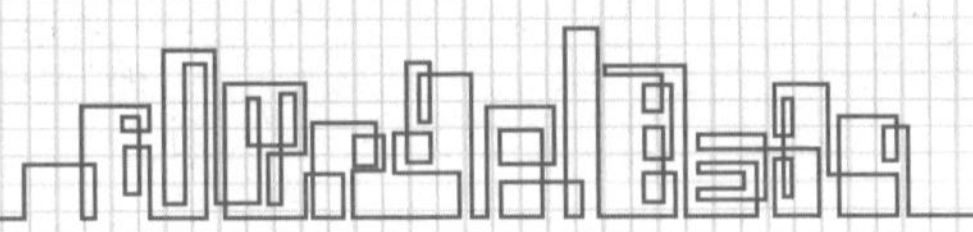

붕괴 사고의 원인으로 의심받는

무량판 구조의 항변

2022년 1월 11일 광주 서구 화정동 광주종합터미널 옆에서 공사 중이던 아파트에서 건물 한 동이 23층부터 38층까지 붕괴하는 사고가 발생했습니다. 건물 외벽 일부만 남고 1호와 2호 라인의 거실과 안방 구역 슬래브 대부분이 붕괴했습니다. 이 사고로 작업자 6명이 무너진 잔해에 깔려 목숨을 잃었습니다.

사고가 발생한 아파트는 무량판 구조로 지어지고 있었습니다. 이 아파트는 38층과 옥상 사이에 배관 등을 설치하는 피트층을 뒀습니다. 그런데 애초 설계도와 다르게 피트층에 가설 지지대(동바리) 대신 콘크리트 가벽을 설치해 작용하중이 설계보다 증가하고 하중이 중앙부에 집중되었습니다.

더욱이 시공 중인 고층 건물의 경우 최소 3개 층에 가설 지지대를 설치하게 돼 있음에도 불구하고 하부 가설 지지대를 일찍 철거했습니다. 결국 피트층 바닥슬래브가 하중을 견디지 못하고 1차 붕괴했고, 무량판 구조의 특성으로 인해 건물 하부 방향으로 연속 붕괴가 발생했습니다.

우리나라에서 가장 많은 희생자가 발생한 악명 높은 건축물 붕괴 사고는 '삼풍백화점 붕괴 사고'입니다. 1995년 6월 29일 서울시 서초구 서초동에 있는 삼풍백화점이 무너져 500여 명이 사망하고 900여 명이 다치는 참사가 발생했습니다. 삼풍백화점도 바닥

1995년 6월 붕괴한 삼풍백화점(사진 「삼풍백화점 붕괴사고 백서」). 붕괴 원인은 부실시공과 안전불감증, 공무원의 비리로 밝혀졌다. 삼풍백화점은 쇼핑 공간을 늘리기 위해 기둥을 줄이고, 옥상에 무거운 냉각탑을 얹으면서 건물이 견뎌야 하는 무게가 늘어났다. 또 사고 당일 아침 A동 5층 식당가 기둥에 균열이 생기고 천장이 내려앉았지만, 경영진은 이를 무시하고 백화점을 운영했다.

에서 기둥으로 하중이 직접 전달되는 무량판 구조의 건물이었습니다. 삼풍백화점은 당시 지은 지 5년밖에 안 된 새 건물로, 그 누구도 붕괴를 예측할 수 없었지요. 붕괴 원인으로 부실공사 의혹이 제기됐으나, 사고의 결정적 원인은 백화점 옥상에 설치되어 있던 냉각탑을 롤러로 굴려 옮긴 일로 밝혀졌습니다. 무게가 15톤이나 되는 냉각탑을 옮기려면 크레인으로 들어서 옮겨야 합니다. 그런데 비용을 조금 아끼겠다고 롤러로 굴려 냉각탑을 옮기는 바람에 건축 구조물에 치명적 손상이 가해진 것이지요.

대략 20년 간극을 두고 붕괴한 두 건물은 공교롭게도 무량판 구조였지만, 붕괴의 직접적 원인은 건축 구조에 있지 않았습니다. 부실시공과 관리 부주의에서 비롯된 인재(人災)였지요. 무량판 구조가 붕괴 사고의 주범이라는 오명을 벗어나기 위해서는 무엇보다 시공과 관리에 세심한 주의가 필요합니다.

천 일 동안 펜스 너머에서는 무슨 일이 벌어지나?

우리나라는 어딜 가나 나지막한 건물 대신 아파트가 하늘 높이 치솟은 모습을 쉽게 볼 수 있습니다. 뽕나무밭이 푸른 바다가 되는 상전벽해(桑田碧海)와 같은 변화가 참으로 빨리 많이도 이뤄졌습니다. 아파트가 워낙 많이 지어지다 보니 아파트 공사장을 한 번도 못 본 사람은 거의 없을 텐데요. 하지만 공사할 때 높은 펜스를 쳐놓기 때문에 그 안에서 어떻게 아파트를 짓는지 알고 있는 사람은 많지 않습니다. 한국인 절반 이상이 거주하고 있는 아파트는 어떻게 만들어지는 것일까요?

상전벽해에 필요한 기간, 1000일

우리나라에서 아파트가 성공한 이유 중 하나는 주택 수요의 폭발적 증가에 발맞춰 대량 공급이 가능했기 때문입니다. 그런데 아파트는 자동차나 TV같이 대량 생산되는 일반적인 공산품과는 생산 방식이 사뭇 다릅니다. 아파트는 현장에서 생산해야 하며, 지어지는 위치와 시기 등이 모두 제각각이어서 생산 방식을 통일할 수 없습니다. 또 기후와 지질 등 외부 환경의 영향을 크게 받고, 사고 위험성이 높아 상시 대비해야 하며, 자재와 노무 · 장비 등 신경 써야 할 생산 요소가 많습니다. 이 때문에 아파트 공사는 생산 계획과 관리가 가장 까다로운 업종으로 알려져 있습니다.

하늘에서 내려다본 아파트 공사 현장 모습. 높은 펜스 안에서 계획과 관리가 가장 까다로운 공사가 진행되고 있다. © GS건설

아파트의 공사 기간은 건물 높이와 지하층 깊이, 기초와 지반 상태, 기후, 지역 여건 등에 따라 크게 달라집니다. 예를 들어 기후 차이로 인해 수도권은 남부지역보다 공사 할 수 없는 일수가 2배 이상 많습니다. 수도권 택지개발지구 기준으로 지상 29층에 지하 2층인 아파트를 건설할 때 우리나라 민간 건설사들은 평균 916일, 한국토지주택공사(LH)는 984일, 서울도시주택공사(SH)는 942일이 소요됩니다.

▶ 아파트 공사 과정

소요 기간	공사 단계		공사 내용
6개월	1	가설공사	• 공사에 필요한 제반시설과 울타리 설치
	2	토공사	• 터파기(지하구조물을 만들기 위해 땅을 파는 작업)와 흙막이(굴착면이 붕괴하지 않도록 지지대를 설치하는 작업) 공사
	3	기초공사	• 파일(기둥처럼 생긴 말뚝으로 지반을 튼튼하게 만들기 위해 설치) 공사와 버림콘크리트(바닥면을 평평하게 하고 그 위에 타설하는 콘크리트 유출을 막기 위한 작업) 타설
15개월	4	골조공사	• 기둥, 벽, 바닥 등 건물의 뼈대를 만드는 과정 • '거푸집 설치 → 콘크리트 타설 → 양생 → 거푸집 제거'를 반복 • 골조공사에 1~3층은 층당 20일, 그 외 층은 층당 10일 이내로 계획
9개월	5	마감공사	• 아파트 내부와 외부 치장 • 조적공사 → 외벽 창호공사 → 방수 · 타일 공사 → 온돌공사 → 외벽 도장공사 · 도배공사 → 가구공사 → 마루공사 → 조경공사

6개월이 걸리는 아파트 공사의 밑작업

아파트 공사를 착수한 후 가장 먼저 가설공사(temporary work)를 하고 토공사(earth work)와 기초공사를 진행합니다. 전체 공사 기간을 30개월이라 가정했을 때 대략 5분의 1에 해당하는 6개월을 가설공사, 토공사, 기초공사에 사용합니다.

착공 후 바로 시작하는 '가설공사'는 본공사에 필요한 일시적인 설비를 만드는 공사입니다. 공사장 둘레에 가설울타리를 설치하고, 내부에 임시도로를 만들며, 전기와 수도를 끌어와 연결합니다. 또 현장사무실과 자재창고, 근무자들을 위한 식당과 화장실, 품질관리를 위한 시험실 등을 만듭니다. 이 공간들은 공사 중 이동하지 않아도 되는 장소 가운데 동선이 편리한 곳에 설치합니다. 가설공사는 아파트 완공 후에는 없어지는 임시시설을 만드는 일이기 때문에 경제적이고 조립과 해체가 간단하게 만들어야 합니다.

참고로 아파트 공사 현장에 기존 건물이 있으면 철거부터 해야 하고, 높낮이가 다르면 땅을 평탄하게 고르는 부지정지공사가 필요합니다. 이 경우 공사 기간은 해당 작업 기간만큼 추가로 늘어납니다. 대지의 경계를 확정 짓는 측량 작업과 지질 특성을 알기 위한 지반조사는 설계 단계에서 하는데요. 정밀하게 파악하기 위해 공사 준비 기간에 추가로 지반조사를 진행하기도 합니다.

가설공사 다음에는 터파기와 흙막이 등 '토공사'를 진행합니다. 공정 대부분이 흙(토사)의 처리와 운반을 다루는 작업으로 이뤄져 있으며, 굴삭기

임시시설을 만드는 가설공사 후(왼쪽 위), 항타기로 파일을 심고(오른쪽 위, 왼쪽 아래) 그 위에 버림 콘크리트를 타설한다(오른쪽 아래). ⓒ LH

와 같은 중장비들을 이용합니다. 땅을 파기 전 상하수도 관로와 도시가스관 등 지하 매설물과 전신주 등 지상 지장물을 모두 확인하고 다른 장소로 옮기는 이설 조치를 해야 합니다.

터파기는 아파트의 기초와 지하구조물을 만들기 위해 땅을 파는 작업입니다. 설계도면을 바탕으로 정확한 위치에 정확한 깊이로 파야 합니다. 이를 위해 건물 외곽선 위치를 표시한 '규준틀'과 높이를 표시한 '기준점'을 활용합니다. 최근에는 지상레이저스캐너(terrestrial laser scanner)와 이동형측량시스템(mobile mapping system), 드론(drone)을 활용한 3차원 지형공간 기술로 현장 지형을 신속하고 정밀하게 파악해 토공사에 활용하고 있습니다.

땅을 파 내려갈 때는 지층의 구성, 성질, 지하수위 등을 고려해야 합니다. 단단한 암반과 맞부닥치면 화약을 사용한 발파공사로 돌파합니다. 땅을 파는 것만큼 중요한 일이 굴착면이 붕괴하지 않도록 지지대를 설치하는 흙막이 공사입니다. 흙막이 지보공(timbering)이라는 벽체를 설치하는데, 지지대를 설치해도 붕괴 사고가 자주 발생하므로 수시로 점검하고 필요시 보강작업을 해야 합니다.

토공사가 끝나면 구조물의 튼튼한 기초를 만드는 '기초공사(foundation work)'를 시작합니다. 기초가 부실하면 지반이 무너지거나 함몰되어 구조물 자체가 위험해질 수 있어 매우 중요한 공사입니다. 줄기초와 매트기초 등 다양한 방식이 있는데, 아파트 공사에는 파일기초를 가장 많이 사용합니다. 파일기초는 땅속에 '파일(pile)'이라 불리는 말뚝을 여러 개 박아 지반의 지지력을 향상시키고 침하를 막습니다. 파일은 고강도 콘크리트로 만든 말뚝으로, 높이가 40~50m에 달하는 항타기(pile driver)라는 장비를 사용해

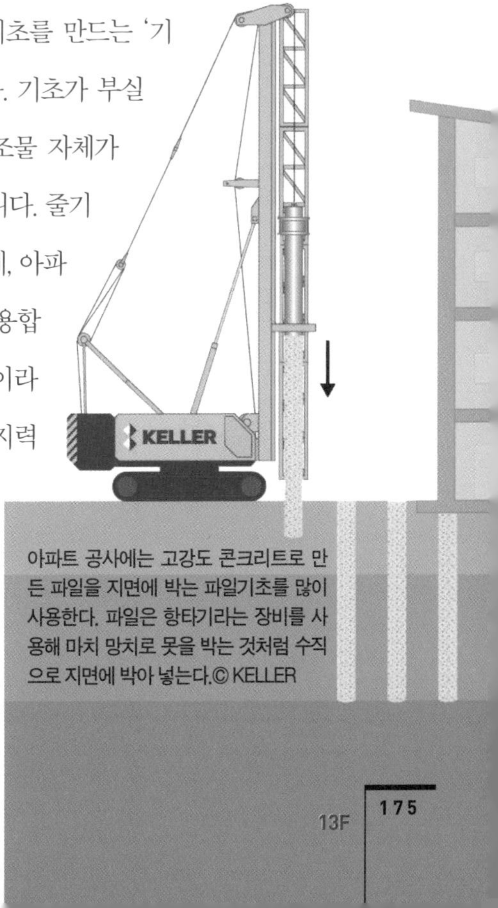

아파트 공사에는 고강도 콘크리트로 만든 파일을 지면에 박는 파일기초를 많이 사용한다. 파일은 항타기라는 장비를 사용해 마치 망치로 못을 박는 것처럼 수직으로 지면에 박아 넣는다.© KELLER

마치 망치로 못을 박는 것처럼 수직으로 지면에 박아 넣습니다.

파일을 박은 다음에는 지상에 노출된 머리 부분을 정리한 후, 버림콘크리트(subslab concrete)를 5~10cm 두께로 타설합니다. 버림콘크리트는 바닥면을 평평하게 하고, 위에 타설하는 콘크리트가 땅으로 유출되는 것을 막는 역할을 합니다. 버림콘크리트 위에 유로폼(euro form)이라 불리는 거푸집을 설치한 후 철근을 촘촘히 조립하고 고강도 콘크리트를 타설해 1m 정도 되는 두꺼운 철근콘크리트 바닥을 만들어 아파트 건물을 지탱하게 합니다.

공사 기간의 절반이 소요되는 골조공사

'골조공사(frame work)'는 기둥과 벽, 바닥 등 건물의 뼈대를 만드는 공사입니다. 전체 공사 기간을 30개월이라 가정했을 때 골조공사에는 대략 절반인 15개월이 소요됩니다.

아파트 건물 뼈대를 만들기 위해서는 층마다 거푸집을 설치하고 철근을 배근한 후 콘트리트를 타설하고 양생한 다음 거푸집을 해체해야 합니다. 기둥과 벽, 천장(윗층의 바닥)이 한 세트로 만들어지는데요. 아파트를 고층으로 올리기 위해서는 이 작업을 층수만큼 수십 번 반복해야 합니다.

아파트 층을 올릴 때 외벽은 갱폼(gang form)을 사용해 만듭니다. 갱폼은 시스템화된 대형 거푸집으로 유로폼과 달리 일일이 조립하고 해제할 필요가 없습니다. 타워크레인으로 들어 올려 간단히 설치하고 해체할 수 있어,

골조공사를 위해 갱폼을 인양하고(왼쪽 위) 벽체와 기둥(오른쪽 위), 윗층의 바닥슬래브(왼쪽 아래) 철근을 조립한 후, 콘크리트를 타설한다(오른쪽 아래). ⓒLH

효율적이고 반복해 사용할 수 있습니다. 갱폼은 경제적이며 안전 발판까지 일체형으로 달려 있어 안전성이 뛰어납니다. 갱폼으로 만든 콘크리트 벽체는 수평, 수직, 평탄도 등 품질이 뛰어나다는 장점도 있습니다.

하지만 골조공사를 한 층씩 반복해서 진행할 때 하루를 온전히 갱폼 인양 작업에 소요해야 하는 단점이 있습니다. 특히 고층에서는 바람이 심해 타워크레인으로 갱폼을 인양하지 못해 공사가 지체되는 사례가 빈번합니다.

철근은 단면이 원형인 봉재의 일종으로, 표면에 마디가 없는 원형철근과 마디와 돌기가 있는 이형철근이 있다. 철근 표면에 있는 축방향 돌기와 횡방향 마디는 콘크리트와의 부착력을 높여준다. 철근을 배근할 때는 철근과 철근 사이의 간격을 반드시 준수해야 한다.

이 때문에 자체 유압펌프로 거푸집과 발판을 인양하는 ACS(Auto Climbing System)폼이 주목받고 있습니다. ACS폼은 바람의 영향을 받지 않으며 한 층당 2~3시간 안에 인양할 수 있습니다. 다만 비용이 많이 들고 초기 설치 시간이 많이 걸려 40층 이상 고층으로 아파트를 올릴 때 사용합니다.

아파트 층을 올릴 때 내부 벽면과 기둥, 천장(윗층의 바닥슬래브)은 알폼(aluminum form)을 사용해 만듭니다. 알루미늄으로 만들어진 알폼은 철제보다 강도는 떨어지지만 훨씬 가벼우면서 여러 번 재사용할 수 있어 인력으로 날라서 설치해야 하는 내부 형틀 공사에 제격입니다.

철근을 배근할 때는 철근과 철근 사이의 간격을 반드시 준수해야 합니다. 보통 20cm 간격으로 배근하고, 하중이 많이 실리는 곳은 간격을 줄여 배근합니다. 철근은 운반의 편의성 등의 이유로 8m 길이를 많이 사용하기 때문에 철근 작업을 할 때는 이어서 사용할 수밖에 없습니다. 철근을 이을 때는 큰 응력(재료에 외력을 가했을 때 그 크기에 대응하여 재료 내에 생기는 저항력)을 받는 곳은 피하고 엇갈려서 잇는 것이 원칙입니다.

거푸집 설치와 철근 배근이 끝난 후에는 콘크리트 타설 작업을 진행합니다. 타설할 때 가장 중요한 것은 콘크리트의 표면으로부터 내부 철근까지의 거리입니다. 콘크리트 피복이 두꺼워야 철근의 부식을 방지하면서 내구성이 확보되고, 화재 시 철근의 온도 상승을 예방하여 내화성이 확보됩니다. 피복 두께를 바깥에 노출하는 외벽 콘크리트는 40~60mm, 실내 콘크리트는 20~40mm로 타설합니다.

일반적으로 골조공사는 튼튼한 뼈대가 필요한 1~3층은 층당 20일 정도로 계획하고, 그 외는 층당 10일 내외로 계획합니다. 아파트는 고층으로 건설되기 때문에 골조공사 기간에 겨울을 피하기 어렵습니다. 기온이 일정 온도(1일 평균 기온 4℃) 이하로 떨어지면 콘크리트가 단단하게 굳지 않기 때문에 한중콘크리트(타설한 콘크리트가 얼 위험성이 있을 때 시공하는 특수 콘크리트)로 시공해야 합니다. 날씨가 추워지면 콘크리트가 단단하게 굳기 전에 콘크리트 내부의 수분이 얼어 팽창하고, 얼음이 녹으면 그 자리는 빈 공간으로 남아 건물의 안전성을 위협합니다. 기온이 일정 온도 이하로 떨어지면 난로를 설치해 가열하고 보온하는 양생을 하고, 천막과 부직포 등을 덮어 외기를 차단하고 온도를 유지합니다. 이에 따라 양생 기간도 하루 이상 늘어납니다.

9개월 안에 끝내야 하는 마감공사

골조공사 다음 진행하는 '마감공사(finish work)'는 아파트의 내부와 외부를

골조공사(왼쪽 위) 후 내부를 마감하고(오른쪽 위) 페인트 도장을 한 다음(왼쪽 아래) 조경공사까지 끝내면(오른쪽 아래) 아파트 공사의 대장정이 종료된다. ⓒLH

치장하여 마무리하는 공사입니다. 전체 공사 기간을 30개월이라 가정했을 때 마감공사에는 대략 30%인 9개월이 소요됩니다. 공사 기간을 단축하기 위해 골조공사가 끝나기 전에 마감공사를 시작하는 경우도 빈번합니다.

아파트에서 마감공사는 종류가 다양하며 세대마다 반복적으로 시공된다는 특징이 있습니다. 인력과 자재를 적재 · 적소 · 적시 준비해야 하고 개별 작업들 사이에 간섭과 마찰이 발생할 수 있어 효율적인 진행 관리가 중요합니다. 건설사마다 마감공사를 관리하는 방식에 차이를 보이는데, 적게는 10단계에서 많게는 22단계까지 나눠 관리합니다.

아파트의 내부 마감은 벽돌을 쌓는 조적공사에서 시작됩니다. 시멘트 벽돌을 쌓아 세대 내부의 벽체를 만드는데요. 최근에는 벽돌 대신 경량벽체로 시공하는 경우가 늘고 있습니다. 다음으로 외벽 창호공사를 진행해 창틀을 설치하는데 유리는 깨질 수 있어 나중에 끼우는 경우가 많습니다. 이후 물을 사용하는 욕실과 발코니 등에 방수와 타일 공사를 진행합니다.

아파트의 온돌공사는 바닥슬래브(콘크리트 슬래브) 위에 층간소음 완화를 위한 완충재를 깐 후 경량 기포 콘크리트 타설하고, 그 위에 난방 배관을 설치한 다음 시멘트 모르타르를 깔아 온돌을 만드는 순서로 진행합니다(123쪽 아파트 바닥 구조 참조). 그 다음에는 아파트 외벽에 페인트를 칠하는 도장공사와 내부 벽면에 벽지를 바르는 도배공사를 진행합니다. 이후 드레스룸과 주방 등에 설치되는 가구공사와 바닥을 마감하는 마루공사를 진행합니다.

아파트의 내외부 마감과 병행해서 외부공간에는 나무를 심고 휴게시설, 운동시설 등을 설치하는 조경공사가 진행됩니다. 다양한 내외부 마감공사가 끝나면 입주민을 맞이하기 위한 준공청소로 아파트의 모든 건설 과정은 마무리됩니다.

아파트는 입주일이 정해져 있어서, 기간 안에 품질을 확보하면서 공사를 완료해야 합니다. 아파트 공사 기술이 발전하는 동시에 개별 공정관리가 체계화되고 효율화되면서 아파트는 더 안전하고 경제적이면서 빠르게 건설되고 있습니다.

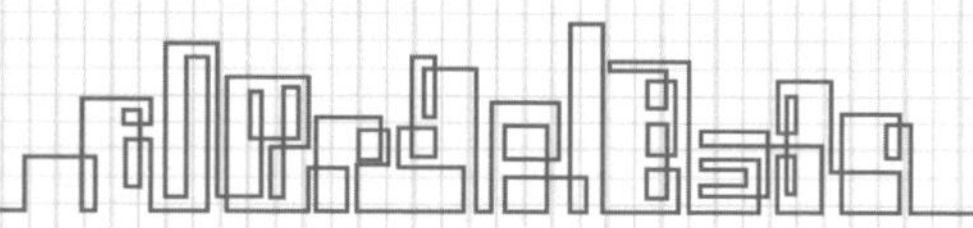

건설 현장의 어벤져스, **타워크레인**

흔히 아파트 공사장 하면 '타워크레인(tower crane)'이 곳곳에 서 있는 모습을 머릿속에 그리게 됩니다. 타워크레인은 동력을 활용하여 무거운 물건을 수십 미터 높이로 들어 올린 다음 상하·전후·좌우 어디로든 운반해 주는 기계입니다. 아파트 건설공정의 50% 이상에 사용되기에 "타워크레인이 없으면 아파트도 없다"고 얘기할 수 있을 만큼 필수적인 장비입니다.

영어로 'crane'은 '학' 또는 '두루미'를 뜻합니다. 두루미가 가늘고 긴 목을 움직이는 모습이 크레인과 똑 닮아 붙여진 이름이죠. 크레인은 오래전부터 사용된 건설장비입니다. 기원전 6세기 그리스인들은 기다란 나무 기둥에 도르래를 달아 무거운 대리석을 들어 올려 파르테논 신전 같은 건축물을 세웠습니다. 우리나라에서는 정조대왕 18년인 1794년에 다산(茶山) 정약용이 수원성을 짓기 위해 제작한 거중기(擧重機)가 최초의 크레인으로 기록되어 있습니다. 정약용은 거중기로 10년이 예상되는 공사 기간을 2년 6개월로 줄였습니다.

타워크레인은 크게 T형과 L형으로 구분할 수 있습니다. 아파트 공사장에는 주로 T형 타워크레인이 사용됩니다. T형은 크레인의 팔인 지브(jib)가 지면과 수평을 이뤄 T자처럼 생겼습니다. 반면 L형 타워크레인은 좁은 공간에서 사용하기 위해 지브를 들어 올려 L자 모양으로 꺾을 수 있습니다.

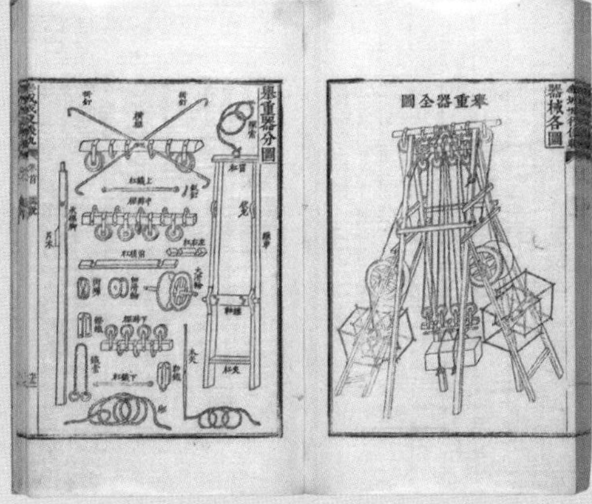

다산 정약용(왼쪽)과 수원 화성 성곽을 축조한 내용을 기록한 《화성성역의궤》에 담긴 거중기 전도와 분도. 도르래의 원리를 이용한 거중기는 우리나라 최초의 크레인이다(사진 국립중앙박물관).

건설 현장에서 타워크레인은 높이가 고정된 것이 아니라 아파트를 층수를 올리면서 함께 높아집니다. 운전석 바로 아랫부분을 유압실린더로 3m 정도 상승시킨 후 그 공간에 기둥 역할을 하는 마스트 한 칸을 넣어 볼트로 고정하는 방식으로 키를 높입니다. 타워크레인의 하단부 기초를 철근콘크리트에 단단히 고정한 후 아파트 벽면에 지지대를 설치하는 방식으로 100m 이상으로 높일 수 있습니다.

타워크레인은 도르래와 지레의 원리를 활용해 크레인이 원래 가진 힘의 8배까지 중량물을 들어 올릴 수 있습니다. 타워크레인이 들어 올리는 중량물의 무게와 속도는 바람 등 주변 상황의 영향을 받습니다. 아파트 건설 현장에서 자주 보이는 100톤급 대형 타워크레인의 경우 수십 톤의 중량물을 분당 50~80m에 달하는 속도로 들어 올립니다. 타워크레인은 갈고리에 건설 자재를 매달고 원하는 위치로 이동해서 푸는 시간까지 고려했을 때, 15분이면 바닥에 있던 무거운 건설 자재를 꼭대기에 올려놓을 수 있습니다.

Apartment & Science 14F

도시의 수직혁명을 이끈 오르내림의 과학

사람들이 고층빌딩에서 살게 된 게 먼저일까요? 아니면 엘리베이터가 발명된 게 먼저일까요? 언뜻 닭이 먼저인지, 달걀이 먼저인지 묻는 질문처럼 정답이 없어 보입니다.

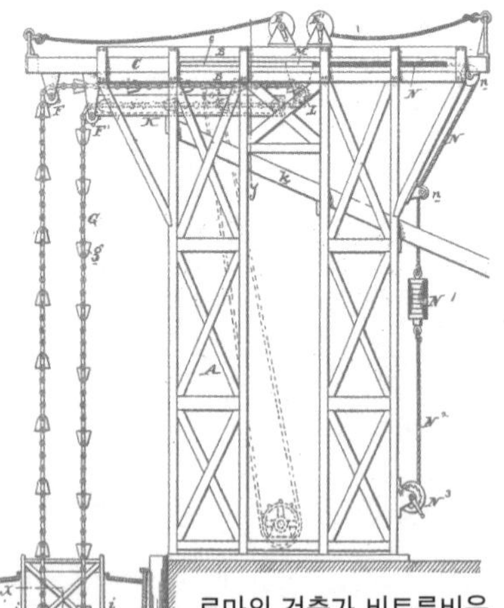

로마의 건축가 비트루비우스의 엘리베이터 설계 도면.

인류는 오래전부터 건물을 상당히 높은 층까지 올릴 수 있는 기술을 보유하고 있었습니다. 다만 생활하기가 너무 불편해서 고층에서 살 생각을 하지 않았습니다. 일반적으로 사람이 계단으로 오르내리며 생활할 수 있는 최대한도는 5층으로 봅니다. 따라서 엘리베이터가 있어서 인류는 고층 공간을 활용할 수 있게 됐다고 해석하는 것이 더 타당합니다.

인류에게 고층이라는 새로운 주거공간을 선물한 엘리베이터

엘리베이터(elevator, lift)는 동력을 사용하여 사람이나 화물을 수직 방향으로 이동시킬 때 사용하는 기계 장치입니다. 초고층과 지하공간 활용이 크게 늘면서 엘리베이터는 현대인이 가장 많이 이용하는 생활 필수 교통수단이 됐습니다. 우리나라는 엘리베이터 숫자도 많고 신설되는 수요도 많아서 전 세계에서 다섯 손가락 안에 꼽히는 거대시장을 형성하고 있습니다. 이유는 단연 공동주택인 아파트 때문입니다. 2022년 6월 말 기준으로 우리나라는 총 79만 6361대의 엘리베이터가 운영 중입니다. 이 가운데 아파트에 설치된 엘리베이터는 43만 5371대로 전체의 54.7%에 달합니다.

엘리베이터의 기본적인 원리는 우물에 설치돼 있는 두레박과 크게 다르지 않습니다. 사람을 태운 커다란 상자를 도르래에 매단 밧줄을 사용해 끌어당겨 올리는 것이죠. 기원전 3세기 고대 그리스의 철학자 아르키메데스 Archimedes of Syracuse, B.C. 287?~212가 도르래를 고안한 후 로마의 건축가 비트루비우스 Marcus Vitruvius Pollio, B.C. 80?~15가 사람이나 동물의 힘으로 작동하는 엘리베이터를 발명했다고 알려져 있습니다.

엘리베이터의 역사는 로마의 콜로세움까지 거슬러 올라간다. 서기 80년 완공된 콜로세움은 검투사와 맹수가 경기를 벌인 원형 경기장이다. 콜로세움의 지하에는 검투사 대기소와 맹수 우리 등이 있었는데, 맹수를 지상 경기장으로 옮길 때 엘리베이터가 사용되었다. 이 엘리베이터는 높이가 8m, 무게는 3톤에 달한다.

엘리베이터가 건물에 사용된 역사도 유구합니다. 로마를 상징하는 건물인 콜로세움은 전쟁 포로였던 검투사들이 맹수와 목숨을 걸고 전투 경기를 벌인 경기장입니다. 최대 8만 명의 관중을 수용할 수 있었던 콜로세움은 지하 공간의 규모도 어마어마했습니다. 총면적 약 1만 5000m²로 상암 월드컵 경기장의 약 1.5배 크기입니다. 드넓은 지하 공간에는 검투사 대기소, 맹수 우리, 이동 통로가 미로처럼 얽혀있습니다. 지하 우리 속에 있는 맹수를 지상 경기장으로 옮길 때는 엘리베이터를 사용했습니다. 또한 중세의 수도원과 성(城) 등 건축물에도 다양한 형태의 엘리베이터가 사용됐습니다. 문제는 끌어올리는 중에 줄이 끊어져 추락할 경우 탑승자가 크게 다치거나 목숨을 잃을 수 있어, 엘리베이터를 사람이 타는 경우는 많지 않았습니다.

1853년 미국 뉴욕에서 열린 세계박람회(New York Expo)에서 엘리샤 그레이브스 오티스Elisha Graves Otis, 1811~1861는 엘리베이터를 타고 공중 높이 올라간 후 매달려 있는 줄을 끊는 아찔한 시연을 펼쳤습니다. 줄이 끊어지는 순간 관람객들은 비명을 질렀지만, 신기하게도 엘리베이터는 땅바닥으로 추락하지 않고 중간에 멈춰 섰습니다. 줄이 끊기면 멈춤쇠가 튀어나오도록 스프링을 달아 엘리베이터가 양쪽 레일에 설치해놓은 톱니에 걸리도록 한 겁니다. 얼핏 마술쇼처럼 보인 이 장면은 세계적인 엘리베이터 기업 오티스(OTIS)를 만든 시발점이자 동시에 사람이 탈 수 있는 안전한 엘리베이터의 등장을 알리는 대사건이었습니다. 사람들이 엘리베이터를 안심하고 탈 수 있게 되면서 고층빌딩이 세워지기 시작

1853년 미국 뉴욕에서 열린 세계박람회에서 오티스가 엘리베이터를 시연하는 모습.

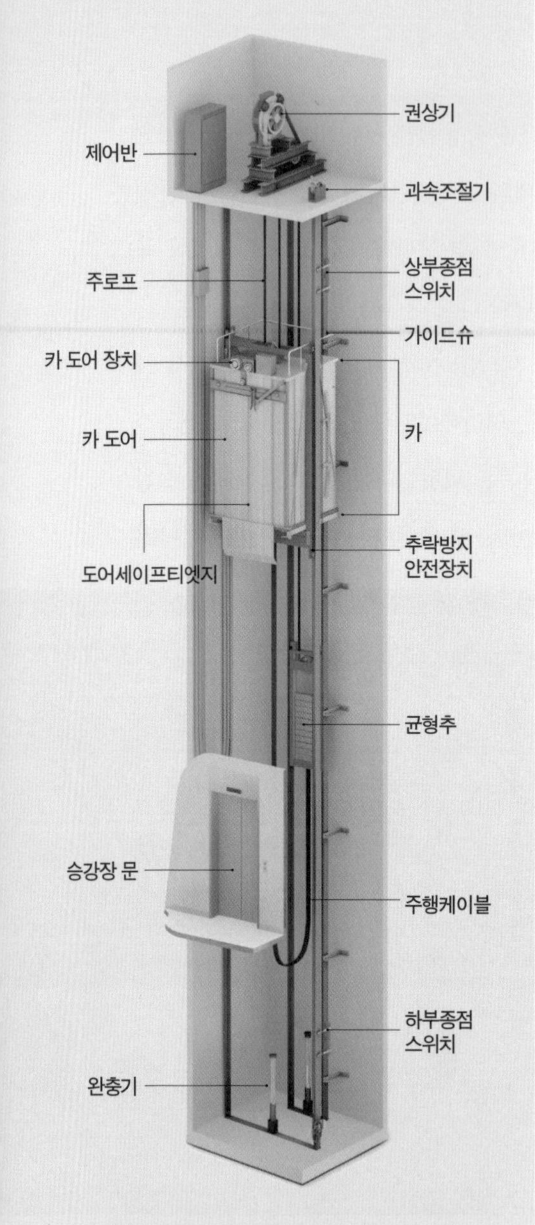

권상기가 로프에 달린 카를 올리고 내리며, 카 반대편 로프에는 엘리베이터가 움직일 때 전동기의 부담을 줄여줄 균형추가 달려있다. © 현대엘리베이터

했고 도시의 수직혁명이 일어났습니다.

엘리베이터는 겉보기에는 단순한 상자처럼 보이지만 3만 개 이상의 부품으로 이뤄진 매우 정교한 기계장치입니다. 대당 가격은 설치비를 제외하고도 중형 승용차 가격을 훌쩍 뛰어넘습니다. 엘리베이터의 기본 구조는 크게 사람들이 타는 공간인 '카(car)'와 카를 올리고 내리는 '권상기(traction machine)', 카를 매달고 있는 '로프(rope)', 그리고 카의 반대쪽 로프에 달린 '균형추(counterweight)'로 구성돼 있습니다.

카는 엘리베이터에서 사람들이 타는 공간으로, 기차가 철길을 따라 달리는 것처럼 레일을 따라 상하로 움직입니다. 우리나라 아파트에는 보통 12인승에서 15인승 사이의 카가 많이 사용됩니다. 주거시설이다 보니 비상시 환자를 뉜 채 이송할 수 있도록 작지 않은 기종이 설치됩니다.

권상기는 카를 올리고 내리는, 자동차로 치면 엔진 역할을 하는 핵심 장치입니다. 엘리베이터가 다니는 통로의 가장 위쪽 기계실에 설치되며, 전동기의 회전력을 '시브(sheave)'라는 도르래에 전달해 정방향 또는 역방향으로 회전시켜 로프에 매달려 있는 카를 상승 또는 하강시킵니다. 탑승자가 층수를 누르면 권상기는 전동기 회전을 정밀하게 조정해 원하는 목적지 층에 한 치의 오차도 없이 정확히 멈춰야 하므로 상당한 기술력이 필요합니다.

카를 매다는 로프는 여러 겹의 강철을 꼬아 만든 줄을 5개에서 9개까지 사용합니다. 로프는 최대정원의 10배를 견디도록 제작되고 윤활유를 발라 닳지 않도록 하며 정기적으로 교체합니다. 건물이 높아질수록 로프 길이가 길어져 엘리베이터가 지나치게 무거워지는 문제가 발생할 수 있는데요. 최근 건설되는 초고층 건물은 강철 대신 탄소섬유로 만든 로프를 사용합니다. 탄소섬유 로프는 강철에 비해 무게는 5분의 1에 불과하지만, 강도는 10배 이상 강합니다.

로프의 한쪽에는 카가 매달려 있고 다른 쪽 끝에는 엘리베이터 최대정원의 40~50%에 달하는 무게의 균형추가 달려있습니다. 균형추는 엘리베이터를 움직일 때 전동기의 부담을 줄여줍니다. 예를 들어 1000kg의 카를 들어올려야 할 때 반대쪽에 500kg의 균형추가 달려있으면 절반의 힘으로 들어 올릴 수 있게 됩니다.

추락을 방지하는 안전장치들

인간은 불과 2~3층 높이에서 추락해도 생존을 자신할 수 없을 만큼 연약한 존재입니다. 따라서 수십 층을 오르내리는 엘리베이터에서 가장 중요한 사항은 안전일 수밖에 없습니다.

엘리베이터 문이 열리고 닫힐 때 카가 움직이면 매우 위험하므로 위치 유지는 기본 중에서 기본입니다. 정해진 위치에 카가 계속 안전하게 멈춰 있는 것은 '제동기(brake)' 때문입니다. 제동기는 권상기의 전동기 회전축에 설치돼 있습니다. 엘리베이터 운행 중에는 전자기력에 의해 브레이크가 열려있지만, 정지 시에는 전원이 차단됨과 동시에 브레이크가 닫혀 카를 움직이지 못하도록 꽉 붙잡고 있습니다. 엘리베이터가 정상적인 속도보다 빠르게 하강할 때도 제동기가 브레이크를 걸어 카를 멈추는 역할을 합니다.

엘리베이터를 매달고 있는 강철 로프가 모두 끊어지는 경우처럼 제동기가 감당할 수 없는 위기 상황에서는 '조속기(governor)'가 나섭니다. 카가 과속으로 추락하면 조속기에 달린 추가 빠르게 회전하다가 정해진 한도보다 더 바깥으로 벌어지면 '비상정지장치(safety device)'를 작동시킵니다. 조속기는 물리적인 원심력으로 작동하기 때문에 정전 시에도 작동하고 고장 가능성이 없어 더 안전합니다. 카의 아랫부분 좌우에 설치돼 있는 비상정지장치는 '추락 방지 안전장치'라고도 부르는데, 레일을 꽉 잡아 카의 하강을 막는 역할을 합니다. 영화에서는 가끔 엘리베이터가 추락하는 장면을 볼 수 있지만 실제로는 조속기 때문에 엘리베이터가 바닥까지 추락할 가능성은

엘리베이터의 안전장치들. 브레이크인 비상정지장치(위 왼쪽)와 낙하할 때 위에 있는 추가 벌어지며 작동하는 조속기(위 오른쪽), 충돌 시 충격을 흡수하는 완충기(아래)다. ⓒ 현대엘리베이터

제로(0)에 가깝습니다.

엘리베이터가 최상층 이상으로 올라가거나 최하층 아래로 내려가면 꼭대기나 바닥에 충돌해 탑승자가 크게 다칠 수 있습니다. 이를 대비해 운행되는 통로의 가장 위쪽과 아래쪽 한계에는 '종점스위치(final limit switch)'가 설치돼 있습니다. 카가 운행 범위를 초과해 종점스위치를 통과하는 순간 모든 동력을 날려버리면서 비상정지가 이뤄집니다. 최악의 경우 카가 추락할 때를 대비해서 바닥에는 '완충기(buffer)'가 설치돼 있습니다. 완충기는 스프링 또는 유압을 활용해 카가 떨어질 때 받는 충격을 완화하는 역할을 합니다.

엘리베이터 카에는 정격하중 초과 시 경보가 울리고 해소 시까지 문을 열고 대기하도록 하는 '과부하 감지장치'가 달려있습니다. 과적 방지에 효과적이지만, 기준인원보다 적게 탑승했음에도 불구하고 정원 초과 경보가 울리는 경우가 자주 발생합니다. 이유는 엘리베이터의 1인 기준 몸무게를 65kg로 산정했기 때문입니다. 성인 평균 체형에 한참 미달한다는 지적이 있어 2019년부터는 1인 기준 몸무게가 75kg으로 늘어났습니다.

카 도어(car door)에는 승객 또는 물건이 끼었을 때 다시 열리게 하는 출입문 안전장치가 달려있습니다. 도어스위치는 카 도어가 완전히 닫혀야만 운행되도록 하는 장치입니다. 각 층 승강장 문(hall door)에는 문이 열렸을 때 운행할 수 없도록 하고 카가 없는 층에서는 열쇠가 없으면 외부에서 승강장문을 열 수 없도록 잠그는, 도어 인터록 스위치(door interlock switch)가 있습니다. 정전이나 고장으로 내부에 갇혔을 때 연락을 위한 비상호출 버튼과 인터폰, 비상조명도 안전을 위한 기본 장치들입니다.

시속 75km로 이동하는 괴물 엘리베이터의 등장

안전이 확보됐다고 했을 때 사람들이 가장 원하는 엘리베이터는 아마도 대기시간이 가장 짧은 엘리베이터일 것입니다. 평소에는 느긋한 사람도 엘리베이터를 기다릴 때는 안절부절못하는 경우가 많은데요. 연구에 따르면 엘리베이터를 기다릴 때 조급함을 느끼기까지 40초가 한계라고 합니다.

엘리베이터에서 운행을 담당하는 두뇌를 '제어반(control panel)'이라 부릅니다. 엘리베이터를 호출하거나 탑승한 후 목적지를 누르면 제어반이 적정속도를 산출해 전동기의 속도를 올리거나 감속해서 규정된 속도로 안전하게 운행되도록 시스템 전체를 통제하고 운행에 필요한 모든 명령을 내립니다. 반도체 기술이 발달하면서 제어반은 점점 컴팩트해지고 스마트화하고 있습니다.

과거에는 승객이 호출하면 엘리베이터의 모든 카가 멈췄습니다. 하지만 최근 설치된 엘리베이터는 가장 일찍 도착하는 카 하나만 보내고 나머지는 호출을 무시하고 운행합니다. 이는 엘리베이터에 '그룹제어(group control)' 기술이 적용됐기 때문입니다. 그룹제어는 엘리베이터 전체 운행 상황을 고려해 가장 효율적으로 움직이도록 카를 할당하고 제어합니다. 도착까지 걸리는 시간이 단축될 뿐만 아니라 엘리베이터 운행 횟수가 줄어 에너지 절약까지 도모할 수 있습니다.

건물 높이가 점점 높아지면서 엘리베이터 속도를 높이기 위한 경쟁이 치열해지고 있습니다. 아파트에는 보통 초당 1m에서 4m를 움직이는 중속 엘리베이터가 사용됩니다. 우리나라에서 가장 높은 롯데월드타워를 1m/sec인 중속 엘리베이터를 이용해 올라간다고 가정할 경우, 지하 2층부터 전망대인 121층까지 총 496m 구간을 올라가는 데 8분 16초나 걸린다는 계산이 나옵니다. 중간에 정차하는 시간까지 고려하면 엘리베이터에서 보내는 시간은 상상초월 괴로울 수밖에 없습니다. 다행히 롯데월드타워에는 초속 10m의 초고속 엘리베이터가 설치되어 있습니다.

엘리베이터 덕분에 인간은 주거공간을 하늘과 지하로 확장할 수 있었으며, 현대 도시의 모습은 수직과 수평으로 얽힌 입체적인 공간이 되었다.

현재 세계에서 가장 빠른 엘리베이터는 2019년 10월 기네스북에 등재된 중국 광저우 CTF금융센터에 설치된 엘리베이터로, 이 엘리베이터는 초당 21m의 속도로 움직입니다. 시속 75.6km에 달하는 어마어마한 속도로 상승하고 하강하는데, 92층까지 440m 구간을 42초 만에 주파합니다. 우리나라를 대표하는 엘리베이터 제작사인 현대엘리베이터에서도 2020년 세계 최고와 똑같은 속도로 움직이는 초고속 엘리베이터를 개발하는 데 성공했습니다.

엘리베이터는 탑승객을 위해서 끊임없이 발전하고 있습니다. 운행 시 소음과 진동, 기압 변동으로 인한 불쾌감을 줄이기 위해 유체역학 등 다양한

연구가 진행되고 있습니다. 비좁은 공간인 만큼 깨끗한 공기를 유지하기 위한 공기청정 기술이 발전하고 있으며, 바이러스 전파를 차단하기 위해 사람이 없을 때 살균제를 살포하거나 UV(자외선)로 살균 소독하는 기술도 등장했습니다. 고층으로 인해 층수가 늘어나면서 고령자도 이해하기 쉬운 버튼 배열도 고민거리입니다. 최근 각종 정보와 광고를 보여주는 LCD 모니터를 설치한 엘리베이터가 늘고 있는데, 이는 모르는 사람과 함께 탔을 때 어색함을 줄이기 위한 배려이기도 합니다.

한국인 최초로 엘리베이터를 탄 사람들은 보빙사(報聘使) 일원입니다. 1882년 조선은 미국과 조미수호통상을 체결한 뒤, 이듬해 여름에 답례로 미국에 외교 사절단을 파견했습니다. 이 외교 사절단이 보빙사입니다. 샌프란시스코 팰리스 호텔에 짐을 풀기로 한 보빙사는 곧 작은 방으로 안내를 받았는데요. '우리를 왜 좁은 공간으로 밀어 넣는 거지?'라며 의아해하던 순간 바닥이 흔들리기 시작했습니다. 혼비백산한 보빙사 일원은 "지진이 일어났다"고 외쳤습니다. 보빙사에게 지진(?)을 경험하게 한 작은 방이 바로 엘리베이터였습니다. 그로부터 불과 150년이 지나지 않은 오늘날, 우리는 엘리베이터 없는 도시를 상상할 수 없습니다. 엘리베이터 덕분에 인간은 주거공간을 하늘과 지하로 확장할 수 있었으며, 현대 도시의 모습은 수직과 수평으로 얽힌 입체적인 공간이 되었습니다. 오늘도 어김없이 엘리베이터를 타며, 이 작은 방이 앞으로 도시 풍경을 어떻게 바꿀지 그려봅니다.

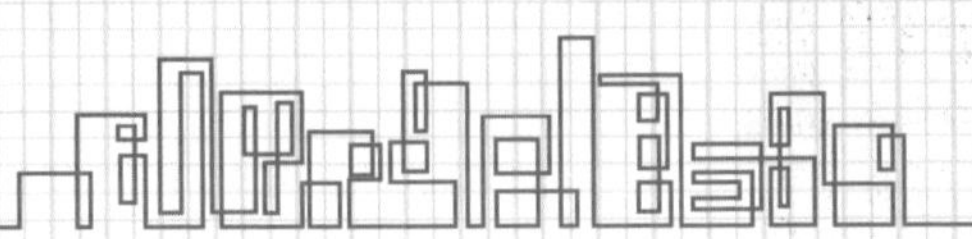

추락하는 엘리베이터에서 살아남는 법,
무조건 드러눕기

엘리베이터를 탔을 때 누구나 한 번쯤 추락하지 않을까 걱정을 해봤을 겁니다. 만화 같은 상상이지만 충돌하기 직전 온 힘을 다해 뛰어오르면 살 수 있지 않을까 하는 생각이 들기도 합니다.

충돌하기 직전 힘차게 도약하면 충격량이 줄어드는 건 사실입니다. 20층 높이에서 엘리베이터가 자유낙하할 경우 바닥에 부딪힐 때 속도는 시속 150km가 됩니다. 온 힘을 다해 시속 10km로 점프해도 시속 140km의 충격을 받게 되니 사실상 생존 가능성은 전혀 없습니다. 무엇보다 바닥과 충돌하는 타이밍을 알고 점프를 한다는 것 자체가 불가능합니다.

전문가들은 엘리베이터 추락 시 살아남을 가능성이 가장 큰 방법은 바닥에 등을 대고 큰 대(大)자로 눕는 것이라고 말합니다. 바닥에 부딪힐 때의 충격이 온몸으로 똑같이 분산되도록 하는 건데, 이때 머리는 가방이나 외투로 감싸 보호하는 것이 좋습니다.

실제 엘리베이터에서 발생하는 추락 사고는 카가 없는데 승강장 문이 열리거나 고장 난 엘리베이터에서 빠져나오다가 발생합니다. 엘리베이터 승강장 문은 450J(Joule, 줄)의 충격에 견딜 수 있도록 출입문 이탈방지장치가 설치돼 있습니다. 몸무게 60kg인 중

엘리베이터 추락 시 살아남을 가능성이 가장 큰 방법은 바닥에 등을 대고 큰 대(大)자로 눕는 것이다. 바닥에 부딪힐 때의 충격이 온몸으로 똑같이 분산되도록 하는 건데, 이때 머리는 가방이나 외투로 감싸 보호하는 것이 좋다. © Robert Krulwich

학생 2명이 시속 10km로 부딪히는 힘을 버티는 정도입니다. 따라서 승강장 문에 힘을 가하거나 절대 기대서면 안 되며 킥보드 등을 타고 승강장 문 앞으로 이동하지 말아야 합니다.

엘리베이터에 탑승했는데 고장으로 멈췄을 때는 비상호출 버튼으로 구조 요청을 한 후 대기해야 합니다. 엘리베이터 문을 열어봤자 층과 층 사이에서 멈춰 있을 확률이 높으며, 여기서 빠져나오다가 흔들리는 카로 인해 무게중심을 잃고 통로 밑바닥으로 추락하는 경우가 많기 때문입니다.

아파트의 에너지 다이어트, 선택이 아닌 필수

"100년 만의 무더위", "100년 만의 폭우", "100년 만의 한파". 기상이변을 알리는 뉴스가 더 이상 낯설지 않습니다. 지구촌 곳곳이 기상이변으로 몸살을 앓고 있습니다. 2022년 여름만 하더라도 동남아시아에 기록적인 폭우가 내려 파키스탄은 국토의 3분의 1이 물에 잠겼습니다. 그 사이 유럽에는 극심한 폭염이 들이닥쳐 영국이 사상 처음으로 40℃가 넘고 독일은 라인강조차 말라 밑바닥을 드러냈습니다. 최근 빈번하게 발생하는 기상이변은 전 지구적인 기후변화에서 비롯된 것으로 봅니다. 기후변화의 주범은 '온실가스'입니다.

이산화탄소로 대표되는 온실가스는 인류가 에너지를 얻기 위해 화석연료를 대량으로 사용한 결과 급격히 증가했습니다. 온실가스 급증이 지구의 평균 기온을 올리는 지구온난화를 일으키면서 기상이변이 심해지고 기후변화까지 불러일으킨다는 해석입니다. 미래의 기후 대재앙을 막기 위해 2015년 유엔(UN : United Nations) 기후변화협약 당사국총회에서 전 세계 195개국이 온실가스를 단계적으로 감축하는 파리협정에 서명했습니다.

파리협정에 참여하고 있는 우리나라는 세계 7위의 온실가스 배출국입니다. 우리나라는 2030년에 온실가스 배출량을 2018년보다 40%나 줄이겠다는 국가 온실가스 감축 목표(NDC : Nationally Determined Contributions)를 수립했습니다. 2018년 7억 2760만 톤이었던 온실가스 배출량을 2030년에는 2억 9100만 톤 줄인 4억 3660만 톤까지 낮추겠다는 도전적 목표입니다. 건물은 산업과 수송에 이어 세 번째로 온실가스를 많이 배출하는 중요한 부문입니다. 건물 부문에서 2018년 5210만 톤에 달했던 온실가스 배출량을 2030년에는 32.8%가 줄어든 3500만 톤으로 낮춰야 합니다.

세계기상기구(WMO)가 공개한 〈2022년 전 지구 기후 현황〉 보고서에 따르면, 2022년 전 지구 평균 온도는 산업화 이전(1850~1900년)보다 1.15℃ 높아졌다. 해수면 상승도 빨라져, 2013~2022년 해수면은 연평균 4.62㎜ 높아졌는데, 이전 10년(1993~2002년) 연평균 상승 폭인 2.27㎜의 두 배다.

2025년부터 모든 아파트에 제로에너지 의무화

생명체는 생명 유지 활동을 위해 에너지가 필요합니다. 이 말은 건축물에도 똑같이 적용됩니다. 건축물은 에너지를 공급받아 어둠을 밝히고 추위와 더위에 맞서 실내온도를 조절하며 엘리베이터나 환기 장치 등 내부 설비를 가동합니다. 건축물은 에너지 사용량도 많지만, 한번 건축하면 최소 30년 이상 유지되기 때문에 에너지 성능을 높여서 지어 놓으면 그 효과가 누적되어 온실가스 감축에 매우 효과적입니다.

건축물에서 온실가스 발생을 줄이기 위해, 다시 말해 에너지 소비량을 줄이기 위해 2017년 '제로에너지건축물 인증 제도'가 도입됐습니다. 제로에너지건축물(ZEB : Zero Energy Building)이란 말 그대로 에너지 소비량이 제로인 건축물입니다. 「녹색건축물 조성 지원법」에서는 건축물에 필요한 에너지 부하를 최소화하고 신에너지 및 재생에너지를 활용하여 에너지 소요량을 최소화한 녹색건축물을 의미한다고 규정하고 있습니다.

정부는 제로에너지건축물 인증 제도를 단계적으로 모든 건축물에 의무화할 예정이어서 향후 커다란 변화를 예고하고 있습니다. 이는 제로에너지건축물 인증을 받아야만 건축허가를 내주겠다는 것으로, 기존 방식대로 에너지를 소비하는 건축물은 더 이상 발을 들일 수 없게 됩니다. 아파트는 30세대 이상인 경우 제로에너지가 선택이 아닌 필수가 됩니다.

제로에너지건축물 인증을 받기 위해서는 우선 건축물에너지효율등급(건물의 에너지 소요량을 바닥면적으로 나눠 에너지 소비량 산출) 평가에서 1++ 이

▶ 우리나라의 제로에너지건축물 의무화 로드맵과 인증 기준

자료 : 한국에너지공단

| 제로에너지건축 로드맵 |

제도적 여건 변화 등을 고려한 수정된 세부 로드맵에 따라 단계적으로 확대

2020년	2025년	2030년
• 공공건축물(1000m^2 이상)	• 민간건축물 (1000m^2 이상) • 공공건축물(500m^2 이상) • 공동주택(30세대 이상)	• 모든 건축물(500m^2 이상)

| 제로에너지건축물 인증 기준 |

상 등급을 받아야 합니다. 1++ 이상의 등급을 받으려면 주거용 건축물의 경우 연간 에너지 사용량이 90kWh/m²보다 적어야 합니다. 이는 일반 건축물 대비 3분의 1로 허리띠를 졸라맨 수준입니다. 또한 에너지를 적게 쓸 뿐만 아니라 사용하는 에너지의 일부분을 건축물 스스로 생산할 수 있어야 합니다. 건축물이 사용하는 에너지 중 자신이 생산하는 에너지가 차지하는 비율을 '에너지 자립률'이라고 합니다. 제로에너지건축물로 인증받기 위해서는 에너지 자립률이 최소 20%(5등급 기준)는 넘겨야 합니다. 이 외에 효율적인 에너지 관리를 위해 건물에너지통합관리시스템(BEMS) 또는 원격검침 전자식계량기가 필요합니다.

건축물에서 발생하는 온실가스를 줄이는 방안으로 전 세계적으로 제로에너지건축물이 주목받고 있지만, 국가마다 추구하는 목표 수준은 제각각입니다. 선진국이 추진하는 목표도 완전한 제로에너지가 아니라 '사실상 제로에너지건축물(nearly ZEB)'을 목표로 삼고 있습니다. 에너지 생산과 사용을 정확히 제로에 맞추는 완전한 제로에너지건축물은 기술이나 비용 관점에서 현실적

'제로에너지건축물 인증 제도' 도입에 따라 2025년부터 아파트도 제로에너지건축물 인증을 받아야만 건설허가를 받을 수 있다.

타당성이 낮아 제로를 지향하는 조금은 완화된 목표를 설정한 것입니다. 사실상 제로에너지건축물이 완전한 제로에 얼마나 근접하는지는 그 나라의 기술 수준과 경제적 타당성, 정부의 지원 수준에 따라 결정됩니다.

에너지 소비 줄이고 유출 막는 패시브 기술

아파트에서 제로에너지를 구현하기 위해서는 에너지 낭비를 최소화하는 동시에 에너지를 능동적으로 잘 이용할 수 있어야 합니다. 건축물에서 에너지 낭비를 최소화하기 위해서 다양한 '패시브(passive) 기술'을 활용합니다. 이렇게 만들어진 집을 '패시브 하우스'라 부릅니다. 패시브 기술은 건축물의 자연적인 실내환경 조절 능력을 최대화하여 최소한의 에너지만으로도 쾌적한 실내환경을 유지하는 것을 목표로 합니다.

아파트에서 에너지는 주로 냉·난방과 환기, 조명 등을 위해 사용합니다. 태양의 방위각과 고도, 바람길을 고려해 아파트 건물 각 동의 방향과 배치를 결정하면 자연적으로 햇빛이 들고 통풍과 채광이 잘 이뤄져 에너지 부하를 줄일 수 있습니다. 생명체로 치자면 기초대사량이 줄어들어 똑같은 실내환경을 유지해도 에너지를 많이 소모하지 않게 됩니다. 연구에 따르면 아파트 각 동의 배치에 따라 냉난방 에너지 사용이 20% 이상 차이가 나타나는 것으로 나타나고 있습니다.

아파트에서 건물 각 동을 최적으로 배치하기 위해서는 기후, 지형, 대지

▶ 제로에너지빌딩을 만드는 기술

구분	내용
패시브 기술 	• 계절에 따른 외기온도 등의 변화가 건축물에 미치는 영향을 최소화하여 적은 에너지만으로도 쾌적한 실내환경을 유지할 수 있게 하는 기술 • 사용되는 기술 : 자연 환기, 고기밀, 외부 차양, 고성능 창문(창호), 외단열, 자연 채광
액티브 기술 	• 다른 기자재보다 적게 에너지를 사용하면서도 높은 성능으로 운전할 수 있거나 스스로 에너지를 생산할 수 있는 기술 • 사용되는 기술 : 고효율 보일러, 고효율 기기, 폐열회수 환기 장치, LED 조명, 건물에너지관리시스템
신재생 기술 	• 수소, 산소 등 화학반응을 통해 전기 또는 열을 생산하는 신에너지와 재생 가능한 에너지를 변형시켜 이용하는 재생에너지로 구분 • 사용되는 기술 : 태양광 발전, 태양열, 연료전지, 지열 이용 냉 · 난방 장치

상태 등 입지 조건을 분석해야 합니다. 태양의 일사량이 증가하면 겨울철에는 난방에너지를 절감할 수 있지만, 반대로 한여름에는 냉방에너지 소비를 증가시킬 수 있습니다. 또 바람이 잘 흐르면 건축물 온도를 낮춰 냉방 부하를 줄일 수 있지만 난방에 대한 부담은 커집니다. 이처럼 다양한 요소가 서로 복잡하게 얽혀있기 때문에, 최근에는 에너지 소비를 최소화하는 동 배치 계획을 세우는 데 인공지능을 활용하고 있습니다.

아파트 각 동의 배치를 끝낸 다음 생각해야 할 일은 건축물 내부에서 에너지를 투입해 생산한 열을 잘 보존하고 바깥으로 쉽게 빠져나가지 않도록

탐험가 난센과 그가 1893~1896년까지 북극을 탐험할 때 사용한 탐험선 프람호(사진 노르웨이국립도서관). 오늘날 에너지 손실을 최소화하는 패시브 기술은 난센이 프람호에 사용한 것과 근본적으로 큰 차이가 없다.

붙잡아 두는 것입니다. 예전에 겨울이 되면 출입문에 문풍지를 바르고 창문에 에어캡(뽁뽁이)을 붙여 외부 냉기를 막고 내부 온기가 빠져나가지 못하도록 보호한 것과 똑같다고 보면 됩니다.

노르웨이 탐험가 프리드쇼프 난센Fridtjof Nansen, 1861~1930은 1909년 로버트 피어리Robert Peary, 1856~1920가 북극점을 정복하기 전까지 북극점에 가장 가까이 다가간 인물입니다. 탐험에 앞서 난센은 1890년 얼음으로 뒤덮인 북극해를 항해할 수 있는 탐험선을 건조했습니다. 탐험선은 빙하를 뚫고 앞으로 나가 마침내 북극점에 도달하라는 바람을 담아 '전진'이라는 뜻의 '프람(Fram)'

이라고 지었습니다. 프람호는 북극의 매서운 추위를 막아 낼 수 있게 단열에도 특별히 신경을 썼는데요. 자연채광을 최대화하고, 고단열 외피를 두른 후 바람이 새지 않도록 기밀화했습니다. 또 삼중유리를 사용해 열이 빠져나가지 못하도록 만들었습니다. 이와 같은 노력 덕분에 프람호는 북극을 탐험할 때 난방을 하지 않고도 22℃의 온도를 유지할 수 있었다고 합니다. 프람호는 1911년 로알 아문센Roald Amundsen, 1872~1928이 인류 사상 최초로 남극점에 도달했을 때도 함께 했습니다.

1백 년이 넘는 시간이 흘렀지만 오늘날 에너지 손실을 최소화하는 패시브 기술은 난센이 프람호에 사용한 것과 근본적으로 큰 차이가 없습니다. 열이 빠져나가기 쉬운 창과 벽체, 지붕의 단열을 강화합니다. 외벽에는 두꺼운 단열재를 사용하고, 단열 성능이 취약한 창은 이중 창호로 만들거나 아르곤(Argon) 가스를 유리창 사이에 주입해 단열 성능을 대폭 끌어올립니다. 창과 문, 벽체 사이 등 틈새를 통해 열이 새어 나가지 않기 위해서는 기밀성을 향상한 시공과 빈틈없는 마감이 중요합니다.

에너지 효율을 높이고 건축물 스스로 에너지를 생산하는 액티브 기술

제로에너지건축물이라는 목표를 달성하기 위해서는 건축물이 에너지를 능동적으로 잘 이용하는 '액티브(active) 기술'도 필요합니다. 액티브 기술은 건축물이 에너지를 사용할 때 더 높은 성능을 발휘하도록 효율을 높이거나 건축물 스스로 에너지를 생산하고 관리하는 것을 목표로 합니다.

'콘덴싱'을 내세운 TV 광고 덕분에 잘 알려진 고효율 보일러는, 배기가스에 포함된 수증기의 열을 재사용하는 콘덴싱 열교환과 폐열 회수 등으로 에너지 효율이 높습니다. 최근 급속히 보급되고 있는 LED 조명은 전력 사용량이 일반 조명의 5분의 1에 불과하면서 수명은 15배나 길어 에너지 절약 효과가 매우 뛰어납니다. 제로에너지 도입에 따라 에너지 효율이 나쁜 형광등은 아파트에서 퇴출이 확정되었습니다.

실내환경을 쾌적하게 하려면 주기적인 환기가 필요합니다. 하지만 에너지 측면에서 실내와 바깥 공기를 바꾸는 과정에서 열 손실이 크다는 문제가 있습니다. 그래서 요즘 아파트에는 전열교환 환기 장치가 필수품입니다. 전열교환 환기 장치는 실내로 들어오는 외부 공기에 바깥으로 나가는 실내 공기가 가지고 있는 열에너지를 전달해, 열 손실을 크게 줄여줍니다.

제로에너지건축물 인증을 받는 데 필요한 '건물에너지 통합관리시스템(BEMS : Building Energy Management System)'은 쾌적한 실내환경을 최적으로 조성하도록 관리하는 시스템입니다. 다양한 센서를 통해 건축물의 실내외 환경을 분석해 냉난방과 환기 장치의 효율적인 운영을 도와주기 때문에 에너지 사용량을 적극적으로 줄일 수 있습니다. 원격검침 전자식계량기는 전기와 가스, 수도 등의 사용량을 일일이 검침할 필요 없이 자동으로 알려줘 건축물의 에너지 사용량을 모니터링하고 관리할 수 있도록 도와줍니다.

건축물에서 필요한 에너지를 직접 생산하는 신재생에너지로는 태양광,

태양열, 지열, 풍력이 있습니다. 이 중 선두주자는 단연 태양광입니다. 요새 건축되는 많은 아파트는 옥상과 외벽에 태양광 패널을 설치해 햇빛으로부터 전기를 생산해 엘리베이터와 주차장 조명 등에 사용하고 있습니다. 태양광 패널은 하루 5시간 이상 일조시간을 확보해야 하며, 이물질로 패널이 오염되면 집광 효율이 크게 떨어지므로 주기적인 관리가 필요합니다.

태양광으로 에너지 자립률을 맞추기 어려울 때는 연료전지를 많이 고려합니다. 연료전지는 수소를 공기 중 산소와 반응시켜 전기에너지를 생산하는 기술입니다. 태양광 발전과 달리 날씨나 시간에 영향을 받지 않기 때문

국내 첫 제로에너지 아파트로 인증을 받은 '힐스테이트 레이크 송도'. 국토교통부와 현대건설이 '제로에너지 빌딩 시범사업'으로 추진한 이 아파트는 옥상뿐 아니라 아파트 입면에도 태양광 패널을 부착했다. ⓒ 현대건설

에 안정적인 에너지 공급이 가능하지만, 아직 경제성이 부족하다는 단점이 있습니다.

제로에너지건축물은 이미 현실입니다. 제로에너지 실현을 통해 온실가스 발생을 줄여 환경보호에 이바지하는 동시에 각종 에너지 비용 부담을 줄이는 일석이조의 효과를 거둘 수 있습니다. 2019년 완공한 '힐스테이트 레이크 송도'는 국내 첫 제로에너지 인증을 받은 아파트입니다. 이 아파트의 관리비는 인근 아파트에 비해 33.5% 저렴하다고 합니다.

하지만 현재 기술 수준으로 완전한 제로에너지건축물을 만들려면 건축비가 40% 이상 상승하며 투자비를 회수하는 데 30년 이상이 소요되기 때문에 경제성을 확보할 수 없습니다. 전문가들은 아파트 세대 당 연간 에너지 비용을 대략 150만 원이라고 가정한 후 15년 치 사용료인 2500만 원 내외가 제로에너지 초기 설치비용으로 적절하다고 판단합니다. 향후 신축 아파트의 분양가를 끌어올리지 않기 위해서는 경제적이면서 효율적인 제로에너지 기술 개발이 필요합니다.

흔히 아파트는 친환경과 거리가 멀다고 생각합니다. 그러나 고밀 · 고층의 아파트가 제공하는 주거환경을 단독주택을 통해 구현하려면 도로 · 수도 · 가스 같은 인프라를 구축하는 데 더 많은 자원이 투입될 것이며, 더 많은 녹지가 사라질 것입니다. 아파트는 다른 세대와 인접한 구조적 특성으로 인해 에너지 효율도 단독주택보다 더 우수합니다. 기후변화에 가장 현실적이면서 효과적인 대응은 아파트를 친환경적으로 건설하고 관리하는 일일 수 있습니다.

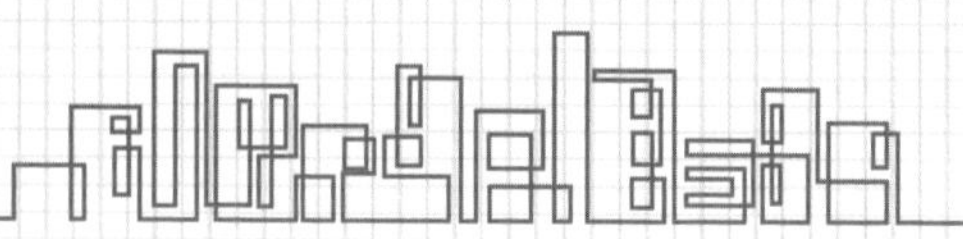

에너지를 아낀 만큼 돈을 버는 시대

지구와 환경을 보호하기 위한 에너지 절약을 실천하는 것은 조금은 수고스러우며 불편함을 감수해야 하는 일입니다. 에어컨과 난방 사용을 줄이면서 열심히 에너지를 아끼고 있는데, 옆의 누군가는 편해지자고 에너지를 펑펑 쓴다면 힘이 빠질 수밖에 없습니다.

우리나라에서는 에너지를 열심히 절약한 가정에 혜택을 주기 위해 '탄소포인트제'가 운영되고 있습니다. 전 국민 온실가스 감축 실천을 위해 도입된 탄소포인트제는 전기, 상수도, 도시가스의 사용량을 줄이기 위해 노력하고 절약한 정도에 따라 인센티브를 받는 제도입니다. 과거 2년간 월별 평균 사용량보다 현재의 에너지 사용량이 적을 경우 1년에 두 번씩 탄소포인트를 받습니다.

지급되는 탄소포인트는 절감률에 따라 달라지는데요. 15% 이상 절감하면 전기는 1만 5000포인트, 수도는 2000포인트, 가스는 8000포인트를 받을 수 있습니다. 1탄소포인트는 지자체 예산에 따라 1원에서 최대 2원의 현금으로 전환됩니다. 결국 에너지를 열심히 절약해 1년에 최대 5만 포인트, 최대 10만 원을 현금으로 받을 수 있습니다. 아파트에서 개별 세대는 물론 단지 전체가 탄소포인트제에 참여할 수 있습니다.

에너지 절약에 앞장선 기업에 혜택을 주는 제도로 '탄소배출권거래제'가 시행되고 있습니다. 탄소배출권거래제란 온실가스를 배출하는 기업을 대상으로 연 단위로 배출권을 할당하여 할당 범위 내에서 온실가스를 배출할 수 있도록 하고, 여분 또는 부족분의 배출권에 대해서는 기업 간 거래를 허용하는 제도입니다.

에너지를 열심히 절약해 온실가스 배출량을 많이 감축한 기업은 초과 감축량을 팔 수 있으며, 반대로 온실가스를 추가로 배출한 기업은 부족한 배출권을 사야 합니다. 배출권은 마치 주식처럼 거래시장에서 사고팔 수 있으며 수요와 공급에 따라 가격이 결정됩니다. 우리나라는 2030년까지 온실가스 배출량을 40% 줄여야 하므로, 배출권 시장이 본격적으로 성장할 것으로 예상됩니다.

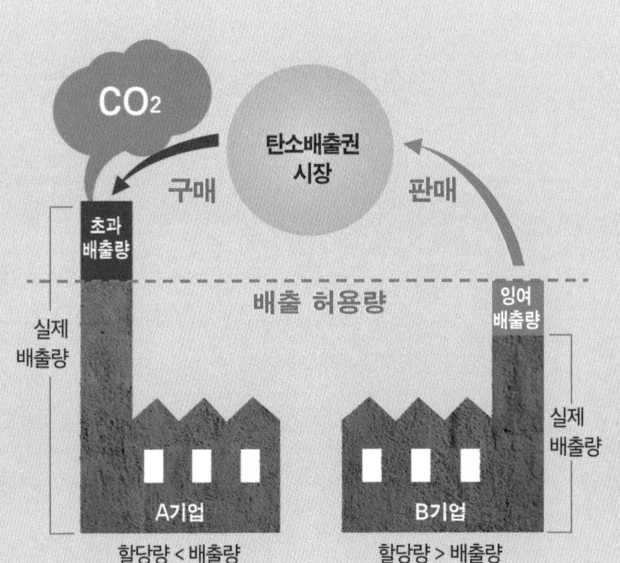

▶ 탄소배출권거래제

탄소배출권거래제는 기업이 배출할 수 있는 탄소량에 상한을 두고 상한선을 넘은 기업은 추가 비용을 지불하고, 배출량이 할당량을 밑도는 기업은 배출 권리를 판매하여 추가 수익을 올릴 수 있게 하는 제도다.

Apartment & Science **16F**

천편일률에서 천차만별로, 색(色)다른 아파트의 등장

도시 하면 떠오르는 색은 삭막하고 메마른 느낌을 주는 '회색'입니다. 도시를 상징하는 회색은 건축물의 주재료인 콘크리트가 가진 본연의 색깔입니다. 미세먼지나 황사로 희뿌연 공기까지 몰려들면 회색 콘크리트가 가득한 도시는 하늘까지 잿빛으로 물들어 사람들을 숨 막히게 합니다.

과거 우리나라 도시를 회색으로 물들이는 데 가장 크게 일조한 것은 일련의 건물군을 이루고 있는 아파트들이었습니다. 성냥갑처럼 획일적이고 단순한 모양의 아파트를 빼곡하게 올린 다음 회색 계열의 무채색을 칠해 놓으니 가히 '콘크리트 숲'이라 부를 만했습니다. 회색에 대한 반발로 화려한 원색이나 벽면을 가득 채우는 큰 그림(super graphic)이 등장한 적도 있었으나 주변과 어울리지 못해 풍경을 망친다는 비난을 받기 일쑤였습니다.

인간의 정서에 소구하는 색채

회색 일변도였던 아파트가 눈에 띄게 달라지고 있습니다. 더 이상 무미건조한 풍경을 만드는 천편일률적인 아파트가 아닙니다. 요즘 아파트는 마치 화장이라도 한 것처럼 세련된 색깔로 화사하게 물들었습니다. 아파트가 변화하기 시작한 것은 밀레니엄이 지나면서부터입니다. 2000년대 전후로 경쟁이 치열해지면서 건설사들은 상품성을 높이기 위해 독자적인 브랜드들을 앞다퉈 내놓기 시작했습니다. 아파트의 브랜드 아이덴티티(BI : Brand Identity)를 갖추기 위해 심혈을 기울인 것이 독자적인 '네이밍(naming)'과 차별화된 '색깔'이었습니다. 건설사들은 자신들의 정체성을 표현해 줄 물감을 올려놓는 팔레트, 즉 컬러 시스템을 만들기 시작했습니다. 아파트를 지을 때 팔레트에 놓인 물감 중에서 사용할 색을 골라 전체적으로 통일감을 주면서도 개성을 드러냈지요.

최근에는 아파트 외관을 꾸미는 화장 기술이 더욱 발전하면서, 건물에서 잘생긴 부분은 더욱 돋보이도록 강조하고 못생긴 부분은 잘 보이지 않도록 가리는 고난도의 메이크업 수준에까지 다다르고 있습니다. 주요 건설사들은 아파트 외관을 눈에 딱 띄는 시인성(視認性)과 주변과 잘 조화되는 심미성(審美性)을 확보하도록 꾸며 프리미엄 가치를 창출하고 있습니다.

아파트가 외관에 신경 써야 하는 이유는 높이가 높고 넓은 면적을 차지하고 있어 그 지역의 풍경인 경관에 상당한 영향을 미치기 때문이다. 회색 일변도로 도시 경관을 삭막하게 하던 아파트들이 최근에는 다양한 색으로 외관을 화사하게 단장하고 있다.
사진은 산등성이 아래로 알록달록한 집들이 다닥다닥 붙어 있는 멕시코 과나후아토.

아파트가 외관에 신경 써야 하는 이유는 높이가 높고 넓은 면적을 차지하고 있어 그 지역의 풍경인 '경관(景觀)'에 미치는 영향이 상당하기 때문입니다. 아파트는 가까이에 있는 사람들의 시야를 압도적으로 점유하는 거대한 오브제(objet) 군일뿐 아니라, 멀리 있는 불특정 다수의 사람에게도 조망되는 경관의 기본 배경입니다.

나라·도시·마을마다 그곳을 떠올리게 하는 색이 따로 있고, 사람들이 선호하는 컬러도 지역마다 다르다는 것이 '색채 지리학(geography of color)'이다. 장 필립 랑클로(Jean Philippe Lenclos, 1938~)는 이 분야의 개척자로, 2007년 현대건설과 협업해 '힐스테이트 아트 컬러'를 개발했다.

인간은 시각, 청각, 후각, 촉각, 미각 등 다섯 가지의 감각을 사용해 주변 환경을 인식하고 의미를 분별합니다. 이 중 가장 중요한 것은 시각인데, 사람은 자신이 습득하는 정보의 80% 이상을 시각을 통해 받아들입니다. 시각을 통해 받아들이는 정보 가운데 가장 먼저 직관적으로 인식되는 게 바로 '색채(color)'입니다. 사물이 처음 눈에 들어올 때 색채가 8할이고 형태는 2할에 불과하며, 20초 정도 시간이 지나야 색채와 형태가 비슷한 비율로 지각 결과에 영향을 미치게 됩니다.

색채와 형태는 시각을 구성하는 요소이지만 성격은 전혀 다릅니다. 미국의 심리학자 루이스 체스킨Louis Cheskin, 1907~1981은 "형태는 인간의 이성에 소구하지만, 색채는 인간의 정서에 소구한다"는 말을 남겼습니다. 형태에 대한 인간의 판단은 이성적이지만 색채에 대한 반응은 정서적이라는 의미입니다. 실제 어떤 색깔을 바라볼 때 마음이 묘하게 흥분되거나 반대로 안정감을 느낀 경험이 있을 텐데요. 색깔은 인간의 감정과 정서에 영향을 미치는 에너지를 갖고 있다는 점을 알 수 있습니다.

사람이 특정한 색을 다른 색과 구별해 인식하는 것은 색의 3속성인 색상, 명도, 채도가 서로 다르기 때문입니다. 빨강, 노랑, 파랑과 같은 색상은 빛의 파장이 결정하고, 색의 밝고 어두움을 나타내는 명도는 빛의 강도가 결정하며, 색의 선명하고 탁한 정도인 채도는 빛의 순도가 결정합니다. 각각의 색깔에는 대다수 사람이 공유하는 공통적이고 보편적인 정서가 잠재되어 있습니다. 따라서 아파트를 비롯한 상품 디자인에서는 사람들이 색에 대해 느끼는 공통감각을 파악해 활용하기 위해 노력합니다.

고층부와 저층부의 서로 다른 색채 전략

아파트의 색채디자인은 주변 자연환경과 인공물을 고려하고 건축 요소 별로 재료와 색깔이 조화를 이루게 하여 입주민은 물론 인근 지역주민들이 심리적 안정감을 느낄 수 있도록 계획합니다. 가까이서 보이는 근경(近境)과 멀리서 보이는 원경(遠境), 그 사이 중경(中境)까지 모두 고려해 공공을 배려하는 색채 계획으로 아름답고 조화로운 경관 형성에 이바지해야 합니다.

아파트의 저층부는 가까운 거리에서 조망되는 근린 생활환경으로 지나다니는 사람들에게 건축물의 색채는 물론 질감과 패턴까지도 세부적으로 보이는 영역입니다. 저층부는 대지와의 조화 등을 고려하되 가로에 활기를 더할 수 있도록 활기찬 느낌의 배색을 활용하는 것이 좋습니다. 면을 크게 분할하면 거대함이 강조되어 건축물의 위압감이 강하게 전달되기 때문에 면을 적절하게 나눠 색을 칠합니다.

또한 아파트 저층부에는 재료의 질감을 살리고 고급스러운 느낌을 주는 화강석 판넬을 활용하는 경우가 많습니다. 화강석 판넬은 크게 회색과 빨간색이 양분하고 있습니다. 회색 계열에서는 어두운 마천석과 밝은 거창석이 인기가 높고, 빨간색 계열에서는 포천석이 사용 빈도가 높습니다. 스톤코트(stone coat)라는 도장재를 발라서 더 경제적으로 화강석 같은 느낌을 줄 수도 있습니다.

아파트의 고층부는 멀리서 조망되는 경관의 기본 배경으로, 높이 때문에 질감과 같은 촉각적인 요소는 전혀 없고 시각으로만 인지되는 영역입니다. 거대한 크기의 아파트가 주변을 가리는 차폐감을 완화하기 위해 되도록 주변 환경과 잘 조화되고 존재감이 도드라지지 않게 하는 색채 계획이 필요합니다. 배경과 잘 구별되지 않게 하려면 배경 색채와 명도 차이를 되도록 적게 하고 대비관계를 형성하지 않는 것이 좋습니다.

아파트 외벽에 사용하는 색채는 크게 주조색과 보조색, 강조색으로 나눌 수 있습니다. 주조색은 가장 큰 면적을 차지하는 색으로 전체 면적의 약 70%를 차지하며, 건물 전체의 기본적인 이미지를 형성하는 역할을 합니다. 보조색은 주조색을 보조해 좁은 면적에 칠하는 색으로 전체 면적의 20~30% 정도를 차지하며, 건축물에 변화를 주는 역할을 합니다. 강조색은

▶ 아파트 저층부에 많이 사용하는 화강석

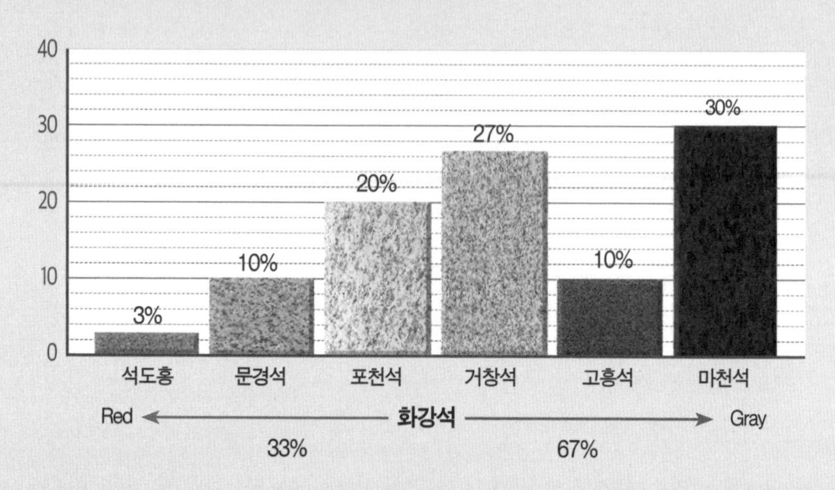

화강석은 색깔과 질감이 고급스러워 색채는 물론 재료의 질감까지 보이는 저층부의 외관을 꾸밀 때 인기 있는 재료다. © 정성윤 등 「수도권 브랜드 아파트 내외관 디자인 및 컬러 트랜드에 관한 연구」

점이나 선처럼 일부분에 사용하는 색으로 전체 면적의 5~10% 정도를 차지하며, 생동감과 활기를 주는 요소가 됩니다.

일반적으로 아파트 동 단위마다 하나의 주조색을 적용하고 포인트가 들어가는 부분에 보조색과 강조색을 사용합니다. 주조색은 밝고 따듯한 이미지의 난색(暖色)이 많으며, 보조색은 주조색과 조화로운 유사 색상을 택하고, 강조색은 브랜드 컬러를 통해 정체성을 부각하는 게 일반적입니다. 색을 칠하는 패턴은 과거에는 수직으로 영역을 나누는 경우가 많았으나, 최근에는 수평으로 나누는 경우가 늘고 있습니다.

신축 아파트의 외장 색채 사용 현황을 조사한 연구에 따르면, '노랑(Y) - 주황(YR)' 계열이 전통적으로 강세를 보이는 가운데 '빨강(R) - 주황(YR)'

계열 사용이 크게 증가했습니다. 그리고 명확하고 밝은 이미지의 '파랑(B)-청록(BG)' 계열도 점진적으로 늘어나는 추세입니다. 2020년을 전후로 아파트 시장에 고급화 바람이 불면서 건설사들이 기존 브랜드의 상위 개념인 하이엔드 브랜드를 속속 론칭하고 있습니다. 'e편한세상' 브랜드를 보유한 DL이앤씨가 '아크로', '더샵' 브랜드로 알려진 포스코건설이 '오티에르'라는 하이엔드 브랜드를 내놓은 것처럼요. 아파트 고급화 트렌드의 영향으로 기존 브랜드와 차별화하기 위해 이전에 많이 사용하지 않았던 색상과 톤의 사용이 늘고 있습니다.

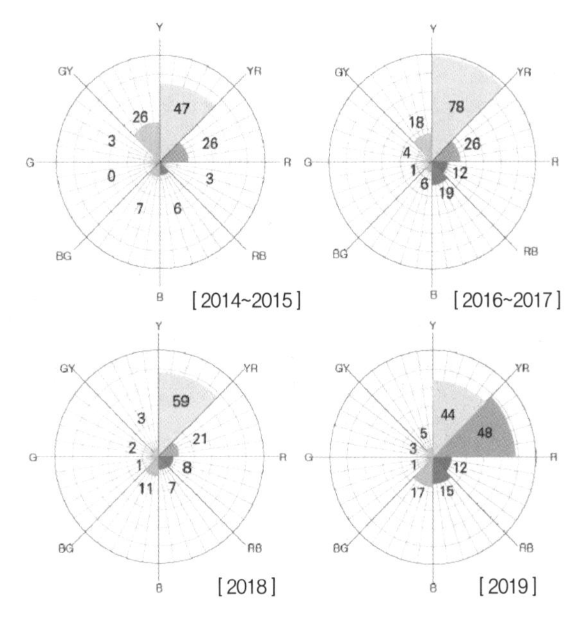

아파트 외장 색채로는 '노랑(Y)-주황(YR)' 계열이 많이 사용되는데, 최근에는 '빨강(R)-주황(YR)' 계열과 '파랑(B)-청록(BG)' 계열 사용이 늘고 있다. ⓒ 황상윤 등 「아파트 외장색채 근황 분석」

초고층 커튼월과 커튼월룩의 등장

아파트에서 외장 색채가 정해지면 페인트를 골라 도장을 하게 됩니다. 오랫

고층 주상복합 아파트는 커튼월로 화려한 외관을 자랑한다(왼쪽). 최근 아파트에는 콘크리트 외벽 위에 유리와 금속패널로 장식한 커튼월룩이 등장했다(오른쪽). © 두산건설/ GS건설

동안 널리 사용된 수성페인트는 수명이 4~5년 정도에 불과해, 시간이 얼마 지나지 않아 외벽이 보기 흉하게 벗겨지는 문제 등이 있습니다. 최근에는 많은 건설사가 기본 도장 사양으로 실리콘 페인트를 선택하고 있습니다. 실리콘 페인트는 특유의 고급스러운 무광택감과 오랜 시간이 지나도 변색 없는 내구성이 강점입니다. 수용성 불소수지 페인트는 가격이 비싸지만, 내구연한이 더 길고 도장면 위에 광택이 있는 투명 클리어를 마감하여 보이는 각도에 따라 다양한 빛의 반사효과까지 볼 수 있습니다.

초고층으로 건설되는 주상복합 아파트는 일반 아파트보다 세련되고 화려한 외관 때문에 사람들의 이목을 사로잡습니다. 주상복합 아파트의 화려한 외관은 커튼월(curtain wall) 공법으로 만들어집니다. 커튼월은 건물의 하중을 중심부의 코어와 그 주변의 기둥으로 지탱하고, 외벽은 하중을 전혀 받지 않아 마치 커튼을 둘러친 것처럼 처리하는 공법입니다.

건물에 커튼월 공법을 적용하면 외벽은 힘을 받지 않기 때문에 건물 바깥쪽 전체를 유리로 마감할 수 있습니다. 외벽을 유리로 장식하면 내부에서는 탁 트인 조망을 확보할 수 있고, 건물 바깥쪽은 햇빛이 반사돼 화려하게 반짝이며 빛이 납니다. 일명 통유리라고 불리는 외관으로 도시적이면서 세련된 느낌을 줘 인기가 많습니다. 코엑스, 63빌딩, 롯데월드타워 등 우리나라 랜드마크 건물은 으레 커튼월 공법으로 짓습니다.

커튼월을 사용한 주상복합 아파트에서 외벽 전체를 유리로 뒤덮을 때도 있지만, 층과 층 사이와 일부 테두리에는 유리와 잘 조화를 이루는 금속 외장재를 사용하는 경우가 많습니다. 알루미늄 복합패널 등 금속 외장재는 화재에 취약할 수 있어 불에 잘 타지 않는 난연소재로 외장재를 만드는 것이 중요합니다. 또 커튼월 공법이 적용되면 창호를 넓게 만들기 어렵고 제한적으로 열리는 작은 창호만 낼 수 있어 환기와 통풍이 취약합니다. 외벽 상당 부분이 유리이기 때문에 여름철에 열이 많이 유입되고 겨울철에는 난방 손실이 커 관리비 부담이 증가한다는 단점도 있습니다.

최근에는 아파트의 외부 디자인이 다양해지면서 주상복합이 아닌데도 커튼월처럼 보이는 일반 아파트가 등장해 인기를 끌고 있습니다. 이 경우는 실제 콘크리트 외벽이 존재하는데 그 위를 유리와 금속패널로 장식해 마치 커튼월처럼 보이도록 해 '커튼월룩(curtain wall look)'이라 부릅니다. 커튼월룩은 커튼월처럼 외관이 화려하면서도 냉난방과 환기에서는 커튼월보다 훨씬 유리해 앞으로 활용이 늘어날 것으로 예상됩니다.

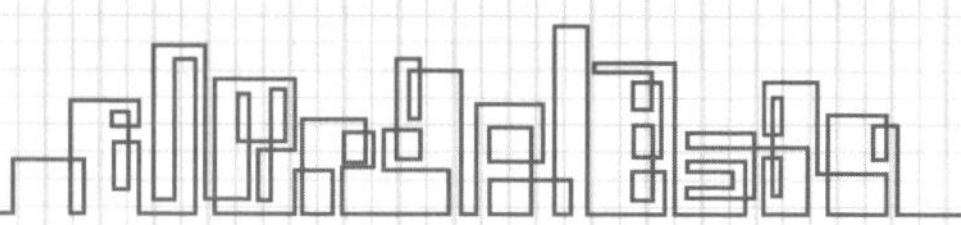

'배려'를 입은 색채 디자인

사람의 망막에는 빛에 의한 자극을 받아들이는 시세포가 있습니다. 시세포는 원추세포와 간상세포 두 종류가 있는데, 원추세포는 색을 인지하고 간상세포는 명암을 인지합니다. 색각 이상은 색을 감지하는 원추세포의 기능이 이상해져서 색깔을 구분하지 못하는 상태입니다. 원추세포는 세 개의 세포가 각각 적색, 녹색, 청색을 인식하는데, 세 가지 원추세포 중에 기능이 불완전한 원추세포가 있으면 색을 제대로 구분하기 어려워집니다. 이런 상태를 색약이라고 합니다. 세 가지 원추세포 중 한 개라도 없으면 아예 해당 색깔을 인지할 수 없게 됩니다. 이런 상태를 색맹이라고 합니다.

우리 주변에는 색을 잘 인지하지 못해 불편함을 겪는 사람들이 생각보다 더 많습니다. 우리나라 남성의 5.9%, 여성의 0.4%가 색각 이상이라고 합니다. 남성이 여성에 비해 색각 이상이 유독 많은 이유는 색을 구별하는 유전자가 X염색체 위에 있기 때문입니다. 성염색체가 XY인 남성은 XX인 여성과 달리 X염색체가 하나여서 열성이면 바로 색각 이상이 발현됩니다.

아울러 눈은 노화가 가잘 빨리 진행되는 기관이어서 나이가 들면 시력이 떨어지는 것처럼 색채 지각 능력도 크게 저하됩니다. 색상의 분별, 깊이의 인지, 대비의 식별이 어려워지는데요. 특히 눈에서 렌즈 역할을 하는 수정체의 황변화 현상으로 노랑, 주황, 빨강 계통의 색은 구분하지만 보라색, 남색, 파란색 계통의 색은 잘 구분하지 못하게 됩니다.

시세포는 원추세포와 막대세포로 이루어져 있다. 그중 막대세포는 명암을 인지하고 원추세포는 색을 인지한다. 색각 이상은 색을 감지하는 원추세포의 기능에 이상이 생겨 색깔을 구분하지 못하는 상태다.

유전적 특성이나 눈 관련 질환 혹은 노화에 따라 시각 인지능력이 다른 점을 고려해 이용자 관점에서 가능한 모든 사람에게 정확한 정보를 전달하기 위한 색채 디자인이 도입되고 있습니다. 이를 '색채 유니버설디자인(CUD : Color Universal Design)'이라고 부릅니다. CUD는 나이, 신체, 성별, 국적, 질병 등과 관계없이 모든 사람이 인지하기 쉽도록 직관적이고 잘 구별되며 간단한 색채를 사용합니다.

아파트에서 CUD는 주동 출입구와 커뮤니티 시설, 안내표지판 등에 사용해 이용 편의를 높이고, 주차장 교차로와 비상벨 등에 사용해 사고 위험성을 피하고 안전에 도움을 주고 있습니다. 시각 약자들의 시인성을 높이기 위해서 되도록 색상의 수를 적게 사용하며, 명도와 채도의 차이는 5 이상으로 높입니다. 유사 계열 또는 서로 반대되는 보색 관계 색상은 시인성이 낮아 사용하지 않습니다.

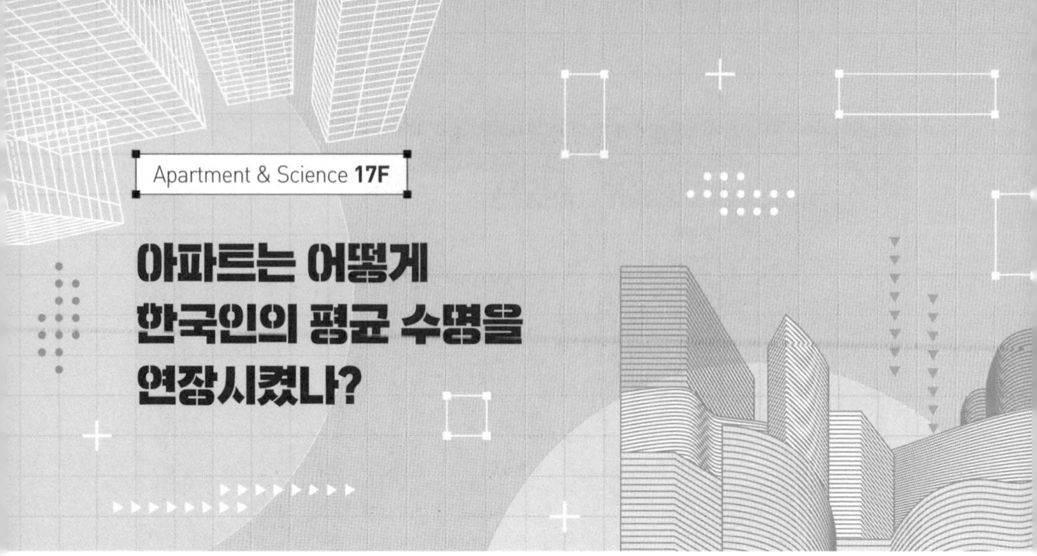

아파트는 어떻게 한국인의 평균 수명을 연장시켰나?

새로 이사할 집을 구하러 간다고 하면, 어른들은 물부터 틀어보라고 조언해주곤 합니다. 깨끗한 물이 콸콸 쏟아지는지 반드시 확인하라는 것인데요. 살림을 하는데 물이 가장 중요한 기본 바탕이라는 점을 몸소 깨우친 어른들의 삶의 지혜가 담겨 있는 말입니다.

우리 몸무게에서 3분의 2가 물입니다. 사람은 음식물에 포함된 수분까지 포함해서 하루 2L의 물을 마셔야 건강을 유지할 수 있습니다. 먹는 물뿐만 아니라 식재료를 깨끗하게 씻고 우리 몸을 청결히 하며 세탁기로 빨래를 돌리고 화장실을 사용하는 데도 많은 양의 물이 필요합니다. 전문가들은 현대인의 평균 수명이 크게 늘어난 데에는 '의료의 발달'보다 '깨끗한 물 공급'이 더 크게 기여했다고 평가합니다. 수많은 사람의 목숨을 앗아갔던 장티푸스,

콜레라 등이 모두 물로 옮겨지는 수인성(水因性) 전염병이기 때문입니다.

세계 4대 문명인 황하강의 황하 문명, 나일강의 이집트 문명, 티그리스강과 유프라테스강의 메소포타미아 문명, 인더스강과 갠지스강의 인도 문명에서 알 수 있듯 인류 문명은 물을 기반으로 시작됐습니다. 물을 잘 다스릴 수 있게 되면서 도시가 만들어지고 국가가 탄생했습니다. 고대 로마제국은 기원전 312년에 로마인들에게 깨끗한 물을 공급하기 위해 578km에 달하는 수도교와 수로를 설치해 인구가 100만 명이 넘는 도시를 지탱할 수 있었습니다.

100% 달성을 눈앞에 둔 상수도 보급률

우리나라는 깨끗한 물에 있어서 남부러울 게 없는 나라입니다. 환경부가 매년 발표하는 상수도 통계에 따르면 우리나라의 상수도 보급률은 2017년을 기점으로 99%를 넘겼습니다. 가정에 공급되는 수돗물이 연간 37억 톤에 달하며 우리나라 국민은 1인당 하루에 295L나 되는 깨끗한 수돗물을 공급받고 있습니다. 수돗물 공급을 위해 땅속에 깔아놓은 수도관의 총길이가 22만km가 넘는데, 지구를 5바퀴 반이나 돌 수 있는 어마어마한 인프라입니다.

우리나라에서는 당연한 상식인 깨끗한 물을 구할 수 없어 지구 다른 쪽에서는 많은 사람이 질병에 걸리고 생명을 잃는 비극이 벌어지고 있습니다. 유엔환경계획(UNEP)은 아프리카에 1억 6400만 명, 아시아에 1억 3400만

명 등 전 세계에서 3억 명 이상이 오염된 식수를 사용하고 있고, 이에 따라 매년 340만 명 이상이 사망하고 있다고 추산하고 있습니다.

우리나라도 불과 반세기 전인 1960년대만 해도 아시아 최빈국으로 깨끗한 물을 구하기 매우 어려웠습니다. 1960년 17%에 불과하던 상수도 보급률은 1977년에 50%를 넘어섰고 1991년 80%에 도달한 후 2004년 드디어 90%까지 돌파했습니다. 짧은 기간 동안 산업화와 도시화가 진행돼 '한강의 기적'으로 불리는 것만큼 상수도도 급속히 발달했다고 평가할 수 있는데요. 우리나라에서 특징적으로 발달한 아파트가 상수도 보급에 상당히 이바지한 것으로 분석되고 있습니다.

아파트는 주택의 대량 공급을 목표로 주거밀도가 높게 건립됩니다. 이 때문에 아파트는 단독주택보다 주택 수 증가에 따른 호당 상수관로의 길이가 감소하는 '규모의 경제(scale economics)'가 발생하여 상수도 공급의 효율성이 증대됩니다.

또한 아파트에서는 상대적으로 더 큰 구경의 상수도관을 사용할 수 있어 설치비용에 비해 공급량이 더 많이 늘어납니다. 결과적으로 같은 재원으로 가장 많은 세대에 상수도를 공급할 수 있는 가장 효율적인 주택 유형이 아파트라고 할 수 있습니다. 우리나라에서 아파트는 급속한 도시화 과정에서 주택 부족 문제를 해결하는 동시에 효율적으로 상수도 기반 시설을 공급하는 역할을 수행했습니다. 궁극적으로 아파트가 국민의 건강을 개선하고 평균 수명을 연장하는 데 기여했다고 말할 수도 있습니다.

지는 물탱크, 뜨는 가압직결 급수

가정에서 사용하는 물의 시초는 강물입니다. 댐 등 취수장에서 취수된 강물은 정수장으로 보내 정수 약품을 넣고 잘 섞은 다음(혼화), 약품과 부유물질이 서로 엉겨 덩어리가 되도록 한 후(응집) 가라앉히고(침전) 모래와 자갈층을 통과시키면서 깨끗하게 거른 후(여과) 염소를 투입해 미생물을 없애(소독) 깨끗한 수돗물을 만듭니다.

일반정수처리장과 달리 고도정수처리장에서는 여과와 소독 과정 사이에

▶ 우리나라 상수도 시스템

강물이 취수돼 정수장에서 깨끗한 수돗물로 만들어진 후 상수도관을 타고 아파트까지 공급된다.

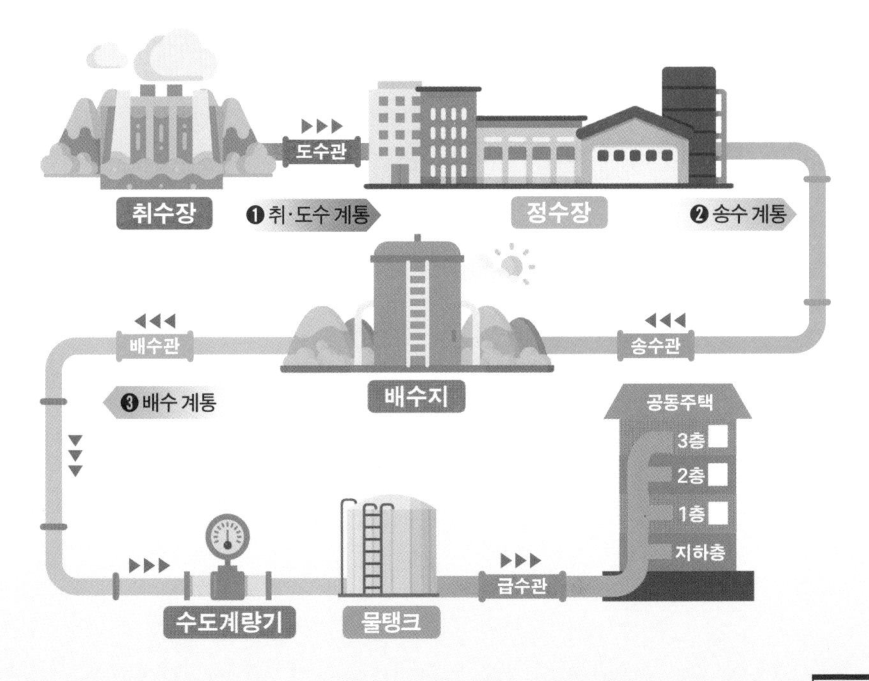

오존(O_3)의 산화력과 활성탄의 흡착력을 이용해 유해물질을 제거하는 고도 정수처리 공정을 추가로 진행합니다. 응당 깨끗해야 할 수돗물 속에서 실지렁이처럼 생긴 기다란 벌레 유충이 발견돼 충격을 안겨준 일이 있었는데요. '수돗물 유충 사태'는 바로 고도정수처리장에서 활성탄을 깔아놓은 여과지에 깔따구가 유충을 낳아 번식해 발생했던 것입니다.

정수장에서 만들어진 수돗물은 상수도관을 통해 배수지를 거쳐 가정으로 보내집니다. 그런데 아파트는 건물 높이가 상당하다 보니 개별 세대로 수돗물을 올려보내기 위해서 특별한 방법을 사용해야 합니다.

1990년대까지 아파트는 '물탱크 급수 방식'으로 수돗물을 공급했습니다. 아파트 지하와 옥상에 물탱크를 설치한 후, 펌프로 지하 물탱크의 물을 옥상 물탱크로 올립니다. 옥상 물탱크의 물은 자연적인 수압에 의해 아래에 있는 개별 세대로 공급됩니다. 옥상 물탱크 안에는 수위를 측정하는 센서가 설치돼 있어, 일정 수준 이하로 수위가 떨어지면 펌프를 가동해 물을 채우고 목표 수위에 도달하면 펌프가 자동으로 멈춥니다.

물탱크 급수 방식의 최대 장점은 수돗물의 안정적인 공급이 가능하다는 점입니다. 거대한 물탱크에 저장된 물 덕분에 단수가 되어도 이틀 정도는 차질 없이 물을 공급할 수 있습니다. 각 세대에 수돗물을 공급하는 급수설비 취급이 용이하고 고장이 적습니다. 하지만 단점으로 수돗물의 품질 악화가 도드라져 보입니다. 물탱크에 수돗물이 장시간 저장되면 잔류염소량이 줄어드는데, 물탱크가 청결하게 관리되지 못하면 수질이 악화될 우려가 큽니다. 이 때문에 반기당 한 번씩은 물탱크를 청소하도록 법으로 정해놓고 있습니다. 또 옥상에 물탱크를 설치함으로써 건물 하중이 증가하고 공사비가 늘어납니다.

펌프 기술이 발전함에 따라 2000년대 들어서면서부터 부스터 펌프를 사용해 수돗물을 아파트의 각 층으로 바로 보내는 '가압직결 급수 방식'이 사용되기 시작했습니다. 최근 건설되는 아파트는 대부분 이 방법으로 수돗물을 공급하며, 기존 아파트들도 옥상 물탱크를 없애고 가압직결 급수로 전환하는 상황입니다. 가압직결 급수 방식에서는 부스터 펌프를 2대 이상 병렬로 연결해 사용합니다. 급수 사용량이 적을 때에는 펌프 1대만 가동하다가 사용량이 증가하면 다른 펌프가 순차적으로 가동합니다. 반대로 급수량이

▶ 아파트의 급수 방식

예전 아파트들은 물탱크 급수 방식을 많이 사용했으나, 펌프 기술이 발전하면서 요즘 아파트들은 수돗물을 각층으로 바로 보내는 가압직결 급수 방식을 사용한다.

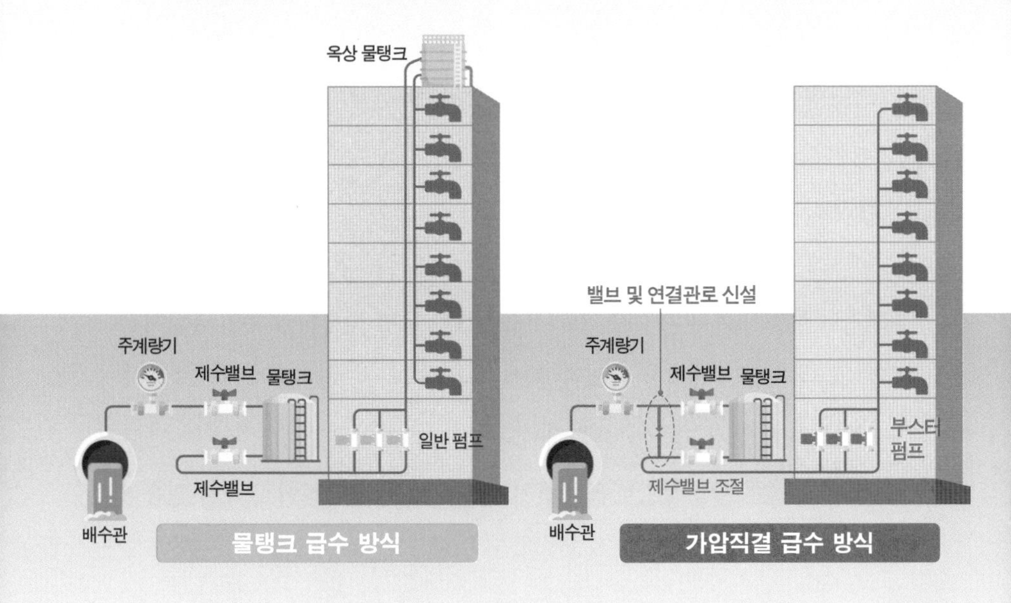

감소하면 펌프가 차례대로 멈추는데 마지막으로 정지하는 펌프는 물을 축압시킨 후 멈춥니다. 덕분에 세대에서 소량의 물을 사용할 때는 펌프가 다시 가동하지 않고 축압한 물을 공급해 에너지를 절감합니다.

가압직결 급수 방식의 장점은 수돗물의 수질이 그대로 유지된다는 점입니다. 수돗물을 바로 공급하기 때문에 잔류염소량이 높아 안전성이 확보되고, 수질오염의 우려도 적습니다. 수돗물을 옥상 물탱크까지 올릴 필요 없이 사용하는 층까지만 올리면 되기 때문에 전력사용량이 줄어들어 경제적입니다. 설계비와 공사비, 에너지비, 유지보수비도 모두 적게 듭니다. 단점은 단수 시에는 담수량이 없어 수돗물 공급이 불가능하다는 점입니다. 또 정전이나 고장을 대비할 수 있도록 비상전원과 예비시설이 필요합니다. 다수의 펌프를 병렬 운전해야 하므로 자동제어가 복잡하고 설비가 차지하는 공간도 커서 지하기계실 면적이 증가합니다.

녹물 수돗물의 주범, 아연도 강관

아파트에서 수돗물을 공급할 때는 건물 각 층으로 물을 올려보낸 후에도 고려할 사항이 여러 가지가 있습니다. 가장 중요한 것은 수돗물이 공급되는 압력입니다. 급수압력이 필요 수준보다 낮으면 물을 사용하는 기구가 제대로 작동하지 않기 때문입니다. 아파트 세대 내 설치되는 수도꼭지와 변기, 샤워기 등에는 정상적으로 작동하기 위한 최소 급수압력이 정해져 있습니다. 일반 수도꼭지는 0.3kg/㎠이고, 샤워기와 변기는 이보다 2배 정도 강한 0.7kg/㎠의 급수압력이 필요합니다.

환경부에 따르면 2021년 현재 전국 수도관의 3분의 1이 20년 이상 된 것으로 파악됐다. 20년 이상된 수도관은 대부분 아연도 강관으로, 아연도 강관을 오래 사용하면 아연 도금이 벗겨지고 쇠 부분이 물에 닿아 심각하게 부식된다는 문제가 있다.

물탱크 급수 방식은 중력을 통한 자연압에 의해 옥상 물탱크로부터 아래층 세대들로 수돗물이 공급됩니다. 건물 꼭대기와 가까운 층에서는 옥상 물탱크와 높이 차이가 크지 않기 때문에 급수압력이 낮아 가압펌프를 설치해 수돗물의 급수압력을 높여야 합니다. 반면 저층에서는 급수압력이 지나치게 높아 마치 망치로 두들기는 것과 같은 수격(water hammer) 현상이 발생할 수 있으므로 감압밸브로 급수압력을 낮춥니다.

수돗물 급수량도 중요한 고려 사항입니다. 전체 사용량은 물론 순간 최대 사용량도 고려해야 하는데, 아파트에서는 기구급수부하단위(FU : Fixture Unit, 기구를 동시에 사용할 확률과 기준 토수량을 토대로 해서 정한 단위)로 필요량을 산정합니다. 세면기의 사용량(3.8LPM, Liter Per Minute)을 1FU로 하여, 욕조는 2FU, 주방 싱크는 2FU, 세탁기는 3FU, 양변기는 3FU로 적용해 세대 안에 설치된 기구 개수만큼 곱해서 합산합니다. 단, 같은 화장실에 설치된 세면기와 양변기, 욕조가 동시 사용될 가능성은 적으므로 사용량은 30%만 감안합니다. 세대당 급수 사용량이 계산되면 이를 기준으로 어떤 크기의 급수관을 사용할지 크기를 결정합니다.

아파트 수돗물 급수관은 저렴하고 만들기 쉽다는 이유로 아연도 강관을 많이 사용했습니다. 하지만 아연도 강관을 오래 사용하면 아연 도금이 벗겨지고 쇠 부분이 물에 닿아 심각하게 부식된다는 문제가 있습니다. 노후 아파트의 가장 큰 문제인 녹물 수돗물이 나오는 까닭입니다. 현재 아연도 강관은 사용이 금지됐으며, 아파트 건물 공용부분의 급수관에는 비싸지만 내식성이 강한 스테인리스 강관을 주로 사용합니다. 급수관은 수돗물 수질과 직결되기 때문에 「수도법」은 아파트 내 급수관 상태를 2년마다 검사하고 그 결과를 입주민들에게 공개하도록 하고 있습니다.

아파트 세대 내 수도 배관에는 합성수지로 만든 관 안에 폴리뷰틸렌(PB : Poly Butylene)관을 삽입한 이중관을 많이 사용합니다. PB관은 내식성이 강하고 독성이 없으며 스테인리스 관에 비해 저렴하다는 장점이 있습니다. 아파트 세대 내 수도 배관은 분배기를 거쳐 바닥 또는 천장에 배관합니다. 공용부분과 달리 세대 내 수도 배관은 유지 · 보수가 까다로운데 이 때문에 분배기 대신 개폐가 가능한 오픈 수전함을 설치하는 경우도 있습니다.

아파트에서 세대에 풍부한 물이 쏟아지더라도 결국 가장 중요한 고려사항은 먹는 물의 품질입니다. 수돗물 품질에 대한 사람들의 관심이 높아지면서 센서를 장착해 pH, 잔류염소, 탁도, 용존산소, 중금속 등 수돗물의 오염 정도를 측정하는 아파트가 늘어나고 있습니다. 차세대 사물인터넷(IoT) 기술을 활용해 입주민에게 실시간으로 수돗물의 수질 상태를 알려주는 아파트도 등장했습니다. 첨단기술 적용이 늘면서 아파트에서 수돗물을 더 안심하고 마실 수 있을 전망입니다.

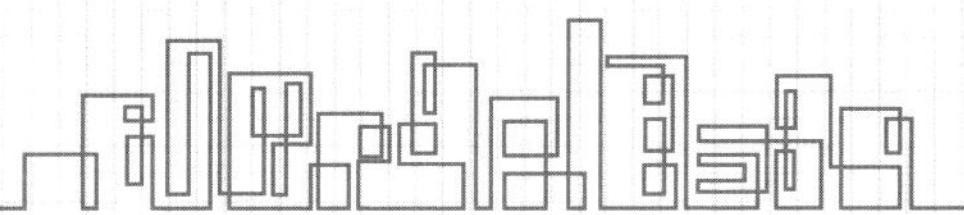

물을 돈 쓰듯이 써야 하는 시대의

저금통

돈을 흥청망청 낭비할 때 "돈을 물 쓰듯이 한다"고 표현합니다. 이때 물은 마구 써도 괜찮은 흔한 자원입니다. 하지만 21세기 접어들면서 물은 흥청망청 썼다가는 큰일 나는 귀하고 소중한 자원이 되었습니다. 우리나라는 연평균 강수량이 1283mm로 세계 평균인 973mm보다 1.3배나 많습니다. 하지만 좁은 면적에 지나치게 많은 인구가 모여 살다 보니 1인당 수자원 강수량은 2705m²/년으로 세계 평균인 2만 2096m²/년의 12%에 불과해 물 부족 국가로 분류되고 있습니다.

물의 중요성이 갈수록 커지는 요즘 우리나라에서 새로운 수자원으로 주목받는 게 높은 강수량을 바탕으로 한 '빗물'입니다. 「물의 재이용 촉진 및 지원에 관한 법률」은 건축 면적이 1만m²가 넘는 아파트 단지는 반드시 '빗물 이용시설'을 설치하도록 정하고 있습니다.

빗물 이용시설은 강우 때 빗물을 저장하여 조경, 청소, 화장실 등 용수로 이용하는 시설입니다. 아파트 건물 옥상에서 빗물을 받아 모아서 지하 탱크로 보낸 후 여과 및 정화 작업을 거쳐 조경용수와 청소용수, 생태연못 보충수 등으로 활용합니다. 빗물을 한푼 두푼 모은다는 의미에서 '빗물 저금통'이라는 이름으로 불리기도 합니다.

빗물 이용시설은 강우 때 빗물을 저장하여 조경, 청소, 화장실 등 용수로 이용하는 시설이다. 강우량이 여름에 집중되어있고, 빗물을 흡수할 수 있는 자연 지반이 부족한 우리나라에 유용한 시설이다. 「물의 재이용 촉진 및 지원에 관한 법률」은 건축 면적이 1만m^2가 넘는 아파트 단지는 반드시 빗물 이용시설을 설치하도록 정하고 있다.

1500세대 규모 아파트 단지라면 빗물 이용시설을 통해 조경과 청소 용수로 사용하기 충분한 양을 모을 수 있고, 한 달에 용수비용을 100만 원 정도 절약할 수 있습니다. 어린이를 비롯해 아파트 주민들에게 물에 대한 소중함을 알리는 교육적 효과도 있습니다. 아파트에 빗물 이용시설을 만들 때 정부로부터 설치비 지원과 함께 수도료와 하수도 요금 감면 등 혜택을 받을 수 있습니다.

특히, 도시에서는 도포 포장 등으로 인하여 빗물이 지하로 스며들지 못하고 하수도를 통해 하천으로 바로 흘러 들어가 홍수 피해가 커지고, 지하 수위가 낮아져 지반 침하와 싱크홀이 생기는 등 여러 문제가 발생하고 있습니다. 빗물 이용은 유출되는 양을 줄여 홍수를 방지하고 지하 침투에 의한 물 순환 시스템 복원에도 상당한 효과가 있습니다.

화마(火魔)로부터 삶의 터전과 생명을 지키는 아파트의 과학

아파트 입주민 대부분이 이제 막 잠들기 시작한 평온한 목요일 밤이었습니다. 밤 11시 7분쯤 3층에서 발생한 불길은 때마침 불고 있던 거센 바람과 가연성 외장재를 타고 순식간에 33층 건물 전체로 퍼져나갔습니다. 11시 14분에 이뤄진 최초 화재 신고 후 불과 5분 만에 소방차가 현장에 도착해 진화를 시작했으나, 거센 불길 앞에서 역부족이었습니다. 소방차 148대, 소방헬기 4대, 소방관 930명 등 모든 소방력을 총동원한 후에야 가까스로 불길을 잡을 수 있었습니다. 최종 진화가 완료된 것은 다음날 오후 2시 50분, 화재 발생 후 15시간 40분이 지난 후였습니다.

2020년 10월 울산 시내에 있는 한 주상복합 아파트에서 발생한 화재의 대략적인 진행 경과입니다. 공동주택에서 발생한 근래에 보기 힘든 대형 화재라 TV와 신문에 대서특필되면서 온 국민이 신속히 불이 꺼지길, 제발 아무도 다치지 않기를 한 마음으로 염원했습니다. 대형 화재였으나 다행히 사망자는 '0명', 부상자도 연기 흡입이나 찰과상 등의 비교적 가벼운 증상이었습니다.

대형 화재로 이어질 수밖에 없는 아파트 구조

화재(火災)는 불에 의한 재난으로, 자연적 원인이나 고의에 의하여 발생하여 소화(消火)할 필요가 있는 연소 현상으로 정의됩니다. 화재가 발생하면 연소로 발생한 열이 전도, 대류, 복사의 세 가지 방법 또는 이들의 결합으로 계속 진행하고 확대됩니다. 따라서 적절하게 대응하지 못하면 화재는 걷잡을 수 없이 커지고 인명과 재산상 돌이킬 수 없는 피해를 남기게 됩니다.

아파트에서 화재는 더욱 끔찍한 재난이 될 가능성이 농후합니다. 일단 같은 건물에 여러 사람이 모여 살다 보니 실화든 방화든 화재 발생 위험이 크고 좁은 바닥면적에 가연물이 밀집돼 있어 큰 화재로 번지기 쉽습니다. 또 화재가 발생했을 때 현관 1개소만이 출입구로 확보돼 피난 조건이 열악합니다. 고층에서는 강풍이 몰아쳐 연기가 밀려들고 연소가 확대되며, 대피 시간이 오래 걸리고 적절한 탈출 경로를 찾지 못해 갇히는 경우도 많습니다. 압도적인 건물 높이는 소방대에 의한 화재 진압과 인명 구조도 어렵게

구획된 공간에서 가연성 기체가 모였다가 한꺼번에 연소하는 것을 플래시오버 현상이라고 한다.

만듭니다.

더욱이 아파트는 거주 공간이기에 화재 발생 시 휴식 중이거나 잠든 상태일 수도 있어 사람들이 활동하는 시설보다 인명 피해 발생 위험이 더 높습니다. 또 세대마다 독립적인 공간으로 구획돼 있어 다른 세대에서 불이 났을 때 조기에 인지하지 못해 대피 시간을 놓칠 수도 있습니다. 특히 아파트처럼 구획된 공간에서는 플래시오버(flashover) 현상이 발생할 수 있습니다. 실내에서 화재가 발생하면 대류와 복사 현상에 의해 천장 부분에 보이지 않는 가연성 가스가 꽉 차 있다가 이 가스가 순간적으로 높은 온도에 도달하면서 폭발하듯 터지는 현상을 플래시오버라고 합니다. 이러한 현상은 실내가 밀폐되어 있을수록, 가연성 가스를 발생시키는 가연물이 많을수록 잘 일어납니다. 플래시오버는 공간 전체를 순식간에 강력한 화염으로 휩쓸어

소방관의 목숨을 앗아가는 주요 원인이기도 합니다.

엘리베이터 통로와 계단은 뜨거워진 연기가 부력을 받아 빠르게 확산하는 연돌효과(stack effect)가 발생해 탈출을 가로막습니다. 실제 아파트 화재 건수는 전체 화재 건수의 10%를 약간 넘는 수준에 불과하지만, 사망자 수는 전체의 60%나 차지하는 상황입니다.

화재에 맞서 싸우는 숨은 히어로들

화재는 아파트에 발생할 수 있는 가장 중대한 재난이라고 할 수 있습니다. 화재 대응의 첫 단추는 불이 처음 났을 때 신속하고 정확하게 알아차리는 일에서 시작됩니다. 화재 발생을 더 빨리 감지할수록 더 안전하게 대피하고 더 빠르게 진화할 수 있기 때문입니다. 365일 24시간 동안 화재 발생을 감시하는 일은 아파트 천장 곳곳에 달린 손바닥만 한 크기의 동그란 '화재감지기(fire detector)'가 담당합니다.

아파트의 화재감지기로는 열감지기와 연기감지기를 많이 사용합니다. 열감지기는 온도가 상승하면 공기가 팽창하는 성질을 이용한 방식과 열팽창률이 서로 다른 금속을 붙여서 온도가 높아지면 구부러지는 바이메탈(bimetal)을 이용한 방식 등이 있습니다. 연기감지기는 연기가 이온 흐름을 방해해 알아채는 이온화식과 연기 입자가 빛을 난반사하면서 감지하는 광전식이 있습니다. 연구에 따르면 화재 발생 시 열감지기가 평균 168초 만에

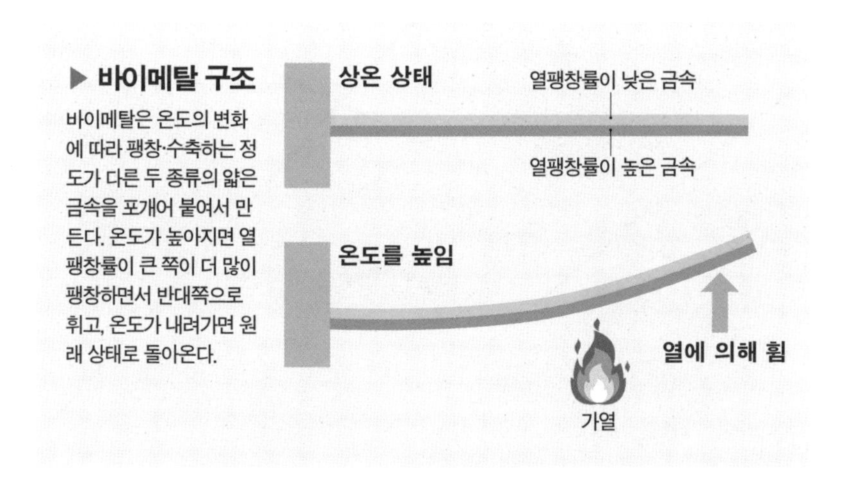

작동했지만 연기감지기는 평균 62초 만에 작동해, 연기감지기의 성능이 훨씬 우수한 것으로 나타났습니다.

화재감지기에서 탐지된 화재 정보는 아파트 단지의 '자동화재 경보시스템(automatic fire-alarm system)'에 전달됩니다. 자동화재 경보시스템은 아파트의 방화 관리자에게 화재의 발화 장소를 신속하고 정확하게 알려줌과 동시에 거주자에게는 대피 신호를 보내고 소방서에 자동으로 화재 신고를 하는 일까지 실시간으로 한 번에 처리합니다.

화재 발생을 안 후 아파트가 해야 할 일은 불을 끄는 일입니다. 하지만 아파트 자체적으로 불을 끌 수 없을 경우 최소한 소방차가 출동할 때까지 불길이 퍼져나가지 못하도록 불의 기세를 누르는 일이 필요합니다. 일차적인 진화와 화세(火勢) 제압은 아파트 천장 곳곳에 병뚜껑 모양으로 튀어나와 있는 '스프링클러(sprinkler)'가 담당합니다.

아파트 천장 곳곳에 달린 화재감지기(사진에서 중앙)는 365일 24시간 동안 화재 발생을 감시하고, 스프링클러는 화재 발생 시 물 입자를 방수해 일차적인 진압과 화세 제압을 담당한다.

스프링클러는 72℃ 이상으로 온도가 높아지면 헤드 부분의 감열체가 터지면서 물 입자를 방수하는 자동식 소화설비입니다. 스프링클러 헤드까지 배관 내에 물이 가득 차 있는 습식 방식과 물이 들어 있는 공간 앞부분이 압축공기로 채워져 있는 건식 방식이 있습니다. 헤드가 개방되면 물이 즉시 분사되는 습식과 달리 건식은 압축공기가 배출되면서 물이 방수됩니다. 습식은 추울 때 배관 내 물이 얼어서 터지는 문제점이 있는데, 건식은 이를 보완한 방식입니다.

화재가 발생했을 때 스프링클러는 사방에 물을 뿌려 연소물 온도를 발화점 미만으로 떨어뜨리는 역할을 합니다. 물은 비열(1kg을 1℃ 높일 때 필요한 열량)이 1kcal/kg · ℃이고, 증발잠열(1kg의 액체가 기체로 변할 때 흡수하는 열량)이 539kcal/kg으로 매우 높습니다. 즉, 20℃(상온)의 물 1kg은 수증기가 되는데, 즉 100℃까지 온도를 올리는데 필요한 열량 80kcal에 증발하는데 필요한 열량 539kcal을 더해 619kcal나 흡수할 수 있습니다. 화재가 1분당 6000kcal의 열을 발생시킨다고 가정할 때 2L 생수 5병 분량인 10kg의 물을 공급하면 불을 끌 수 있다는 계산이 나옵니다.

아울러 물 1kg의 부피는 20℃일 때는 0.001m³에 불과하지만, 수증기 상태일 때는 1kg의 부피가 1.673m³나 되는 것도 화세를 꺾는 데 중요한 역할을 합니다. 물이 수증기가 되면 부피가 1673배로 늘어나는데요. 화재 시 폭발적으로 팽창된 수증기가 가연성 기체의 농도를 희석시켜 연소를 억제하게 됩니다.

아파트는 「소방법」에 따라 세대마다 '소화기'를 의무적으로 비치하게 돼 있습니다. 화재 시 소화기를 찾아 진화를 시도하는 것은 불이 난 현장을 발견했는데 불길이 천정까지 닿지 않는 작은 불일 때로 한정합니다. 발화점이 외부이면 세대 안으로 번져오는 불을 꺼봤자 소용없고 소화기 자체가 큰불을 끄기에는 역부족이기 때문입니다. 아파트 복도에 있는 옥내소화전 역시 화재 발생 초기에 물을 뿌려 불을 끄는 용도로 사용합니다.

아파트 주방에는 특별한 소화 시설이 준비되어 있습니다. 화재 원인은 부주의가 절대적으로 많습니다. 부주의가 가장 많이 발생하는 장소가 주방이고, 그 상황이 음식물을 조리 중일 때입니다. 이를 대비해 주방 가스레인지 상단 후드에는 '주방용 자동 소화장치'가 설치되어 있습니다. 주방용 자동 소화장치는 100℃ 이상 열을 감지하면 가스를 차단하며, 경보음이 발생하고 140℃ 이상 열을 감지하면 자동으로 소화액이 분사되어 화재를 진압합니다.

비상 탈출과 최후의 피난처

그럴 일이 없어야겠지만, 만일 집 안에 있을 때 화재 발생 경보가 울리면 어떻게 해야 할까요? 가장 먼저 소리를 질러 가족 모두를 한 장소로 불러 모읍니다. 그다음 현관으로 나갈지 말지 대피 방법을 결정하고 바로 행동을 취해야 합니다. 화재 신고부터 해야 한다고 생각할 수도 있습니다만 아파트 화재는 자동신고가 되거나 지나가는 사람이 발견할 확률이 높습니다. 그리고 대피 시간을 단 1초라도 허비하지 않도록 안전한 장소로 이동한 후 화재 신고를 합니다.

현관 출입문을 열기 전에는 문손잡이부터 확인하고 뜨거우면 문을 열지 않는 게 낫습니다. 세대 출입문은 방화문으로, 바깥에 화염이 몰아치는데 이를 막고 있을 수도 있습니다. 세대 밖으로 대피할 때 다른 사람이 피난할 수 있도록 출입문을 열어놓고 가는 경우가 있는데요. 오히려 피해를 키울 수 있는 잘못된 대응입니다. 세대 내에서 화재가 발생했을 때 출입문이 열려있으면 연기가 확산해 피난할 수 없게 되고, 외부에서 화재가 발생했을 때는 방화문이 닫혀있어야 집안으로 불이 번지지 않도록 보호할 수 있으니 반드시 출입문을 닫고 피난해야 합니다.

무엇보다 아파트 화재 시 가장 안전한 피난 수단은 '계단'임을 반드시 기억해야 합니다. 엘리베이터가 정상적으로 작동하는 줄 알고 탑승했다가 인명 피해로 이어지는 경우가 상당히 자주 발생합니다. 엘리베이터에 타고 있을 때도 화재 경보가 울리면 모든 버튼을 눌러 신속하게 내린 후 계단을 이용하여 피난합니다.

아파트 화재 시 가장 안전한 피난 수단은 계단이다. 화재 시 엘리베이터는 연기가 빠져나가는 굴뚝 역할을 하게 되며, 전기가 차단되어 운행이 중단된 엘리베이터 안에 갇히면 연기에 질식되어 목숨을 잃을 수 있다.

계단으로 대피할 때는 먼저 연기가 올라오는지 확인하고 젖은 물수건을 준비한 후 유도등을 따라 신속히 아래층으로 내려갑니다. 화재로 인한 인명 피해는 주로 유독가스 때문에 발생하는데요. 아파트 건물의 복도와 계단에는 연기와 유독가스를 처리하기 위한 '제연설비(smoke control system)'가 설치되어 있습니다. 제연설비는 송풍기로 공기를 불어 넣어 연기가 들어오지 못하도록 하는 방연설비와 실내로 침입한 연기를 강제로 내보내는 배연

설비로 구성됩니다. 제연설비는 복도와 계단에서 연기와 유독 가스를 배출하고 깨끗한 공기를 공급해 거주자의 피난과 소방대의 소화 활동을 돕습니다.

아파트 세대 내에는 경량 칸막이, 대피 공간, 하향식 피난구 중 하나가 설치되어 있다. 최근 지어진 아파트에 마련된 대피 공간(사진)은 화재 발생 시 피난할 수 있는 $2m^2$ 이상의 공간이다. ⓒ 소방청

아래층으로 대피가 어렵다고 판단될 때는 옥상이나 건물 중간에 설치되어 있는 '피난안전구역'으로 대피합니다. 피난안전구역은 50층 이상인 초고층 건축물은 30개층 이내에 1개소씩, 30층 이상 49층 이하 준초고층 건축물은 중간으로부터 상하 5개층 이내에 1개소를 설치해야 합니다. 1.5m 이상 직통계단이 있으면 피난안전구역 설치 의무는 사라지나 요새 아파트들은 법적 의무가 없어도 설치하는 경우가 많습니다. 피난안전구역은 불연재료로 마감되어 있고 내부에 안전용품과 인명구조기구, 식수 등이 갖춰져 있어 구조대가 도착할 때까지 안전한 피난처 역할을 합니다.

문제는 화재 경보로 가족들과 대피해야 하는데 아파트의 유일한 출입구인 현관이 불길이나 유독한 가스로 막혀 고립됐을 경우입니다. 1992년 이후 시공된 아파트라면 경량 칸막이나 하향식 피난구, 대피 공간 셋 중 하나

가 반드시 설치되어 있습니다. 경량 칸막이는 발코니 한 면에 설치돼 있는데, 얇은 석고보드로 제작된 가벽으로 마음만 먹으면 여성이나 어린이도 부수고 옆집으로 탈출할 수 있는 피난시설입니다. 최근에 지어진 아파트라면 경량 칸막이보다 발코니 바닥에 설치된 뚜껑을 열고 아래층으로 내려갈 수 있는 비상 사다리인 하향식 피난구가 설치돼 있는 경우가 더 많습니다.

대피 공간은 1시간 이내 소방대의 구조나 화재 진화를 전제로 하는 임시 대피시설입니다. 아파트 대피 공간에 설치돼 있는 방화문은 불꽃의 확산을 막고 견디는 차염 성능과 열의 전달을 막는 차열 성능을 동시 보유하고 있습니다. 최소 1시간 이상 불에 타지 않고 견딜 수 있는 천장과 바닥, 벽으로 둘러싸여 있고 내부 마감재 역시 불연재로 되어 있습니다. 상황이 여의찮을 경우를 대비해 몸에 밧줄을 매고 내려오는 최후의 비상 탈출 수단인 완강기가 구비되어 있는 경우도 많습니다. 대피 공간은 2~3㎡에 불과한 비좁고 투박한 공간이지만 화재 발생으로 고립 시에는 아파트 세대 내에서 가장 안전한 장소임을 기억할 필요가 있습니다.

공동주택인 아파트는 구조적으로 화재에 취약합니다. 게다가 아파트가 점차 고층화되면서 화재와 같은 위급상황이 발생했을 때 진압과 대피도 더 어려워지고 있습니다. 그렇다고 아파트를 떠날 수도 없는 우리가 할 일은 위급상황에 대비해 평소 대처 방법을 알아두고, 화마로부터 우리의 생명과 재산을 지킬 설비들을 점검하는 것입니다. 그리고 제일 중요한 것은 화재가 발생하지 않도록 예방하는 일입니다. "소 잃고 외양간 고친다"는 속담처럼 뒤늦은 후회는 소용 없습니다.

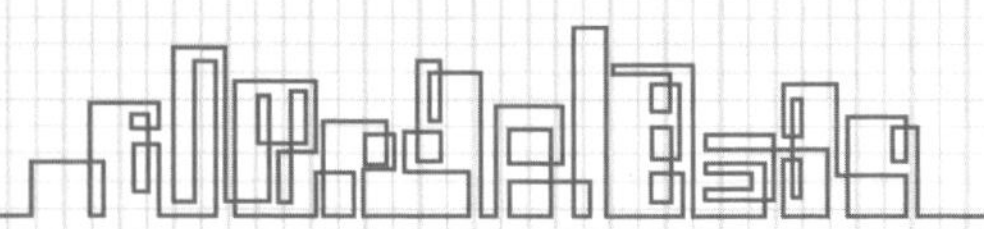

모두의 삶을 지키는 **화재 대비법**

화재는 사전에 대비하고 준비한 사람과 그렇지 않은 사람 사이에 극명한 차이를 보이며, 이는 생존과 직결됩니다. 갑자기 불이 나면 당황해서 우왕좌왕하기 쉽고 화염과 연기 등으로 패닉 상태에 빠져 정상적인 판단을 하기 어렵기 때문입니다. 따라서 평소 가족 전체가 아래층과 피난 대피 구역, 옥상 등 가능한 모든 대피 경로로 직접 이동해보고, 세대 내 경량 칸막이·피난구·대피 공간 등을 확인해야 합니다. 제각각 대피할 상황이 발생할 수도 있으므로 건물 밖으로 피난한 후 만날 장소도 미리 정해둡니다. 소화기는 사용법을 익혀두고 항상 정해진 장소에 잘 보이도록 비치합니다. 평소 소화기의 압력계 눈금이 정상 범위(초록색)에 있는지 확인하고, 분말이 굳지 않도록 가끔 거구로 뒤집어서 흔들어줍니다. 소화기는 사용 기한이 있으므로 사용하지 않았더라도 10년이 지나면 새것으로 교체합니다.

화재 발생 가능성을 줄이기 위해서는 무엇보다 생활 습관이 중요합니다. 화기를 사용할 때는 자리를 비우지 말아야 하며, 화기를 이동할 때는 반드시 불을 끄고 이동합니다. 전기 제품은 멀티콘센트 용량을 넘지 않도록 주의하고 사용하지 않을 때는 플러그를 분리합니다. 먼지는 전기 화재의 주요 원인으로, 콘센트는 자주 청소하고 커버로 덮어둡니다. 여름철에 많이 발생하는 에어컨 화재는 실외기가 주범입니다. 에어컨 가동 시 실외기실 환기창을 잊지 말고 개방합니다. 겨울철에 전열 제품을 사용할 때는 주변에 불 붙기 쉬운 가연성 물질을 가까이 두어선 안 됩니다. 전기장판은 접지 말고 둥글게 말아서 보관하고 라텍스 소재 침구와 함께 사용하지 말아야 합니다.

높이 더 높이, 초고층 전성시대

마천루(摩天樓). 초고층 건물을 가리킬 때 흔히 사용하는 말로 하늘에 비빌 수 있을 만큼 높은 누각이라는 뜻이 있습니다. 영어도 어원이 비슷한데, 하늘을 긁을 만큼 높다는 의미에서 '스카이스크래퍼(skyscraper)'라고 표현합니다.

하늘을 찌를 듯이 높이 솟아 있는 마천루가 현대 건축의 전형이 되고 있습니다. 한정된 공간을 더 많은 인간이 이용하기 위해, 때로는 한 나라나 한 도시에서 가장 높은 건물이라는 영예를 차지하기 위해, 때로는 경제적으로 가장 큰 이득을 창출할 목적으로 초고층 건물들이 계획되고 속속 들어서고 있습니다. 시간이 흐를수록 마천루의 높이는 더 높아지고 증가 속도는 더 빨라지고 있습니다.

아파트가 끌어올린 한국 마천루 보유 순위

얼마만큼 높아야 하늘에 닿는 집이라 부를 수 있을까요? 마천루는 현저하게 높은 건물을 가리키는데, 사실 높다는 것 자체가 시대와 장소에 따라 달라지는 상대적인 개념입니다. 예를 들어 지금은 높은 건물 축에 끼기 어려운 10층짜리 건물도 마천루라는 단어가 처음 등장한 1890년대에는 현저하게 높은 건물 대접을 받을 수 있었습니다. 우리나라 「건축법」에서는 층수가 30층 이상이거나 높이가 120m 이상인 건축물을 고층으로, 「건축법 시행령」에서는 층수가 50층 이상이거나 높이가 200m 이상인 건축물을 초고층으로 정하고 있습니다. 층수와 높이라는 두 가지 기준을 병렬적으로 제시하고 있는데, 1개 층 높이를 3m로 50층을 쌓는다면 전체 높이는 150m여도 초고층이 될 수 있습니다.

건축 전문용어를 풀어놓은 『건축용어 도감(The Visual dictionary of Architecture, Gavin Ambrose 외)』에서는 마천루를 '높이가 150m 이상인 인간이 거주할 수 있는 건물'로 정의하고 있습니다. 세계초고층도시건축학회(CTBUH, Council Tall Buildings and Urban Habitat)에서 전 세계 초고층 건물 통계를 낼 때는 150m 이상인 건물부터 집계하고 있습니다. 이런 사실들을 고려했을 때 오늘날 마천루의 기본 자격을 150m로 봐도 큰 무리는 없을 것으로 보입니다. 참고로, 건물 높이는 건물의 건축 상단까지의 높이이며, 첨탑은 포함되지만 안테나와 마스트(masts), 깃대는 포함되지 않습니다.

건물 높이 150m 이상을 기준으로 2022년 현재 우리나라는 중국(2992동)

과 미국(860동), 아랍에미리트(315동)에 이어 세계에서 4번째로 많은 마천루(276동)를 보유한 국가입니다. 우리나라는 마천루의 역사가 길지 않지만 최근 급증하는 추세를 보이고 있습니다. 150m의 벽을 돌파한 우리나라 최초의 마천루는 1985년 완공된 63빌딩(서울, 61층, 249m)입니다. 63빌딩은 그전 우리나라에서 가장 높았던 롯데호텔서울(서울, 38층, 138m)보다 거의 2배 가까이 높았는데, 1985년 당시 아시아 최고층 마천루였으며 2003년까지 무려 18년 동안 대한민국 최고층의 상징성을 계속 유지했습니다.

63빌딩의 장기 집권을 끊고 새로운 왕조를 연 것은 하늘 높이 치솟은 주상복합 아파트들이었습니다. 2003년 목동 하이페리온 타워 101동(서울, 69층, 256m)이 세워지면서

세계에서 가장 높은 건물인 두바이 부르즈 할리파. 2010년 완공된 부르즈 할리파는 163층, 높이는 828m다.

우리나라 최고층이 됐으며, 불과 1년 만에 삼성 타워팰리스 3차-G동(서울, 69층, 264m)이 근소한 차이로 왕좌를 이어받았습니다. 대권은 2011년 해운대 두산위브 더 제니스 101동(부산, 80층, 300m)으로 넘어갔는데, 서울이 아닌 지역에 대한민국 최고층이 세워진 첫 사례였습니다.

아파트들에 뺏긴 최고층 마천루의 영예를 업무용 빌딩이 되찾은 것은 동북아무역타워(현 포스코타워 송도, 인천, 65층, 305m)가 우여곡절 끝에 2014

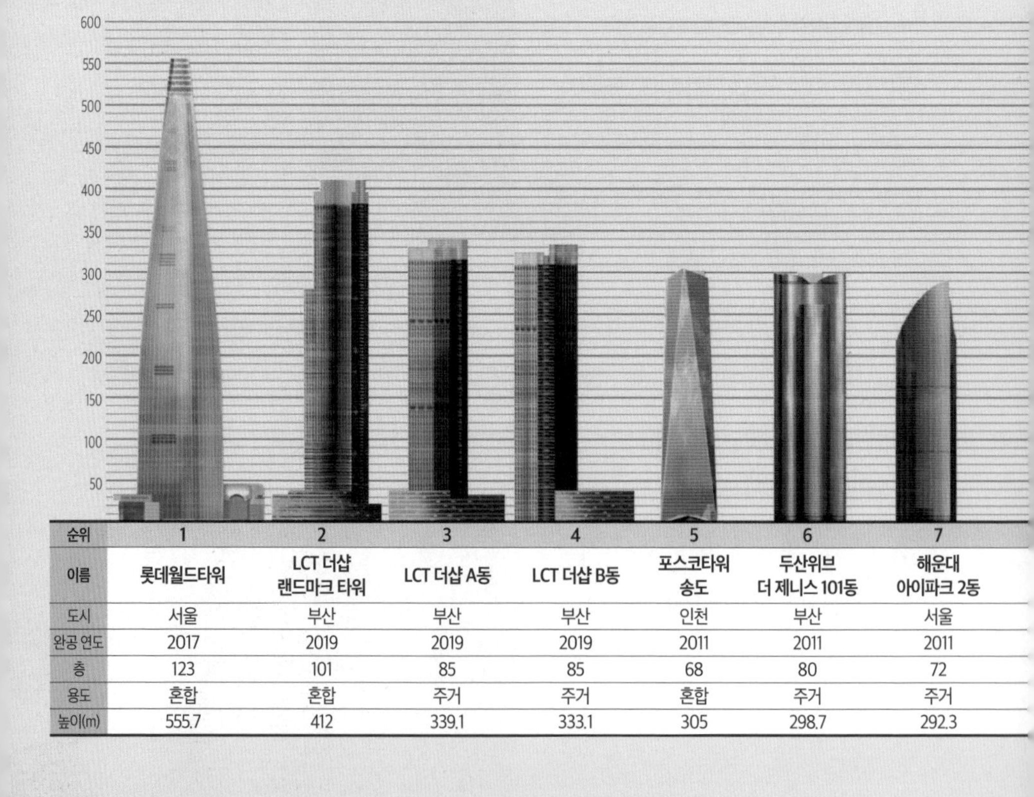

순위	1	2	3	4	5	6	7
이름	롯데월드타워	LCT 더샵 랜드마크 타워	LCT 더샵 A동	LCT 더샵 B동	포스코타워 송도	두산위브 더 제니스 101동	해운대 아이파크 2동
도시	서울	부산	부산	부산	인천	부산	서울
완공 연도	2017	2019	2019	2019	2011	2011	2011
층	123	101	85	85	68	80	72
용도	혼합	혼합	주거	주거	혼합	주거	주거
높이(m)	555.7	412	339.1	333.1	305	298.7	292.3

▶ 한국의 마천루 순위 우리나라의 마천루들(2019년 기준). 3, 4, 6, 7, 10위가 부산 해운대에 있는 아파트다. © 구동회 「한국 마천루의 역사와 상징성」 (CTBUH 분석자료)

년 완공되면서입니다(CTBUH는 2011년 완공으로 집계). 2017년에는 이보다 무려 251m가 더 높은 롯데월드타워(서울, 123층, 556m)가 한국 최고층 마천루 왕좌에 올랐습니다. 롯데월드타워는 세계에서도 다섯 손가락 안에 들 만큼 워낙 압도적인 높이라서, 앞으로 상당 기간 이보다 더 높은 마천루가 등장하기는 쉽지 않아 보입니다.

우리나라 마천루들의 가장 큰 특징은 아파트가 절대다수를 차지하고 있다는 점입니다. 연구에 따르면 2019년 말 기준으로 150m 이상 우리나라 마천루 229동 중 주거용이 174동(76.0%)으로 압도적으로 많고 업무용이 32동(14.0%), 복합용이 19동(8.3%), 호텔 등 기타가 4동(1.7%)에 불과합니다. 반면 전 세계 마천루 4987동을 구분해 보면 업무용이 2047동(41.0%)으로 가장 많고, 주거용은 1843동(37.0%), 복합용이 822동(16.5%), 호텔 등 기타가 275동(5.5%)입니다.

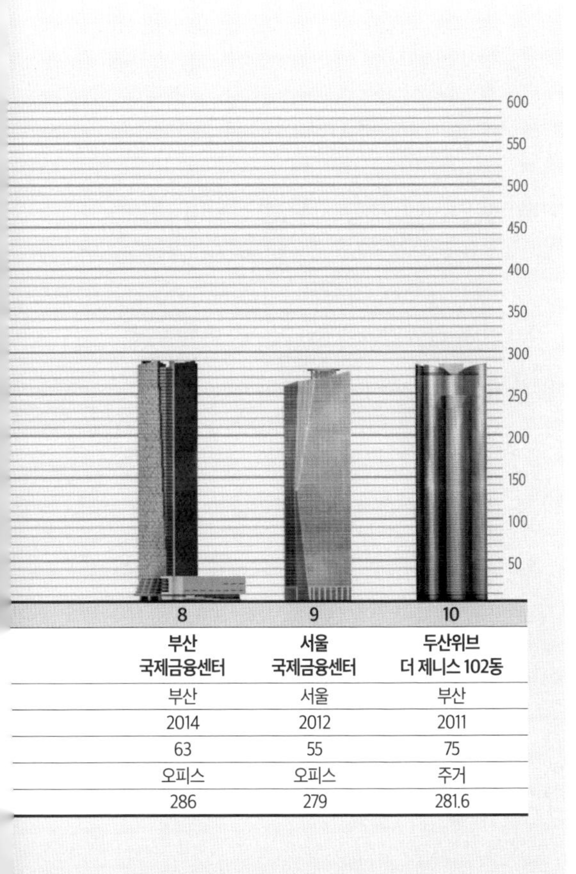

8	9	10
부산 국제금융센터	서울 국제금융센터	두산위브 더 제니스 102동
부산	서울	부산
2014	2012	2011
63	55	75
오피스	오피스	주거
286	279	281.6

우리나라 마천루의 지역별 분포를 보면 서울(78동, 34.1%)과 부산(62동, 27.1%), 인천(40동, 17.5%) 등 세 도시에 집중돼 있습니다. 흥미로운 부분은 주거용 마천루의 최상위권은 특정 지역에 몰려 있다는 점입니다. 주거용 마천루 1위와 2위인 해운대 엘시티 더샵 A동(부산, 85층, 339m)과 B동(부산, 85층, 333m)부터, 3위인 해운대 두산위브 더 제니스 101동(부산, 80층, 300m), 4위인 해운대 아이파크 2동(부산, 72층, 292m), 5위인 해운대 두산위브 더 제니스 102동(부산, 75층, 282m), 6위인 해운대 아이파크 1동(부산, 66층, 273m)은 모두 부산 해운대 바다 앞의 이웃사촌들입니다.

높이와의 전쟁에서 승리하기 위해 양손엔 지팡이 짚고 허리띠 둘러

마천루가 하늘을 향해 높이 솟아 있으려면 일반건물과는 다른 특별한 비법이 필요합니다. 건물이 높아지면 바람이나 지진처럼 옆에서 미는 힘에 매우 취약합니다. 특히 바람은 마찰력 때문에 지면에서는 산들바람으로 불어도 초고층 꼭대기에서 태풍급 강풍이 돼 건물 전체를 뒤흔들 수 있습니다. 초고층 마천루는 수평으로 작용하는 힘에 대한 철저한 대비가 필요합니다. 이 때문에 마천루를 '횡력 저항을 위한 구조 시스템이 있는 건축물'로 정의하기도 합니다. 현재 우리나라 마천루에서 가장 널리 사용되는 횡력 저항 구조시스템은 중심부의 코어를 주변 기둥들과 단단히 연결하는 '아웃리거 구조시스템(outrigger system)'입니다.

마천루에서 '코어(core)'는 사람으로 치면 척추 역할을 하는 건물의 중심 뼈대입니다. 예전에는 철골로 코어를 만들기도 했는데, 콘크리트 기술이 발전하면서 최근에는 철근이 배근된 고강도 콘크리트로 중심 코어를 만듭니다. 보통 건물 중앙에 엘리베이터와 계단실을 두고 ㅁ자 모양으로 두꺼운 벽체를 설치해 코어 역할을 하도록 합니다. 우리나라에서 가장 높은 아파트인 엘시티 더 샵은 코어 벽체(core wall) 두께가 1.5m이고, 가장 높은 마천루인 롯데월드타워는 코어 벽체 두께가 무려 2m나 됩니다.

건물 중앙에 코어 벽체를 아무리 두껍게 만든다고 하더라도 혼자서 수평력에 저항하도록 계획하는 것은 대단히 무모한 일입니다. 마천루를 안정적인 구조로 만들기 위해서 코어 외곽으로 콘크리트나 철골 혹은 콘크리트 충전 강관(CFT : Concrete Filled Tube)으로 만든 튼튼한 기둥을 적정한 간격을 두고 여러 개 배치합니다. 롯데월드타워의 경우 코어 바깥으로 두께가 최대 3.5m나 되는 메가 기둥들이 배치돼 있습니다.

내부의 코어 벽체와 외각의 기둥은 아웃리거를 사용해 견고하게 연결합니다. 아웃리거는 코어 벽체와 기둥을 튼튼하게 연결하기 위해 트러스(truss) 형태로 돼 있습니다. 트러스는 목재나 강재를 삼각형 그물 모양으로 짜서 힘을 지탱하는 방식으로, 프랑스 파리의 에펠탑을 떠올리면 됩니다. 구조물은 사각형일 때보다 삼각형일 때 더 안정적입니다. 코어만 있는 건물은 척추에 의지해 혼자 서있는 사람이라고 한다면, 코어와 바깥 기둥을 연결한 아웃리거가 있는 건물은 양팔을 벌리고 지팡이까지 짚고 있는 사람이라고 생각하면 됩니다. 초고층으로 올려도 구조적으로 안정적일 수 밖에 없

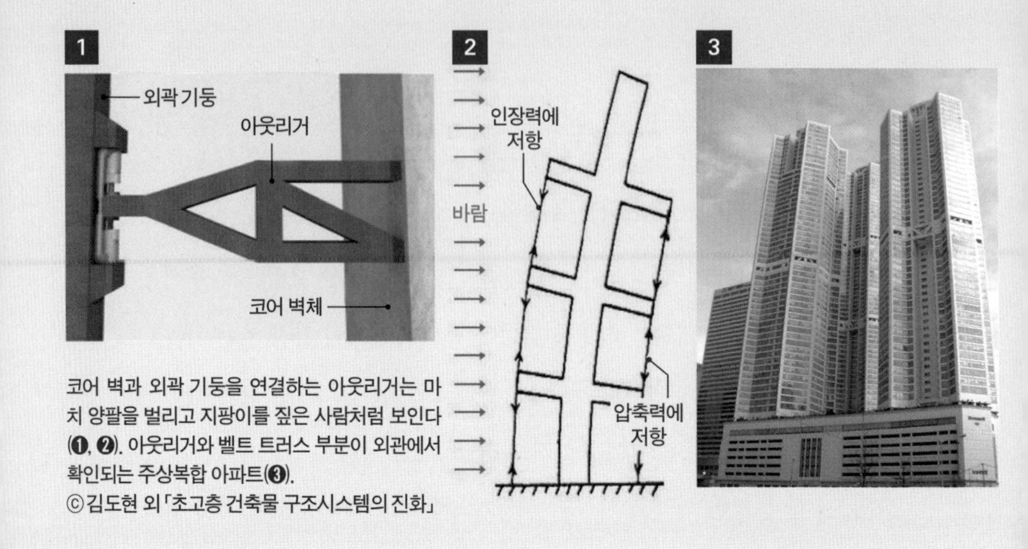

코어 벽과 외곽 기둥을 연결하는 아웃리거는 마치 양팔을 벌리고 지팡이를 짚은 사람처럼 보인다(❶, ❷). 아웃리거와 벨트 트러스 부분이 외관에서 확인되는 주상복합 아파트(❸).
ⓒ김도현 외「초고층 건축물 구조시스템의 진화」

습니다.

아웃리거 구조에서 외각의 기둥들은 트러스를 짜서 서로 단단하게 묶거나 아예 이어진 벽체로 만듭니다. 전자를 '벨트 트러스(belt truss)'라 하고 후자를 '벨트 월(belt wall)'이라 부릅니다. 벨트 트러스와 벨트 월 모두 건물에 힘이 가해질 때 단단히 받쳐주는 마치 허리띠같은 역할을 합니다. 역도 선수가 역기를 들 때 허리띠가 받쳐줘야 제대로 힘을 쓸 수 있는 것과 똑같은 원리입니다.

단단한 코어에 아웃리거로 외곽 기둥을 연결한 후 벨트 트러스를 두르면 마천루에 적합한 최강의 구조가 완성됩니다. 마천루가 꼭대기에서 초속 30m가 넘는 강풍이 불고 진도 6이 넘는 강진이 발생해도 거뜬히 버티는 비결입니다. 초고층 마천루는 워낙 견고하게 설계되기 때문에 지진이 날 때 가장 안전한 곳이 '마천루의 1층'이라는 얘기가 있습니다. 아웃리거는

25~35층마다 설치하는데, 몇 층에 설치해야 안정성이 가장 뛰어날지 최적의 구조 위치를 찾는 것은 전문가들의 고민거리입니다. 아웃리거가 설치되는 층은 복잡한 구조물로 인해 온전히 활용하기 어려워, 기계실 · 전기실 · 피난안전구역 등을 설치하는 경우가 많습니다.

높게 더 높게 오르고 싶은 인간의 욕망을 실현해줄 건축 기술

마천루가 안정적인 구조로 되어 있더라도, 실제 건물을 초고층으로 쌓아 올리는 일은 결코 쉽지 않습니다. 동전을 높이 쌓아 올린다고 생각해보지요. 동전을 높이 쌓을 때 가장 중요한 것은 모든 동전을 지면으로부터 정확하게 수직으로 쌓는 일입니다. 위에 올리는 동전을 아래 동전과 정확히 겹치게 수직으로 올려놓지 못할 경우, 동전을 하나씩 더 올릴수록 점점 불안전해지고 결국 동전 탑은 무너지고 맙니다. 마천루를 올릴 때도 마찬가지입니다.

초고층 마천루는 지상에서 수직 방향으로 한 치의 차이도 없이 똑바로 올라가야 합니다. 일반 건물을 올릴 때는 납을 매단 다림추나 레이저 연직기로 수직을 확인하면 되지만, 초고층으로 올리면 바람이 건물을 미세하게 흔들어서 정확한 수직을 확인하기 어렵습니다. 이 때문에 초고층 마천루는 수직도 관리를 위해 GPS 측량기술을 활용합니다. 인공위성을 이용하여 위치를 잡는데, 오차가 2cm 이내일 정도로 정밀합니다.

정밀하게 수직으로 층수를 쌓아 올려도 건물이 높아지면 생각지도 못한

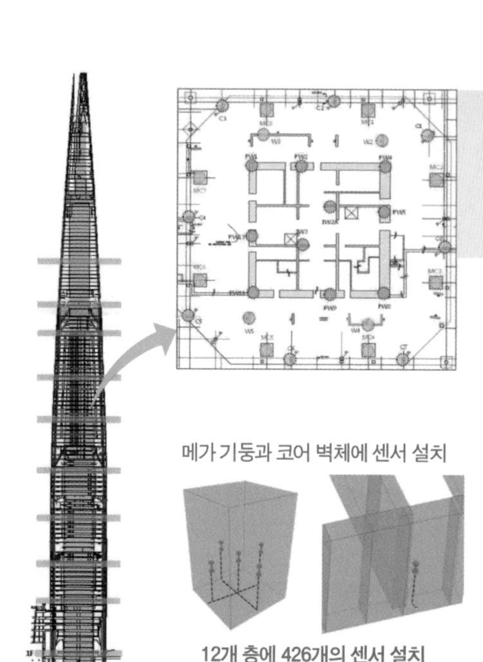

국내 최고층인 롯데월드타워는 총 12개 층에 426개의 센서를 설치해 부등축소를 분석했다. ⓒ김선규 등 「초고층 구조물의 기둥축소량 계측 및 해석에 관한 연구」

문제가 발생합니다. 상부의 하중을 받으면서 아래층의 높이가 처음보다 점점 줄어드는 것입니다. 하중을 받았을 때 일률적으로 줄어들면 큰 문제가 되지 않겠지만 코어 벽체와 외곽 기둥은 축소되는 높이에 차이가 있습니다. 이처럼 상부 하중에 의해 하부 구조물이 서로 다르게 줄어드는 것을 '부등축소(differential shortening)'라고 합니다. 초고층 구조물에서는 부등축소가 층당 누적되면 구조물에 추가적인 응력(하중을 가했을 때 재료 내에 생기는 저항력)을 발생시키고 치명적인 손상을 줄 수 있어 안전성에 큰 문제가 됩니다.

마천루를 건축할 때는 부등축소를 사전 예측해 설계해야 합니다. 더불어 시공할 때 곳곳에 장착한 센서를 통해 축소되는 정도를 정밀하게 측정한 후, 미시공 부분에 대한 축소량을 예측하고 계속 바로잡으면서 시공해야 합니다. 국내 최고층인 롯데월드타워의 경우 총 12개 층에 426개의 센서를 설치해 부등축소를 확인했습니다. 층별로 기둥은 약 3mm, 코어의 경우는 약 2mm의 축소량이 발생했습니다.

예전에는 강철의 단단함에 대한 신뢰로 인해 상당수 사람이 초고층 마천루는 비싸더라도 강철로 지어야 한다고 생각했습니다. 그런데 미국의 자존심이자 한때 세계의 마천루였던 세계무역센터(뉴욕, 110층, 417m)가 2001년 발생한 9·11 테러 때 비행기 충돌로 속절없이 무너지는 모습을 전 세계가 목격했습니다. 세계무역센터는 철골로 만든 튜브 프레임 구조로 되어 있었는데, 비행기에서 유출된 연료가 타면서 코어 역할을 하는 철골이 순식간에 녹아내렸습니다. 반면 철근콘크리트는 철골에 비해 값도 싸지만 열에 약한 철근이 콘크리트 속에 파묻혀 있어 내화성능이 뛰어납니다.

철근콘크리트로 코어를 만들고 외곽의 메가 기둥을 연결하는 아웃리거 구조 시스템이 세계 최고층 마천루의 표준으로 자리를 잡아 가고 있습니다. 현재 세계의 마천루인 아랍에미리트의 부르즈 할리파(두바이, 209층, 828m)는 물론 1007m를 목표로 사우디아라비아에서 건립 중인 제다 타워 역시 아웃리거 구조로 건설되고 있습니다.

인류가 건축물을 높이 쌓아 하늘에 닿고자 한 역사는 오래되었습니다. 마천루에 대한 인류의 첫 도전을 구약성서에 등장하는 바벨탑으로 보기도 하니까요. 영국의 건축비평가 데얀 수딕Deyan Sudjic, 1952~ 은 저서 『거대건축이라는 욕망』에서 초고층빌딩 건설 경쟁을 "원초적이고 노골적인 자존심 대결의 부산물"이라고 비판했습니다. 이를 증명하듯이 빠른 속도로 경제 성장을 이룬 아시아 국가를 중심으로 마천루가 건설되고 있습니다. 고층화 추세를 뒷받침할 수 있는 각종 첨단기술과 공법도 꾸준히 개발되고 있습니다. 최고층을 주거공간으로 꿈꾸는 우리가 기억할 것은, 최고로 높은 집에 걸맞은 '최고의 행복'까지는 기술이 보장할 수 없다는 사실입니다.

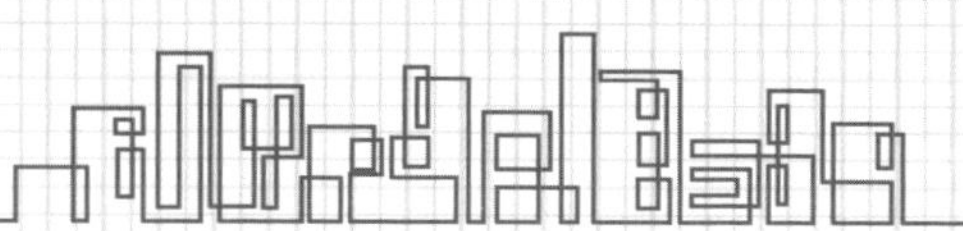

정점에 서고 싶은 인간의 욕망이 만든 곳, 펜트하우스

초고층 아파트의 꼭대기에 있는 최고급 주거공간을 '펜트하우스(penthouse)'라 부릅니다. 그런데 어찌 된 일인지, 펜트하우스는 본체에 더부살이로 딸린 '부록(Appendix)'과 어원이 같습니다. 어떻게 된 것일까요? 먼저 '매달다'는 뜻의 라틴어 'Appendere'에서 '집 옆이나 뒤편의 낮은 건물'을 가리키는 고대 프랑스어 'Apentis'가 만들어졌습니다. 그리고 중세 영어에서는 A를 생략해 '건물에 붙어 있는 부속물이나 오두막'을 뜻하는 'Pentis'가 되었습니다. 'Pentis'에서 따온 'Pent'는 '(지붕의) 경사'를 뜻하는 프랑스어 'Pente'와도 연관되는데, 여기에 집을 뜻하는 'House'가 결합해 펜트하우스라는 단어가 완성됐습니다. 결국 어원상으로 보면 펜트하우스는 건물에 붙어 있는 지붕의 부속 건물 정도의 의미가 있습니다.

고급 주거공간으로서 펜트하우스가 본격적으로 등장한 것은 1920년대 미국 뉴욕입니다. 그전까지 지붕 아래 꼭대기 층은 빈민층 혹은 하인이 살던 불편한 공간으로 생각되었습니다. 하지만 1920년대 마천루 경쟁이 시작된 후 주변보다 훨씬 높게 건물을 올리면서, 미국 최상류층들이 센트럴파크를 한눈에 내려다볼 수 있는 뉴욕 맨해튼의 펜트하우스에 자리 잡으면서 꼭대기 층에 대한 인식이 완전히 뒤바뀌었죠.

대한민국 펜트하우스 역사의 시작을 알린 삼성 타워팰리스. © 삼성물산

우리나라 펜트하우스의 효시는 2002년 서울 강남구 도곡동에 세워진 최고층 마천루 삼성 타워팰리스입니다. 물론 그전에도 아파트의 최상층을 대형 평수나 복층으로 만든 사례들이 있었습니다. 이는 심한 외풍과 높은 난방비로 인한 최상층 기피 현상을 타개하려는 방편이었기에 테라스를 가진 최고급 주거 형태인 펜트하우스와는 차이를 보입니다.

펜트하우스의 가장 큰 특징은 일단 압도적인 넓이입니다. 서울시 내 펜트하우스를 분석한 연구에 따르면 절반 이상이 330㎡(100평) 이상이었습니다. 또한 최상층에 소수 세대만 배치하기 때문에 개방면수를 최소 3면 이상 확보하게 됩니다. 그 결과 햇빛은 항상 풍부해 세대를 배치할 때 일조는 전혀 고려하지 않고 조망을 중심으로 방향을 배치하게 됩니다.

내부 평면 구성을 살펴보면 현관에서 부부와 자녀 공간을 좌우로 나누거나 상하층에 배치해 동선을 구분하고 독립성을 극대화합니다. 개인 공간인 침실은 사적영역으로 분화가 심화되는 특징을 보입니다. 부부 공간처럼 자녀 공간까지 파우더룸 등 전실이 있는 경우가 많습니다. 실외 영역으로 일반적인 아파트에서는 볼 수 없는 테라스가 있습벤담의 파놉티콘을 적용해 만든 쿠바의 '프레시디오 모델로(The Presidio Modelo)' 감옥 내부. 1928년에 지어졌고 1967년에 폐쇄됐다.

니다. 테라스는 길게 배치되는 복도형과 마치 안마당처럼 테라스가 가운데 배치되고 3면을 실내공간이 둘러싸고 있는 중정형, 장방형 형태로 외기에 2면 이상이 개방된 데크형이 있습니다.

건축물은 인간의 삶이 반영되기 때문에 그 안에 사는 사람들의 삶과 욕망이 고스란히 드러납니다. 건축가 유현준은 저서 『도시는 무엇으로 사는가』에서 펜트하우스가 비싸게 거래되는 이유를 "자신을 드러내지 않은 채 타인을 내려다보며 군림하고 싶은 사람들의 욕망이 배어있기 때문"으로 진단합니다.

공리주의로 유명한 영국의 철학자 제러미 벤담(Jeremy Bentham, 1748~1832)은 최대 이익을 실현하려면, 사람을 감시하고 교육하여 질서를 세우고 군림하는 '감독'을 해야 한다고 생각했습니다. 이러한 생각을 반영해 중앙에 높은 감시탑을 두고 주변에 죄수의 방을 둘러놓은 원형 감옥 파놉티콘(Panopticon)을 설계했습니다. 파놉티콘은 그리스어로 '모두'를 뜻하는 'Pan'과 '본다'를 뜻하는 'Opticon'을 합성한 말로, 소수의 간수가 자신을 드러내지 않고 모든 죄수를 감시할 수 있는 감옥입니다. 어두운 감시탑 안에 간수가 있든 없든 이를 알 수 없는 죄수는 공간이 만들어낸 권력의 지배를 받게 됩니다. 벤담은 파놉티콘 형태로 감옥과 병원, 학교, 공장 등을 만들면 최대 이익을 거둘 수 있다고 생각하고 파놉티콘 계획 실현에 평생을 바쳤습니다.

펜트하우스는 자본주의 사회의 권력 구조를 극명하게 보여줍니다. 펜트하우스가 가진 권력은 보통 사람은 접근할 수 없는 높은 가격에 거래가 됩니다. 펜트하우스의 평당 분양가는 아래층의 일반 아파트보다 1.5배에서 2배 정도 더 높습니다. 펜트하우스가 들어설 수 있는 최상층 공간은 한정돼 있어서 희소가치가 더해집니다. 건설사들은 특별하고 희소한 주거공간에 기꺼이 돈을 쏟아부을 뜻이 있는 부유한 고객을 사로잡기 위해 펜트하우스 내부를 화려하게 치장합니다. 높은 비용을 지불하고 펜트하우스에 입주한 사람은 언제든지 세상을 내려다볼 수 있지만, 그 아래 공간에 사는 이들은 결코 펜트하우스 안에서 벌어지는 일들을 들여다볼 수 없습니다. 이는 펜트하우스가 유독 영화나 TV 드라마에서 자주 등장하는 이유일 것입니다.

J.R.R. 톨킨의 소설 『반지의 제왕』에서 공포와 어둠의 황제 사우론은 높게 솟은 '다크 타워' 위에서 불타오르는 절대반지의 눈으로 세상을 감시한다.© 워너브라더스 디스커버리

Apartment & Science **20F**

아파트는
언제, 어떻게 늙는가?

화양연화(花樣年華). 인생에는 마치 꽃이 피었을 때처럼 가장 아름답고 행복한 순간이 있습니다. 찬란한 순간이 영원히 지속되면 좋으련만 야속하게도 세월은 멈추지 않기에 황금기를 지나 늙고 병들어 낙화하는 것 또한 인생의 일부입니다.

아파트도 마찬가지입니다. 이제 막 입주를 시작해 사람들을 맞이하는 아파트를 보면 어느 곳 하나 빠지지 않고 빛이 나기에 인생의 화려한 봄날을 떠올리게 합니다. 하지만 봄날의 아파트도 세월이 흐르면 조금씩 빛을 잃어가기 마련입니다. 마치 주름살이 생기는 것처럼 벽에 금이 가고, 병이 나는 것처럼 설비와 배관 등 이쪽저쪽이 고장 나서 고치기를 반복하다가 결국 다시 새 아파트를 짓기 위해 허물어뜨리게 됩니다.

아파트 수명을 단축시킨 공범들

우리나라 아파트의 평균 수명은 30년에서 40년 사이로 추산됩니다. 나무로 된 가구도 잘만 관리하면 30년 넘게 사용하는데, 인류가 자랑하는 최고의 건설 재료인 콘크리트로 만든 것치고 수명이 생각보다 길지 않습니다. 영국과 독일 아파트는 수명이 120년이 넘는다는 사실을 알고 나면 우리나라 아파트 수명에 무엇인가 문제가 있다는 생각을 피할 수 없습니다.

아파트와 같은 건축물을 오랜 기간 활용하기 위해서는 무엇보다 무너지지 않고 안전하게 서 있을 수 있는 '물리적 수명'이 기본적으로 보장되어야 합니다. 건축물이 튼튼하더라도 경제 · 사회의 급격한 발전과 생활양식 변화를 따라가지 못하면 건축물의 효용이 현저하게 떨어져 '기능적 수명'이 다할 수 있습니다. 또 재개발로 인한 구획 정리 등 건축물을 둘러싼 환경 변화로 인해 '사회적 수명'이 결정될 수도 있습니다.

만약 건축물을 계속 운영했을 때 얻을 수 있는 이익보다 비용이 더 많이 발생한다면 '경제적 수명'은 끝났다고 봐야 합니다. 이 외에도 건축물에 지위나 의무를 부여하기 위한 '법적 수명'이 있습니다. 우리나라 「법인세법 시행규칙」에서는 아파트와 같이 철근콘크리트로 만들어진 건축물의 내용연수(효용이 지속되는 기간)를 40년으로 규정합니다. 이 말은 세법상 40년은 고정 유형자산으로서 가치가 있다는 의미입니다.

우리나라에서 아파트의 수명이 유독 짧은 이유는 여러 요인이 복합되어 있는데, 가장 기본인 물리적 수명부터 문제가 있습니다. 아파트가 오래됐을

2000년에 촬영한 삼일아파트 3~7층. 서울 종로구 창신동과 숭인동에 걸쳐 있는 삼일아파트는 1969년 준공된 주상복합아파트로, 1~2층은 상가 3~7층은 주거공간이었다. 사진 속 주거공간은 안전 문제로 2005년 철거되었다. ⓒ서울연구데이터베이스

때 벽이나 기둥에 금이 가고 균열이 발생해 안전이 위태로워지는 때도 있겠지만, 실제로는 구조물 자체는 멀쩡한데 각종 설비가 노후화되고 내구성이 다해 문제가 발생하는 경우가 많습니다. 오래된 아파트에서는 공통으로 녹물이 나와 수돗물을 마실 수 없고, 하수가 잘 막히고 역류해 넘치기 일쑤

입니다. 또 밀폐 능력이 떨어져 결로나 곰팡이가 쉽게 발생하고 난방을 계속 틀어도 따뜻하지 않은 등 사용상 불편이 큽니다.

하지만 각종 설비 배관과 배선들이 콘크리트 속에 매설돼 있어 점검과 교체, 교환, 보수 등 유지관리가 만만치 않습니다. 아파트에서 배관이나 배선을 하나라도 교체하려면 벽면이나 바닥 전체를 뜯어내야 하는데 공사 자체도 쉽지 않고 비용도 많이 들어 사실상 불가능합니다. 반면 미국이나 유럽의 공동주택은 배관과 배선이 외벽이나 주택 내부에 노출돼 있어 문제가 생겼을 때 쉽게 보수하거나 교체할 수 있습니다. 벽체 하나 마음대로 옮길 수 없는 고정된 구조는 아파트의 기능적 수명 단축을 재촉합니다.

오래된 아파트의 고질적인 문제 가운데 하나가 주차난입니다. 주차된 차량 앞에 주차하는 이중주차, 보행로에 자동차 한쪽 바퀴를 올려놓는 개구리 주차, 이런 자리 마저 찾지 못해 주차장을 배회하는 차량……. 오래된 아파트에서 흔히 볼 수 있는 풍경입니다. 믿기지 않겠지만, 예전 아파트는 자동차를 두 집 건너 한 대 갖고 있다고 가정하고 주차장을 만들었습니다. 우리 사회는 고도의 압축성장을 거치면서 눈부시게 발전했는데, 우리나라 아파트의 절대다수는 아직 드라마 〈응답하라 1988〉이나 〈응답하라 1994〉 시절의 벽에 갇혀 있습니다. 주거공간인 아파트가 그 시대를 살아가는 사람들의 삶을 담는 그릇 역할을 제대로 하지 못하고 있는 것입니다.

더욱이 낡은 아파트를 계속 유지하는 것보다 재건축했을 때 개발이익이 커져 사회적 수명과 경제적 수명도 바닥을 드러낸 상황입니다. 건설사들은 아파트를 빨리 부수고 다시 지으면 수익을 올릴 수 있고, 입주민들은 부동

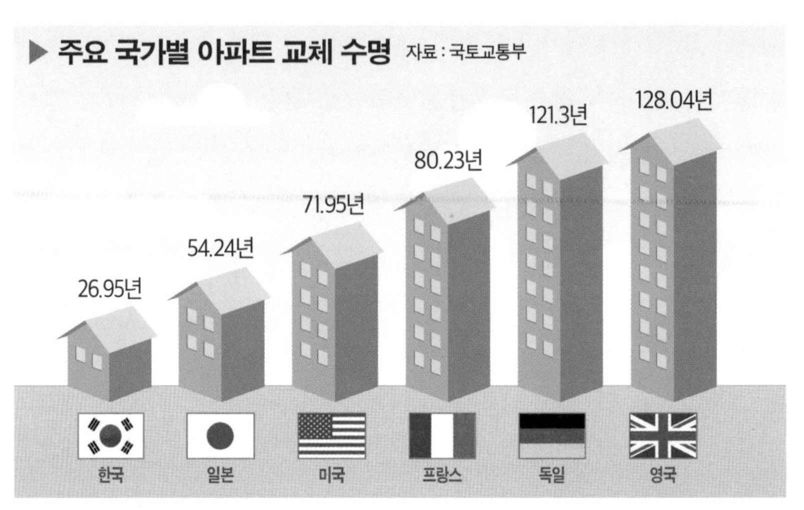

한국은 2005년 기준으로 아파트 교체 수명(기존 아파트를 신축 아파트로 바꾸는데 걸린 시간)이 26.95년이었다. 이후 교체 수명이 대폭 늘어났지만, 여전히 다른 국가에 비해서 지나치게 짧다.

산 가치 상승으로 부를 축적할 수 있어 서로 손잡고 재건축을 추진하게 됩니다. 정부 역시 고용이 창출되고 소비가 늘어난다는 이유로 재건축을 경기 부양 수단으로 이용해온 면이 있어, 정부 역시 아파트 수명 단축에 일정 부분 기여했다고 볼 수 있습니다.

철근콘크리트에 생기는 세월의 흔적

건축물은 세월이 흐르면 '열화(劣化, deterioration) 현상'이 나타나 기능을 유지하기 어려워집니다. 열화는 물리적, 화학적, 생물적 요인으로 인해 물체의 성능이 저하하는 것을 의미합니다. 아파트의 살과 뼈대를 이루는 철근 콘크리트는 열화 현상을 쉽게 확인할 수 있는 건설 재료입니다.

콘크리트는 배합 직후 수산화칼슘($Ca(OH)_2$)이 생성돼 pH 12~13의 강력한 알칼리성을 띱니다. 철근 배근 후 콘크리트를 부으면 강알칼리성의 수산기(-OH)가 철(Fe)과 결합해 산화제일철($Fe(OH)_2$)을 생성하고, 이는 다시 산소(O_2)와 결합해 산화철(Fe_2O_3과 Fe_3O_4)로 변화하면서 철근 표면에 부동태피막(passive protective oxide film)을 형성합니다. 부동태피막의 강력한 보호 덕분에 콘크리트 속 철근은 절대 녹이 슬지 않습니다.

하지만 공기 중 이산화탄소(CO_2)는 콘크리트 표면의 미세한 공극으로 침투해 수산화칼슘을 탄산칼슘($CaCO_3$)과 물로 변화시킵니다. 이와 같은 탄산화 과정이 오랜 시간 동안 서서히 진행돼 콘크리트 내부의 알칼리성은 점차 중성으로 바뀝니다. 콘크리트의 중성화는 콘크리트 자체에는 아무런 영향을 주지 않지만 내부 철근의 부식을 유발해 문제를 일으킵니다. 일단 부식이 시작되면 콘크리트로부터 철근이 떨어져 나가고 균열이 발생해 내구성과 강도가 급속도로 저하됩니다.

과학자들은 콘크리트의 탄산화 진행 속도와 철근이 파묻혀 있는 깊이, 현재 중성화 진행 위치를 통해 아파트에 남아 있는 물리적 수명을 예측하는 방안을 고안해 냈습니다. 탄산화 속도로 잔존 수명을 추정한 연구에 따르면, 우리나라 아파트의 평균 수명은 48년으로 분석됐습니다. 내륙지역 아파트는 수명이 60년이었던 반면 해안지역 아파트는 염분이 중성화와 부식을 촉진해 내륙지역보다 한참 짧은 36년으로, 수명에 큰 차이를 보였습니다.

아파트의 노후화를 막고 안전하게 오랫동안 사용하려면, 수선과 개·보수 등의 유지관리 활동으로 아파트의 기능과 성능을 원래대로 되돌리거나 노후화 진행 속도를 늦춰야 합니다. 하지만 건축물의 수선과 개·보수에는 상당한 비용이 들기에 아파트 입주민들에게 부담이 됩니다. 이에 따라 아파트는 준공 이후 수명이 다하는 시기까지 성능과 기능을 유지하기 위해 미리 수선 예상 시기를 설정하고 평소에 비용을 계속 적립하고 있습니다. 이 비용이 바로 세대에서 매월 관리비를 낼 때 함께 납부하는 '장기수선충당금'입니다. 2021년 6월 말 기준으로 우리나라 아파트의 평균 장기수선충당금 적립단가는 1㎡당 203원 정도입니다.

「공동주택관리법 시행규칙」에서 정한 장기수선계획 수립 기준에 따르면 아파트 지붕은 10년이 지나면 전면 수리를 하고, 방수 공사는 고분자도막방수일 때는 15년, 고분자시트방수일 때는 20년마다 진행합니다. 외부 창문과 출입문은 15년마다 전면 교체가 필요합니다. 외벽은 5년마다 수성 페인트칠을 하면 아파트의 외관을 깔끔하게 관리할 수 있습니다.

불볕더위가 찾아왔을 때 노후 아파트에서 정전 사고가 자주 발생하는 이유는 변압기가 낡았기 때문입니다. 변압기는 25년마다, 수전반과 배전반은 20년마다 새로 교체해야 합니다. 정전 시 사용하는 자가발전기는 10년에 30% 수선하고 30년마다 교체해야 합니다. 자동화재감지설비와 소방펌프의 교체 주기는 20년이고, 통신과 방송 설비의 교체 주기는 15년입니다. 특히 엘리베이터는 교체에 큰 비용이 들어가는데, 15년 전후로 전면 교체해야 합니다. 또 공용 급수관은 15년, 가스 배관은 20년마다 새로 깔아야 합니다.

상반된 시각의 두 가지 검진

통계청이 매년 실시하는 인구주택총조사를 살펴보면, 2021년 기준으로 우리나라 전체 아파트 1194만 9천 호 가운데 준공한 지 30년이 넘는 아파트는 135만 6천 호(11.3%), 20년 이상 30년 미만 아파트는 389만 4천 호(32.6%)가 있습니다. 노후화가 시작된 20년 이상 아파트가 전체의 44.9%나 됩니다. 여기에 우리나라 아파트의 평균 수명을 적용하면 앞으로 불과 10~20년 안에 현존하는 아파트 다섯 중 둘을, 수치적으로는 무려 500여만 호를 허물고 다시 지어야 한다는 계산이 나옵니다.

주거 안정과 환경 측면을 고려했을 때 이 많은 아파트를 한꺼번에 부수고 재건축을 진행할 수는 없습니다. 똑같은 나이여도 신체나이가 젊은 건강한 사람이 있고 성인병에 시달리는 사람이 있는 것처럼, 아파트 역시 준공연수가 같아도 개별적인 상태는 서로 다를 수 있습니다. 자원 낭비를 막기 위해서는 아파트의 노후화 상태를 확인해 문제가 없을 때는 최대한 오래 사용하는 게 바람직합니다.

사람이 건강 상태를 확인하기 위해 건강검진을 받듯이 아파트도 개개의 상태를 확인하기 위해 검사를 진행합니다. 흥미로운 점은 아파트가 받는 건강검진은 오래 사용하기 위해 받는 검사와 그만 사용하고 부수기 위해 받는 검사, 둘로 나뉜다는 점입니다. 전자가 '시설물 안전점검'이고 후자는 '재건축 안전진단'입니다.

「시설물의 안전 및 유지관리에 관한 특별법」에 따른 시설물 안전점검은 시설물이 물리적, 기능적 결함이나 성능 저하가 있는지 확인하고 문제를 발견했을 때 신속하고 적절히 조치하여 안전사고를 사전 예방하기 위해 진행하는 검사입니다. 아파트는 15층 이상이면 제2종 시설물이고, 15층 이하인 아파트는 15년이 지나면 제3종 시설물이 돼 주기적으로 점검을 받습니다. 안전등급은 가장 우수한 A에서 불량한 E까지 6단계로 구분합니다. 기존 검사 결과에 따라 정기안전점검은 반기당 1회(A~C등급)에서 1년에 3회(D, E등급)를, 정밀안전점검은 4년에 1회(A등급)에서 최대 2년에 1회(D, E등급)를 받아야 합니다.

구조적 안전성과 건축물에 내재된 위험 요인을 정확히 파악하기 위해서는 면밀한 외관 조사와 함께 전문장비로 측정과 시험을 합니다. 벽면을 밀어붙여 스프링이 반발하는 힘으로 콘크리트 강도를 측정하는 '슈미트해머(schmidt hammer)', 레이더를 사용해 철근 배근 상태를 조사하는 철근탐사기, 정밀한 각도 측량을 통해 건축물의 기울기나 부등침하(구조물이 균일하지 않게 내려앉는 현상)를 측정하는 '트랜싯(transit)', 균열의 면적과 깊이를 정밀하게 측정하는 균열현미경, 콘크리트 중성화 조사를 위한 탄산화 조사세트

아파트가 받는 건강검진은 오래 사용하기 위해 받는 시설물 안전점검과 그만 사용하고 부수기 위해 받는 시설물 안전점검 두 가지가 있다.

등을 사용합니다.

한편 「주택 재건축 판정을 위한 안전진단 기준」에 따라 진행하는 재건축 안전진단은 노후화된 아파트의 재건축 진행 여부를 결정하기 위해 시행하는 검사입니다. 아파트 나이가 최소 30살은 넘어야 신청할 수 있습니다. 검사를 통과하면 아파트가 너무 낡아서 위험하고 불편해 허물어야 한다고 공인을 받는 것이고, 검사를 통과하지 못하면 아파트가 아직 쓸만하다고 인정받는 것입니다.

재건축 안전진단은 건물 기울기와 기초 침하, 하중을 받칠 수 있는 내하력, 내구성 등 '구조 안전성'과 도시 미관, 가구당 주차대수, 일조 환경, 소방 활동 용이성 등 '주거환경', 지붕 · 외벽 마감과 난방 · 급수 · 도시가스의 설비 노후도 등 '건축 마감 및 설비 노후도', 개보수 비용과 재건축 비용을 비교한 '비용 분석' 등 4가지 항목을 평가해 결정합니다. 검사 결과 D등급(30~55점)은 조건부 재건축을, E등급(30점 이하) 이하면 바로 재건축 추진이 가능합니다.

얼마 전 지인이 살고 있는 아파트를 방문했다가 단지 이곳저곳에서 '경축! 정밀안전진단 E등급 통과'라는 문구가 적힌 현수막을 보았습니다. 내가 사는 곳이 더는 안전하지 않다는 게 축하할 일일까? 37년 전 지어진 아파트이니, 현수막을 내건 사람들이 정말 축하하는 게 무엇인지 모르는 바는 아니었습니다. 하지만 펄럭이는 현수막 위에서 물과 기름처럼 겉도는 의미들의 조합은, 우리가 '아파트'를 어떻게 생각하는지 극명하게 보여주는 것 같아 씁쓸했습니다.

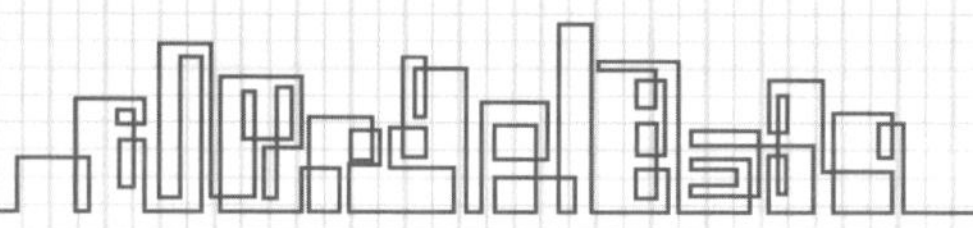

100세 장수를 꿈꾸는 아파트

최근 건물 수명이 100년 이상인 '장수명(長壽命) 아파트'가 지속가능한 공동주택 모델로 주목받고 있습니다. 장수명 아파트는 내구성과 가변성, 수리 용이성 등이 우수해 오랜 기간 새집처럼 사용할 수 있는 주택으로 자원 낭비와 환경 파괴를 막고 사회적 비용도 줄일 수 있습니다.

아파트를 100년 이상 사용하기 위해서 건물구조체, 공용설비 등 서포트(support) 부분과 건물 내장, 전용설비 등 인필(infill) 부분은 서로 다른 대응 전략이 필요합니다. 현재 아파트에서는 두 부분을 혼재된 상태로 설계하고 시공하고 있지만 20~30년 뒤 교체해야 하는 곳에 100년 가는 설비나 부품을 사용하는 것은 낭비입니다.

서포트 부분은 100년을 지향하는 견고함과 내구성이 핵심입니다. 따라서 시간의 흐름에 따라 나타나는 물리적, 화학적 성질 변화에 따른 성능 저하에 대해 저항성을 갖도록 합니다. 건물구조체 등에 사용하는 철근의 피복 두께를 두껍게 하고 콘크리트 강도를 높이는 등 비교적 간단한 방법으로 견고함과 내구성을 향상시킬 수 있습니다.

문제는 가변성과 수리 용이성을 추구하는 인필 부분입니다. 가족 구성원과 사회환경 등의 변화로 인필 부분은 20년을 주기로 교체나 수선 등을 한다고 가정합니다. 현재 벽식 구조의 아파트는 벽을 기둥으로 사용하기 때문에 벽 하나 맘대로 허물 수 없습니다. 장수명 아파트는 기둥식(라멘) 구조를 사용하고 가변 벽체를 설치해 세대 공간 전체를 쉽게 뜯어고칠 수 있도록 만듭니다.

늦은 밤 윗집에서 변기 물 내리는 소리나 수도 사용하는 소리가 너무 선명하게 들려 당황한 적 있으신가요? 일반적으로 화장실 배관은 바닥 구조(123쪽 참조)의 맨 아래층인 콘크리트 슬래브에 매입합니다. 아파트에서 윗집의 바닥 슬래브는 아랫집의 천장이니, 배관을 흐르는 물소리가 오롯이 전달되는 것이지요. 배관을 바닥에 매립하면 누수 등의 문제가 발생했을 때 아랫집을 통해야만 점검할 수 있고, 바닥을 깨고 부순 후에야 수리할 수 있습니다. 장수명 아파트는 세대 내 각종 배관과 배선을 바닥이 아닌 벽면에 설치하고 점검구를 갖추어 점검과 수리가 쉽게 합니다. 또 난방과 화장실 배관을 바닥의 콘크리트 슬래브에 묻는 대신 그 위층인 경량 기포 콘크리트에 이중 바닥으로 시공하면 문제가 있을 때 쉽게 뜯어내고 공사할 수 있습니다. 이중 바닥으로 배관하면 화장실이나 부엌의 위치도 자유롭게 조정할 수 있다는 장점도 있습니다.

▶ 배관 공법 비교

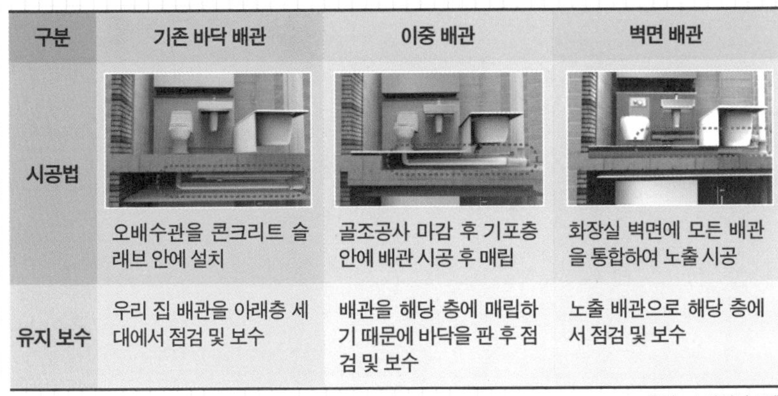

구분	기존 바닥 배관	이중 배관	벽면 배관
시공법	오배수관을 콘크리트 슬래브 안에 설치	골조공사 마감 후 기포층 안에 배관 시공 후 매립	화장실 벽면에 모든 배관을 통합하여 노출 시공
유지 보수	우리 집 배관을 아래층 세대에서 점검 및 보수	배관을 해당 층에 매립하기 때문에 바닥을 판 후 점검 및 보수	노출 배관으로 해당 층에서 점검 및 보수

출처 : 스카이시스템

Chapter 3

느슨한 연대를 지향하는 단지

Apartment & Science **21F**

주거지 고밀 개발, 약일까? 독일까?

2020년 신종 코로나바이러스 감염증(코로나19)이 세계 각국으로 퍼져나가면서 세계보건기구(WHO)는 전염병의 세계적 대유행을 의미하는 '팬데믹(pandemic)'을 선언했습니다. 인체에 치명적인 새로운 바이러스의 거침없는 확산을 막기 위하여 유럽과 중국은 '봉쇄(lockdown)' 조치를 꺼내 들었던 반면 우리나라는 사람과 사람 사이에 물리적 거리를 두는 '사회적 거리두기(social distancing)'를 선택했습니다.

코로나19 사태가 장기화되면서 우리나라에서 사회적 거리두기는 일상을 넘어 문화로 자리 잡아가고 있습니다. 지난 역사를 되돌아봤을 때 코로나19가 퍼진 이후인 지금처럼 사람이 다른 사람의 존재를 서로 의식했던 적은 없었던 것 같습니다. 한 공간에 여럿이 머물러야 하면 마치 자석이 같은 극을 밀어내듯 사람들이 서로 닿지 않도록 최대한 거리를 벌리는 일이 상식이 되고 있습니다.

생존을 위한 개체군 밀도와 상호 거리

사회적 거리두기는 생태학에서 기본 개념으로 등장하는 개체군 밀도와 환경수용력을 연상시킵니다. '개체군 밀도(population density)'란 특정 지역에 서식하는 특정 종에 속하는 개체의 수를 말합니다. 세대를 거듭하면 개체의 수는 지수함수를 그리며 폭발적으로 증가하기 때문에 개체군은 이론적으로 J자형 생장곡선을 그릴 것으로 생각할 수 있습니다. 하지만 실제로는 환경저항에 부딪혀 S자형 생장곡선을 그리게 됩니다.

여기서 환경저항은 특정 지역에서 특정 종이 유지될 수 있는 개체 수에 상한이 있다는 의미입니다. 과학자들은 이를 '환경수용력(environmental capacity)'이라고 표현합니다. 개체군 밀도가 상승하면 먹이와 생활 공간이

코로나19 확산을 막기 위한 사회적 거리두기는 자기 공간에 다른 개체가 침입하지 못하도록 막는 동물의 세력권을 떠올리게 한다.

차츰 부족해지고 노폐물과 질병은 증가하며 해당 개체를 잡아먹는 천적도 함께 늘어납니다. 결국 생존 경쟁이 치열해지면서 환경수용력이라는 장벽에 부딪혀 더 이상 개체 수를 늘리지 못하게 됩니다.

일정 지역에 살 수 있는 최대 개체 수가 정해져 있다는 사실은 얼핏 초파리처럼 단순한 생명체에만 적용되는 일 같지만, 실제로는 고등동물에서도 나타나는 현상입니다. 동물의 경우는 세력권이나 영토권 개념으로 설명합니다. 세력권을 가진 동물은 자신의 활동 영역을 설정한 후 동일 종의 다른 개체가 침범하지 못하도록 방어합니다. 개체 사이에 일정 거리를 확보해 특정 지역에 사는 개체군 밀도가 적정하게 유지되는 것이죠. '백수의 왕'으로 불리는 사자조차도 본인만의 활동 영역을 확보하지 못하면 먹이를 구하지 못하고 굶어 죽게 됩니다.

지성을 갖춘 사회적 동물인 인간도 개체군 밀도, 즉 서로 간의 거리가 매우 중요한 것으로 생각됩니다. 할리우드 영화 〈파 앤드 어웨이(Far and Away)〉는 19세기 중반 미국 서부개척시대를 배경으로 합니다. 영화에는 1862년 미국에서 제정된 「홈스테드 법(Homestead act)」에 의해 먼저 달려가서 땅에 깃발을 꽂는 사람이 주변 160에이커(약 20만 평)의 땅을 차지하는 장면이 나옵니다. 이는 인간도 자연 환경에서 농작물을 가꾸고 가축을 키우며 생존하기 위해서 적정 규모 이상의 토지가 필요하다는 점을 보여줍니다. 물론 산업혁명 이후 생산성 향상과 사회적 분업화는 인간이 생존하는 데 필요한 토지 면적을 계속 줄이고 있습니다.

개체와 개체 사이에 거리가 필요하지만 그렇다고 거리가 계속 멀어지는

1992년 개봉한 영화 〈파 앤드 어웨이〉. 영화에는 서부개척시대의 미국에서 먼저 달려가서 땅에 깃발을 꽂는 사람이 주변 땅을 차지하는 꿈같은 얘기가 나온다. ©유니버설픽처스

게 항상 좋은 일만은 아닙니다. 미국의 생태학자 워더 C. 앨리Wader Clyde Allee, 1885~1955는 동물 종에서 개체 사이의 거리가 일정 수준 이상 멀어질 때 개체군이 불안정해지는 현상을 발견하고 이를 '앨리 효과(Allee effect)'라 명명했습니다. 앨리 효과가 나타나는 이유는 개체군 밀도가 지나치게 낮아지면 사회적 구조가 기능할 수 없기 때문입니다. 예를 들어 개체 사이의 간격이 너무 멀면 짝을 찾기 어려워져 번식률과 생존율이 크게 떨어집니다. 인간 사회에서 인구 증가가 경제 발전과 밀접한 상호관계가 나타나는 것도 높은 개체군 밀도가 긍정적으로 작용하는 대표적인 예입니다.

아파트 밀도를 보여주는 두 가지 척도

우리나라 사람 열에 아홉은 도시에 삽니다. 국토교통부가 발표한 「2021년 도시계획현황 통계」에 따르면 전체 국토의 16.7%를 차지하는 도시지역에 거주하는 인구 비율은 91.8%에 달했습니다. 일자리를 찾아 혹은 자녀 교육 때문에 사람들은 도시지역으로 계속 몰려들고 있습니다.

인구는 점점 늘어나지만 토지는 한정돼 있기에 도시 내 주거지역의 고밀 개발은 필연적인 상황입니다. 공동주택인 아파트는 고밀 개발을 기본 바탕으로 두고 있어 도시에 최적화된 주거 형태라 할 수 있습니다. 하지만 무한정 밀도를 높여서 존엄한 인간을 닭장처럼 좁은 곳에서 서로 다닥다닥 붙어 살게 할 수는 없습니다. 도시 내 주거지역에서 '개발 밀도'에 대한 제한이 생길 수밖에 없는 이유입니다.

인류가 도시를 형성하기 시작한 이래 위정자들은 주거지역의 개발 밀도를 신경 써 왔습니다. 강성한 대제국의 기틀을 마련했다고 평가받는 로마 최초의 황제 아우구스투스Augustus, B.C.63~A.D.14는 로마인이 살던 집합주택의 높이를 7층 이하로 제한하고, 일정 폭 이상의 도로를 확보하도록 했습니다. 당대 로마는 인구 100만 명 이상의 거대 도시로 급성장했는데, 개발 밀도 제한을 통해 지나친 과밀을 억제함으로써 안전과 위생은 물론 정치적인 안정을 도모할 수 있었습니다.

오늘날 우리나라에서 개발 밀도 제한은 용적률과 건폐율을 통해 관리됩니다. '용적률(容積率, floor area ratio)'은 대지면적에 대한 건축연면적의 비율을 말합니다. 건축연면적은 그 땅에 서 있는 건물 내부의 바닥면적을 모두 합친 면적입니다. 단, 지하층과 주민공동시설, 피난안전구역 등의 면적은 용적률 산정에서 제외합니다. 용적률은 땅 위로 건물을 얼마만큼 높게 지을 수 있는지를 결정합니다. 예를 들어 대지의 절반에 건물을 올린다고 가정할 때, 용적률 100%이면 2층, 용적률 200%이면 4층, 용적률 300%이면 6층까지 건물을 올릴 수 있습니다.

용적률은 「국토의 계획 및 이용에 관한 법률(약칭 국토계획법)」에서 정한 허용 범위 안에서 지자체별로 지역 여건을 고려해 도시계획조례로 상세하게 정합니다. 아파트를 건립하는 일반 주거지역의 용적률은 1990년대에는 일반적으로 400%였습니다. 이후 주거 과밀이 심해지자 2000년에 종을 세부적으로 나누면서 전체적으로 용적률이 낮아졌습니다. 「국토계획법」에서 정한 용적률 허용 범위는 일반 주거지역에서 제1종이 100% 이상 200% 이하, 제2종이 150% 이상 250% 이하, 제 3종이 200% 이상 300% 이하, 준주거지역이 200% 이상 500% 이하입니다. 서울의 경우 용적률은 제1종 150% 이하, 제2종 200% 이하, 제3종 250% 이하, 준주거 400% 이하로 도시 과밀을 억제하기 위해 낮은 수준을 적용하고 있습니다.

작자 미상, 〈프리마 포르타의 아우구스투스 상〉, BC20~17년, 대리석, 높이 204cm, 로마 바티칸 박물관.
고대 로마의 초대 황제 아우구스투스는 로마인이 살던 집합주택의 높이를 7층 이하로 제한하고, 일정 폭 이상의 도로를 확보하도록 하는 등 지나친 과밀을 억제함으로써 안전과 위생, 나아가 정치적 안정을 도모했다.

▶ 용적률과 건폐율

개발 밀도를 표현할 때 주로 사용되는 용적률은 높이의 개념이고, 건폐율은 넓이의 개념이다.

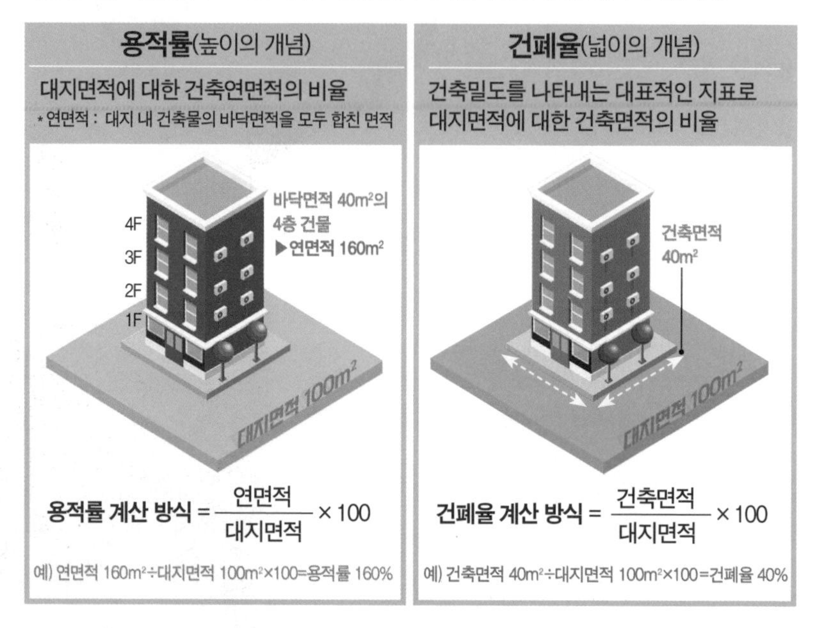

도시계획조례에 따라 정하는 '기준용적률'은 지구단위계획을 수립할 때 둘 이상 필지를 모은 공동개발이나 제로에너지건축물과 같은 친환경 계획 등으로 인센티브를 받아 '허용용적률'로 높일 수 있습니다. 또 과밀 개발의 대가로 지역 주민을 위한 시설을 만들어 기부채납하는 공공기여를 통해 '상한용적률'까지 더 높일 수 있습니다.

'건폐율(建蔽率, building coverage)'이란 대지면적에 대한 건축면적의 비율입니다. 건축면적은 그 땅에 서 있는 건물의 외벽 중심선을 기준으로 수평 투영한 면적입니다. 지하층은 제외하지만 베란다와 발코니, 테라스는 건폐율 산정 시 포함됩니다. 건폐율은 땅에 건물을 얼마만큼 넓게 지을 수 있는지를 결정합니다. 예를 들어 건폐율이 50%이면 대지의 절반에 건물을 지을 수 있고, 건폐율이 40%이면 대지의 60%를 남기고 건물을 올려야 합니다. 만약 건폐율에 제한이 없다면 똑같은 용적률이어도 건축물을 대지면적 가득 채워 숨 막히게 지을 수도 있습니다.

건폐율 역시 용적률과 마찬가지로 「국토계획법」에서 정한 허용 범위 안에서 지자체별로 지역 여건을 고려해 도시계획조례로 상세하게 정합니다. 용적률은 지자체별로 크게 상이한 것과 달리 건폐율은 전국적으로 거의 똑같습니다. 일반 주거지역의 건폐율은 1종과 2종은 60% 이하, 3종은 50% 이하입니다. 일반 주거지역에서 1종과 2종보다 용적률이 더 높은 3종의 건폐율이 더 낮은 이유는 3종이 고밀하게 개발돼 더 답답할 수 있기 때문입니다. 따라서 3종은 1종이나 2종보다 건축물 높이를 높여 지상에 여유 공간을 더 많이 확보해야 하는 것으로 이해하면 됩니다.

아파트를 건설할 때 대지의 용적률과 건폐율을 최대한으로 활용해 건물을 올리는 게 상식입니다. 건물을 더 크고 더 넓게 지어야 수익이 커지고 사업성이 높아집니다. 하지만 건물들이 지나치게 빽빽하게 들어서고 건물 간 거리가 가까우면 쾌적성이 떨어질 수 있습니다. 이 때문에 용적률과 건폐율은 아파트 옥외 주거공간의 질을 좌우하는 결정적인 변수가 됩니다. 특히 건물은 내구성 때문에 일단 공간 개발이 이루어지면 다시 변경하는 데 막대한 비용과 시간이 소요됩니다. 따라서 현재 도시 전반의 환경뿐만 아니라 장래 변화도 고려해서 용적률과 건폐율을 이해할 필요가 있습니다.

도시지역의 고밀 개발 적정 수준은 얼마일까?

일반적으로 아파트를 건립할 때는 지구단위계획 수립이나 도시관리계획 결정(변경) 절차를 통해 대상 토지의 용도지역(국토를 경제적 · 효율적으로 이용하기 위해, 정부에서 미리 지정해 둔 토지의 용도)을 기존보다 1~2단계 정도 종 상향을 시켜서 고밀하게 개발합니다. 결과적으로 시간이 흐를수록 아파트 단지의 개발 밀도는 점점 높아지게 됩니다.

아파트의 고밀 개발은 토지 이용 효율을 증대하고, 저밀 개발에 비해 시설 설치 비용을 절감하며 자연녹지 훼손을 줄일 수 있습니다. 각종 공공 편익 시설을 주거 인근에 배치해 편리하고, 대중교통 수단의 효율성이 증대됩니다. 사회적 접촉 기회의 증가가 긍정적으로 작용하면 이웃 형성과 공동체 의식 함양에 도움이 된다는 연구 결과도 있습니다.

단점으로는 고밀 개발한 아파트는 지나치게 높고 거대해 위압감과 답답함이 상당하고 일부 세대는 일조와 채광, 통풍 등이 원활하지 않아 주거환경이 열악해질 수 있습니다. 도로, 주차장 등 기반 시설과 대중교통이 제대로 확보되지 않으면 불편은 상상을 초월합니다. 또 수용 인구가 많아 교육과 보육, 운동 시설 등이 만성적으로 부족합니다. 거주민이 원치 않는 사회적 접촉이 빈번히 발생해 스트레스가 증가하며 사생활 침해 문제가 발생할 수도 있습니다.

그렇다고 아파트를 저밀 개발 하자니 공급 세대수가 줄어들고, 서울처럼 개발이 완료된 곳에서는 재건축 사업성을 떨어뜨리는 문제점이 있습니다.

개발 밀도를 강력하게 규제하면 기본적으로 주거비 부담이 더 늘어나게 됩니다. 극단적인 경우 저소득 계층이 살 수 있는 주택을 시장에 공급하지 못하게 하여 열악한 주거환경으로 내쫓는 데 일조하게 됩니다. 개발 밀도가 낮아지면 도시 전반의 생산성이 떨어지는 것도 문제입니다. 연구에 따르면 서울에서 주거지역 용적률을 20% 하향하면 지역총생산이 6.6% 하락하는데, 연간 약 23조 원에 해당하는 막대한 규모입니다.

고밀 개발한 아파트가 밀집해 있으면 편익 시설이 증가하고 대중교통의 효율성이 증대하는 장점이 있다. 하지만 일조·채광·통풍이 원활하지 않고 기반 시설 부족, 사생활 침해 등의 문제로 주거 쾌적성은 떨어진다.

도시 내 주거지역에 아파트를 건설할 때 적정 개발 밀도를 찾기 위해 다양한 연구가 진행되고 있습니다. 국내에서 진행된 연구를 살펴보면, 아파트 입주민이 선호하는 주거환경의 개발 밀도는 법적 상한보다 다소 낮은 수준으로 분석되고 있습니다. 이에 반해 건설사는 사업성을 극대화하기 위해 법적 상한보다 더 높은 수준으로 개발하기를 희망합니다. 사실 개발 밀도가 기존과 동일하다면 건설사가 거둘 수 있는 이익이 없기에 재건축은 중단되고 도시는 계속 쇠락해 갈 수도 있습니다.

서울시 내 일반 주거지역에서 개말 밀도가 가장 높은 제3종으로 상향된 46개 지구 사례를 분석한 연구에 따르면, 종 상향의 정합성이 확보되지 않은 지구가 10개(21.7%)이고, 종 상향이 적절하지 않은 것으로 평가된 지구가 16개(34.8%)나 되는 것으로 나타났습니다. 이 같은 결과는 재개발이나 재건축을 추진하면서 주변 지역에 대한 맥락과 종합적인 검토 없이 단순한 기반 시설 기부채납에 의한 종 상향을 통해 개발 밀도가 계속 높아지고 있다는 사실을 보여줍니다.

향후 주거지역에서 개발 밀도를 지금처럼 계속 높여나가는 것이 옳은 방향인지, 법적 제한을 강화해 낮춰나가는 것이 옳은 방향인지에 대해서는 다각적 검토와 사회적 합의가 필요합니다. 더 많은 인구를 수용하기 위해 고밀하게 개발할 경우 교통 혼잡과 주거환경의 질이 전반적으로 낮아지는 결과를 감당해야 합니다. 반대로 주거 쾌적성을 위해 저밀하게 개발할 경우 인구의 총량 감소가 아닌 거주지 재배치이기 때문에 도시 확장과 광역교통량 증가 등 비효율을 감수해야 합니다.

ON THE BALCONY

대중교통 발달을 견인한 아파트

대한민국의 수도 서울을 방문한 외국인들이 놀라는 것 중 하나가 편리한 대중교통입니다. 서울의 대중교통 분담률은 60%가 넘으며, 그중 지하철 분담률은 40%에 달합니다. 공간 구조 측면에서 서울은 가장 빠르고 편리한 대중교통 체계를 구축한 도시로 평가할 수 있습니다. 이와 같은 대중교통 발달에 상당한 영향을 미친 것이 아파트입니다.

일반적으로 산업이 발달하고 도시가 성장하면 막대한 인구가 모여들고 더 많은 주거공간을 필요로 합니다. 저밀 주거 개발을 하면 도시 외곽으로 주거지역이 계속 확장하게 되는데,

스프롤은 도시가 급속한 발전을 거듭하는 과정에서 주변 지역으로 무분별하게 도시화가 진행되는 현상을 나타내는 용어다. 'sprawl'에는 팔다리를 아무렇게 벌리고 앉거나 제멋대로 퍼져나간다는 의미가 있다. 스프롤 현상의 대표적 문제점이 교통 체증이다.

서울의 대중교통 분담률은 60%가 넘으며, 그중 지하철 분담률은 40%에 달한다. 공간구조 측면에서 서울은 가장 빠르고 편리한 대중교통 체계를 구축한 도시로 평가할 수 있다. 이와 같은 대중교통 발달에 상당한 영향을 미친 것이 아파트다.

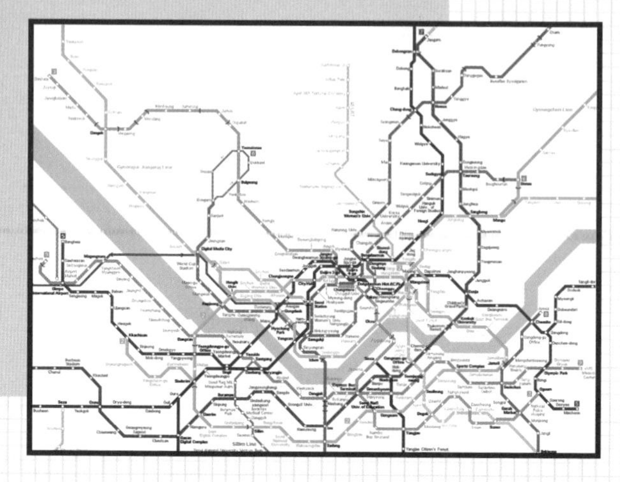

이를 '스프롤 현상(sprawl phenomenon)'이라고 합니다. 실제 멕시코의 멕시코시티나 태국의 방콕, 인도네시아의 자카르타, 필리핀의 마닐라 등에서는 인구가 증가하면서 저층 주거단지가 도시 외곽으로 한도 끝도 없이 펼쳐져 있습니다.

저밀 주거 개발의 문제는 도시 교외 지역이 무계획적이고 비효율적으로 팽창하면서 통근거리가 멀어지고 교통 체증이 심각해진다는 점입니다. 광범위한 지역에 인구가 분산되어 있어 지하철이나 통근철도 같은 수송 용량이 큰 대중교통 기반 시설을 갖추기도 어렵습니다. 수송을 전적으로 자동차와 버스에 의존할 수밖에 없습니다. 이들 도시는 평균 출퇴근 시간이 한 방향으로만 2~3시간씩 걸려 도시의 생산성과 삶의 질 저하가 매우 심각한 상황입니다.

반면 서울을 비롯한 우리나라 도시들은 아파트를 통한 고밀 주거 개발을 진행하고, 인구가 많은 곳을 중심으로 대중교통 기반 시설을 확충하는 전략을 취했습니다. 주거지 고밀 개발을 통한 주택 공급과 대중교통 기반 시설 도입이 서로 앞서거니 뒤서거니 하면서 시너지효과를 내며 발전하고 있습니다. 고밀의 아파트 개발은 대중교통 기반 시설 공급이 쉬울 뿐만 아니라 이용을 활성화해 대중교통 비용을 낮추는 효과도 있습니다.

범죄를 예방하는 공간 연구

현대인은 고밀도로 혼잡한 곳에서 다양한 사람들과 서로 잘 알지도 못한 채 함께 살아가기 때문에 범죄 위험에서 벗어나기 어렵습니다. 다행히 최근 몇 년간 우리나라에서 범죄가 감소하는 추세를 보이고 있으나 아동과 여성 등 사회적 약자를 대상으로 한 범죄는 지속해서 증가하고 있어 안심하기 어려운 상황입니다. 범죄는 발생한 후에는 돌이킬 수 없는 피해를 남기기에 사전 예방이 최선입니다. 그러나 현재의 형사사법 체계는 범죄 발생 후 사후 대책이라는 구조적 한계가 있습니다. 경찰력만으로 모든 범죄가 발생하지 않도록 억누르기는 사실상 불가능합니다. 다양한 사람들이 모여 사는 공동주택인 아파트는 범죄 발생을 최대한 어렵게 만들고 입주민들에게 안전하다고 느끼게 할 책무가 있는 셈입니다.

환경을 바꾸면 범죄율이 내려간다!

사회심리학을 창시한 독일 출신 미국의 심리학자 쿠르트 레빈Kurt Lewin, 1890~1947은 인간의 행동을 'B=f(P, E)'라는 함수로 표현했습니다. 'B=f(P, E)' 함수는 인간의 행동(Behavior)은 개인(Person)과 환경(Environment) 간의 상호작용의 결과라는 점을 표현한 것입니다. 그는 개인과 환경 간의 상호관계를 이해함으로써 그 결과인 인간의 행동을 예측하고 나아가 통제할 수 있다고 주장하였습니다.

실제 범죄는 범죄자 개인의 특성뿐만 아니라 범죄가 발생하는 공간의 특성과 밀접하게 관련돼 있습니다. 범죄를 유발하는 물리적 환경을 개선해

'사회심리학의 아버지' 쿠르트 레빈은 인간의 행동은 그를 둘러싼 환경의 영향을 받고 그 사람의 고유한 특성과 환경이 상호작용한 결과라고 주장했다.

서 방어공간 특성을 높인다면, 범행 기회를 제거하고 잠재적 범죄자를 심리적으로 압박해 범죄의 실행을 어렵게 만들 수 있습니다. 환경 개선을 통해 범죄를 억제하는 이와 같은 방법을 '범죄 예방 환경 설계(CPTED : Crime Prevention Through Environmental Design, 이하 셉테드)'라고 부릅니다.

셉테드는 주변의 환경을 범죄가 발생하기 어려운 구조로 설계함으로써 범죄 기회를 차단하고 주민들의 범죄에 대한 두려움을 감소시키는 범죄 예방 전략입니다. 셉테드의 개념은 1960년대 미국의 사회운동가인 제인 제이콥스Jane Jacobs, 1916~2006가 처음 제시했는데, 1970년대 미국의 범죄학자 레이 제프리C. Ray Jeffery, 1921~2007가 이를 구체화해 '셉테드'라는 용어와 기본 개념을 만들었습니다. 그리고 건축학자인 오스카 뉴먼Oscar Newman, 1935~2004이 셉테드를 '방어공간(defensible space)'으로 구체화해 환경 설계에 적용했습니다.

셉테드를 논의할 때 빼놓을 수 없는 사례가 1954년 미국 세인트루이스에 세워진 아파트 '프루이트 아이고(Pruitt Igoe)'입니다. 프루이트 아이고는 미국 자본주의의 상징이었던 세계무역센터(World Trade Center) 설계로 유명한 건축가 미노루 야마사키Minoru Yamasaki, 1912~1986가 설계한 아파트 단지입니다. 프루이트 아이고는 모더니즘의 정점에 선 건축물로 불리며 유명 건축상을 수상하고 공동주택의 새 장을 열었다는 극찬을 받았습니다. 수많은 찬사 속에 화려하게 등장한 프루이트 아이고는 불과 18년 만인 1972년 7월 15일 오후 3시 32분, 폭발음과 함께 먼지 속으로 사라졌습니다.

33개 동, 11층짜리의 프루이트 아이고는 미국에서 보기 힘든 대규모 아파트로 입주 초기에는 '지상낙원'으로까지 불렸습니다. 그러나 도시 쇠락으로

프루이트 아이고는 33개동 2762세대로 구성된 공공 아파트였으나 범죄의 온상이 되면서 폭파 철거됐다.

일자리가 감소하고 백인들이 교외로 빠져나가며 공실률이 높아졌습니다. 관리비가 부족해지면서 아파트 단지를 제대로 관리하기 어려워졌고, 한번 나빠진 주거환경은 걷잡을 수 없이 악화되었습니다. 유리창이 깨진 채 방치되고, 엘리베이터는 운행을 멈추었지요. 공공기물을 파손하는 '반달리즘(vandalism)'이 횡횡하고 마약 거래 등이 들끓는 범죄 소굴이 되면서, 프루이트 아이고는 연방정부가 나서도 손쓸 수 없는 지경에 이르렀습니다. 결국 프루이트 아이고는 주거환경이 범죄 발생에 큰 영향을 미친다는 점을 증명하며 1972년 폭파되는 최후를 맞이했습니다.

1980년대 미국과 영국, 호주, 일본 등 선진국을 중심으로 발전한 셉테드는 2005년 경찰청이 범죄 예방을 위한 설계 지침을 만들면서 우리나라에 도입되어, 판교 신도시 등 대규모 아파트 단지에 반영됐습니다. 2014년 「건축법」 개정에 따라 이듬해 국토교통부가 '범죄 예방 건축 기준'을 고시하면서 500세대 이상의 아파트는 셉테드를 의무 준수하게 되었고 2019년부터는 100세대 이상 아파트로 범위가 확대되었습니다.

아파트를 범죄로부터 지키는 다섯 가지 원리

우리나라 아파트에 적용되는 셉테드는 범죄 시도를 좌절시키고 주민들이 범죄로부터 공포를 덜 느끼게 하며 범죄가 발생하더라도 도움을 요청하기 쉽게 만들고 도시의 미관을 개선하기 위해 다섯 가지 기본 원리를 사용합니다.

첫 번째 '자연적 감시(natural surveillance)'는 아파트 주민들이 침입자의 발생과 활동을 신속히 알아차릴 수 있도록 가시권을 최대화하는 설계 개념입니다. 감시가 있는 곳에서는 자연스럽게 범죄 발생이 줄어드는데, 일상생활을 하면서 주변을 잘 살필 수 있고 사각지대나 은신 공간이 생기지 않도록 공간과 시설을 계획합니다.

이를 위해 아파트 공동현관은 주변에서 잘 보이는 곳에 투시형 구조로 설치하고, 담장은 투시형이나 조경을 이용합니다. 놀이터나 보행자 통로는 범죄자에게 은신처를 제공하지 않도록 조경 등을 계획하여 전방 시야를 확보하는 게 중요합니다. 야간에도 가시성을 확보하기 위해 출입구와 도로, 보행로, 주차지역, 정원 벤치 등에 적절한 조명을 설치합니다.

두 번째 '자연적 접근통제(natural access control)'는 범죄 예방에 가장 직접적이고 효과적인 전략으로, 범죄자가 범죄 목표물에 접근하기 어렵게 만들어 범죄 기회를 원천 봉쇄하는 설계 개념입니다. 아파트 입주민의 동선을 도로와 보행로 등 일정 공간으로 유도하고, 그 외 비정상적인 진 · 출입을 차단하는 방식을 사용합니다.

아파트 단지의 출입구는 입주민과 외부인들의 이용 편의를 고려해 위치와 개수를 계획하고 3면이 개방된 경비실과 차량 출입차단기를 함께 배치합니다. 출입 통제가 쉽도록 건물의 출입문은 최소한으로 줄이고 보안키와 영상정보처리기기(CCTV)를 설치합니다. 특별한 용도가 없는 옥상과 지하 공간은 접근통제시설로 관리하며, 배관을 타고 침입하지 못하도록 배관을 벽면에 매립하는 등 방범 조치를 합니다.

세 번째 '영역성(territoriality)'은 권리를 주장하거나 책임 의식을 유발할 수 있는 심리적, 물리적 범위 또는 경계를 확보하는 설계 개념입니다. 영역이 명료하게 설정된 환경에서는 반사회적 행동에 대한 직 · 간접적인 통제가 이루어져 범죄자의 행위를 위축시키는 반면 입주민의 무관심을 막고 준법의식을 고취할 수 있습니다.

이를 위해 아파트 단지의 출입구는 영역성을 강화하는 구조물 등을 설치하고, 단지 외곽을 조경수나 울타리 등으로 둘러쌓아 입주민의 영역감을 증진합니다. 표지판과 조경, 조명, 도로 포장 같은 물리적 방안을 사용해 공간의 소유권을 표현하고 공적공간과 사적공간을 구별합니다. 아파트 상가는 경계를 명확히 구분하고 외부인들이 단지를 경유하지 않도록 동선을 마련합니다.

네 번째 '활동의 활성화(activity reinforcement)'는 입주민들이 함께 어울릴 수 있는 공간을 만들고 활발한 사용을 유도함으로써 범죄 기회를 차단하는 방법입니다. 활동의 활성화는 자연적 감시와 밀접하게 연관되어 있습니다. 공용공간을 이용하는 사람들에게 '거리의 눈(eyes on the street)' 역할을 맡겨 범죄 위험을 감소시키고 주민들이 안전감을 느끼도록 할 수 있습니다.

구체적으로 단지 내 공원과 산책로에는 벤치 등을 설치해 자연적 감시가

CPTED

환경 개선을 통해 범죄를 억제하는 방법을 '범죄 예방 환경 설계(CPTED)'라고 부른다. 우리나라는 2014년 「건축법」 개정에 따라 이듬해 국토교통부가 '범죄 예방 건축 기준'을 고시하면서 500세대 이상의 아파트는 셉테드를 의무 준수하게 되었고 2019년부터는 100세대 이상 아파트로 범위가 확대되었다. 셉테드 시범 사업 지역을 대상으로 진행한 연구에 따르면 5대 범죄 발생 수가 64.6%나 감소하고 범죄가 자주 발생하는 핫스팟 범위가 현저하게 축소된 것으로 나타났다.

이뤄지도록 하고, 놀이터에는 보호자가 쉬면서 어린이들을 살피고 이웃과 교류할 수 있는 시설을 함께 설치합니다. 필로티 하부에는 무인택배 보관함이나 휴게 벤치 등을 배치해 공간 이용을 활성화합니다. 아파트 상가에는 공간 활성화를 유도하는 소매점이나 편의점 설치를 권장합니다.

다섯 번째 '유지와 관리(maintenance and management)'는 시설물에 대한 지속적인 관리를 통해 처음과 같은 상태를 유지하는 것으로 사용자들의 일탈 행위를 방지함으로써 범죄를 예방하는 효과가 큽니다. 유지와 관리의 중요성은 '깨진 유리창 이론(broken windows theory)'으로 확인할 수 있습니다.

깨진 유리창 이론은 작은 무질서와 사소한 범죄를 방치하면 더 큰 사고와 심각한 범죄로 번진다는 범죄 심리학 이론입니다. 1969년 스탠퍼드대 심리학 교수 필립 짐바르도Philip Zimbardo, 1933~는 흥미로운 실험을 합니다. 그는 슬럼가에 자동차 두 대의 보닛을 열어 놓고 이 가운데 한 대의 차는 유리창을 조금 깨뜨려 놓은 뒤, 자동차의 상태 변화를 관찰했습니다. 1주일 후 두 자동차의 상태는 확연히 달랐습니다. 보닛만 열어 놓은 차는 변화가 별로 없었으나, 유리창을 깨놓은 차는 타이어와 배터리가 사라지고 심하게 부서져 고철 더미가 됐습니다. 짐바르도 교수는 유리창이 깨진 상태로 방치된 자동차는 사람들에게 아무도 관리하지 않는 차라는 신호를 줘, 무질서와 범죄 발생 가능성을 높였다고 지적했습니다.

아파트에서는 시설물을 항상 말끔하게 정비하고 쓰레기가 방치되지 않도록 단지 구석구석을 깨끗이 청소해야 합니다. 또 나무와 풀이 계속 자라서 시야를 가리지 않도록 산책로나 놀이터 주변의 조경을 주기적으로 관리합니다. 건물 외부와 주차장, 공용공간 조명이 항상 작동되도록 관리하는 일도 중요합니다.

안전망의 역효과, 폐쇄적인 공동체

셉테드 의무화에 따라 최근 지어진 아파트들은 범죄 예방을 위한 사전 조치를 적극적으로 활용하고 있으나, 남겨진 숙제도 여럿 있어 보입니다. 우선 같은 지역 내 비슷한 시기에 공급된 아파트 사이에서도 셉테드의 적용 수준과 기법이 제각각이고 천차만별로 차이가 나는 상황입니다. 특히 지하 주차장 엘리베이터 홀, 지하층 복도와 계단실에서의 범죄 두려움은 셉테드 인증 후에도 개선되지 않아 향후 보완이 필요한 것으로 나타났습니다.

무엇보다 절대다수인 기존 아파트에 셉테드를 어떻게 적용할 것인지도 앞으로 풀어야 할 중요한 과제입니다. 일단 아파트 단지 출입구의 감시기능을 높이고 외벽에 붙은 배관은 방범 조치가 필요합니다. 아파트 단지 영역을 확실히 나누고 놀이터와 사각지대에는 비상벨을 설치해야 합니다. 주차장 등 조명을 확충하는 한편 조명 각도를 보행로 중심으로 조절해 눈부심을 줄입니다. 간혹 가로 패턴인 방범창이 있는데 침입 시 발판으로 악용될 수 있으니 세로 패턴으로 교체하는 것이 좋습니다. 이 외에도 기존 아파트에 셉테드를 적용하는 방안을 개발하고 법적으로 강제할 필요가 있습니다.

셉테드가 범죄 예방에 상당한 효과가 있다는 점은 명확합니다. 셉테드 시

셉테드가 모든 범죄 발생을 막는 만병통치약은 아니다. 셉테드 도입이 입주민의 프라이버시를 침해하고 영역성에 의해 배타적이고 폐쇄적인 공동체를 형성하게 한다는 우려도 제기된다.

범 사업 지역을 대상으로 진행한 연구에 따르면 5대 범죄 발생 수가 64.6%나 감소하고 범죄가 자주 발생하는 핫스팟 범위가 현저하게 축소된 것으로 나타났습니다. 셉테드 인증을 받은 아파트는 비인증 단지보다 입주민들의 범죄 두려움은 낮고 방범 만족도는 높으며 단지 내 커뮤니티가 활발합니다.

하지만 셉테드가 모든 범죄 발생을 막는 만병통치약은 아니라는 점은 분명합니다. 무엇보다 셉테드는 범죄자가 이성적으로 행동한다고 가정합니다. 최근 우리나라에는 일명 '묻지마 범죄'와 알코올이나 약물 또는 정신질환에 의한 비이성적 범죄가 늘고 있습니다. 이런 유형의 범죄에는 큰 효과를 기대하기 어려운 한계가 있습니다. 아울러 셉테드 도입이 입주민의 프라이버시를 침해하고 영역성에 의해 배타적이고 폐쇄적인 공동체를 형성하게 한다는 우려도 있습니다.

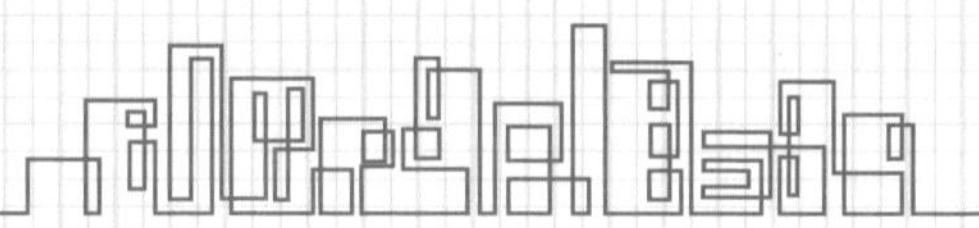

아파트 범죄 대처 요령

2022년 경기도의 한 아파트 엘리베이터에서 40대 남성이 고등학생을 납치하려다 미수에 그친 사건이 있었습니다. 남성은 귀가 중인 학생을 아파트 단지 밖에서부터 뒤쫓다가 엘리베이터에 함께 탑승했습니다. 당시 CCTV 영상을 보면 학생이 내리자 뒤따라 내린 남성은 학생의 책가방을 붙잡고 강제로 다시 엘리베이터에 태운 후 흉기로 위협했습니다. 다행히 중간에 엘리베이터 문이 열리고, 엘리베이터를 기다리던 주민과 마주친 남성은 학생을 두고 도주했습니다. 영상을 지켜본 많은 사람은 엘리베이터라는 일상적인 공간에서 발생한 범죄에 경악을 금치 못했습니다.

범죄 피해를 보지 않기 위해 가장 중요한 것은 위기 상황을 신속히 파악하고 적절히 대응하는 겁니다. 아파트 단지에 살 경우 막연히 안전하겠지 하고 방심하는 틈을 타서 범죄가 발생하기 때문에 셉테드 인증을 받은 아파트 입주민이라고 해도 위기 상황 시 행동 요령을 알아둘 필요가 있습니다.

아파트 단지 안을 오갈 때는 불빛이 밝은 보행로로 다니며, 이어폰을 사용하지 말고 주변에서 일어나는 일들을 항상 주시하며 걸어야 합니다. 수상한 사람이 접근하는 경우 경비실과 편의점 등 사람이 많은 장소로 이동하거나 가족 또는 지인과 통화를 해서 문제가 발생하면 바로 신고를 할 수 있도록 합니다.

지하주차장은 아파트 단지 내에서 범죄 발생 가능성이 가장 높으므로 각별한 주의가 필요합니다. 구석이나 외진 곳을 피하고 주차하기 전 주위를 살피는 습관을 갖습니다. 수상한 사람이 있으면 차를 절대 세우지 말고 서행하며 상황을 주시합니다. 주차 시 휴대전화 번호를 노출하지 않는 게 좋으며 여성의 경우 호루라기 등 호신용품을 항상 소지합니다.

엘리베이터는 폐쇄적이고 좁은 공간이어서 범행을 당하더라도 곧바로 탈출하기 어렵습니다. 엘리베이터를 타기 전에 반드시 안을 살피며 거동이 수상한 사람이 뒤쫓아 오면 엘리베이터를 타지 말아야 합니다. 불가피하게 모르는 사람과 단둘이 탔을 때는 비상 버튼 앞에 서서 언제든 누를 수 있게 대비합니다.

여름 휴가철에는 빈집털이 범죄가 자주 발생하므로 장기간 집을 비울 때 빈집임을 눈치챌 수 없도록 신문, 우유 등이 쌓이지 않게 배달을 중지시킵니다. 무인택배함도 비워서 장기 보관으로 표시되지 않도록 하고 부득이 택배를 받아야 할 경우 경비실에 보관을 부탁합니다. 출입문 도어록의 비밀번호를 변경하고 지문 자국을 지우는 게 좋습니다. 옥상에서 밧줄을 타고 침투하는 경우도 있으므로 고층이어도 발코니와 창문의 잠금장치를 사전에 반드시 확인해야 합니다.

범죄 피해를 보지 않기 위해 가장 중요한 것은 위기 상황을 신속히 파악하고 적절히 대응하는 일이다. 아파트 단지에 살 경우 막연히 안전하겠지 하고 방심하는 틈을 타서 범죄가 발생하기 때문에 셉테드 인증을 받은 아파트에 산다고 해도 위기 상황 시 행동 요령을 알아둘 필요가 있다.

Apartment & Science **23F**

콘크리트 숲은 옛말, '도시의 허파'를 꿈꾸는 아파트

"저 푸른 초원 위에 그림 같은 집을 짓고, 사랑하는 우리 님과 한 백 년 살고 싶어."

오래전 큰 인기를 모았던 국민가요의 가사입니다. 사람은 자연을 개발해 수십 층으로 높이 쌓은 인공적인 건축물 안에 살면서도 자연 속에 사는 삶을 꿈꾸는 이율배반적 존재입니다. 여기서 인공물인 건축물과 자연을 서로 연결해주는 역할을 하는 것이 바로 '조경(造景, landscape architecture)'입니다.

조경은 아름답고 유용하고 건강한 환경을 조성하기 위해 인문적 · 과학적 지식을 응용하여 토지를 계획 · 설계 · 시공 · 관리하는 일로 정의합니다. 전문가들은 조경을 단순한 외부공간의 녹화와 시설 갖추기 차원을 넘어 자연의 원리와 질서, 교훈과 아이디어를 인간의 정주 환경 구축에 반영하고 바탕이 되게끔 하는 예술이라 설명합니다. 바쁜 현대인은 조경을 통해 자연과 만나며 삭막한 도시는 생태적 기반을 갖추게 됩니다.

아파트 조경으로 누릴 수 있는 다섯 가지 이득

한국인이 살아가는 아파트에서 조경은 단지 내 건물과 건물 사이의 빈 공간을 채우는 일이라 할 수 있습니다. 1960년대 단지형 아파트가 탄생한 후 수십 년 동안 아파트는 건물 위주로 발전했으며 남는 지상 공간은 대부분 주차장으로 사용했습니다. 그런데 아파트 주차장을 지하에 설치하게 된 2000년을 전후로 조경 공간이 대폭 늘어나며 변화가 시작되었습니다. 요즘 아파트에서 조경은 소위 가장 뜨는 키워드가 되고 있습니다.

건설사들은 아파트를 분양할 때 친환경이나 녹색 또는 그린, 생태, 공원형, 조경 프리미엄 같은 표현을 반드시 사용합니다. 아예 아파트 브랜드에 '푸르다, 힐, 파크, 뷰'처럼 조경과 연관된 단어를 사용하는 건설사도 여럿 있습니다. 소비자가 조경을 중요하게 생각하기 때문입니다. 여론조사기관인 한국갤럽이 진행한 조사에 따르면, 선호하는 아파트 유형 설문에서 친환경 자재, 환기, 헬스케어 시스템을 적용한 '건강 아파트'가 1위(34%)를 차지한 데 이어 조화로운 경관과 다양한 휴식 공간을 강화한 '조경 특화 아파트'가 간발의 차로 2위(33%)를 차지했습니다.

사람들이 조경에 관심을 갖게 되면서 녹지에 관한 생각이 달라지고 있습

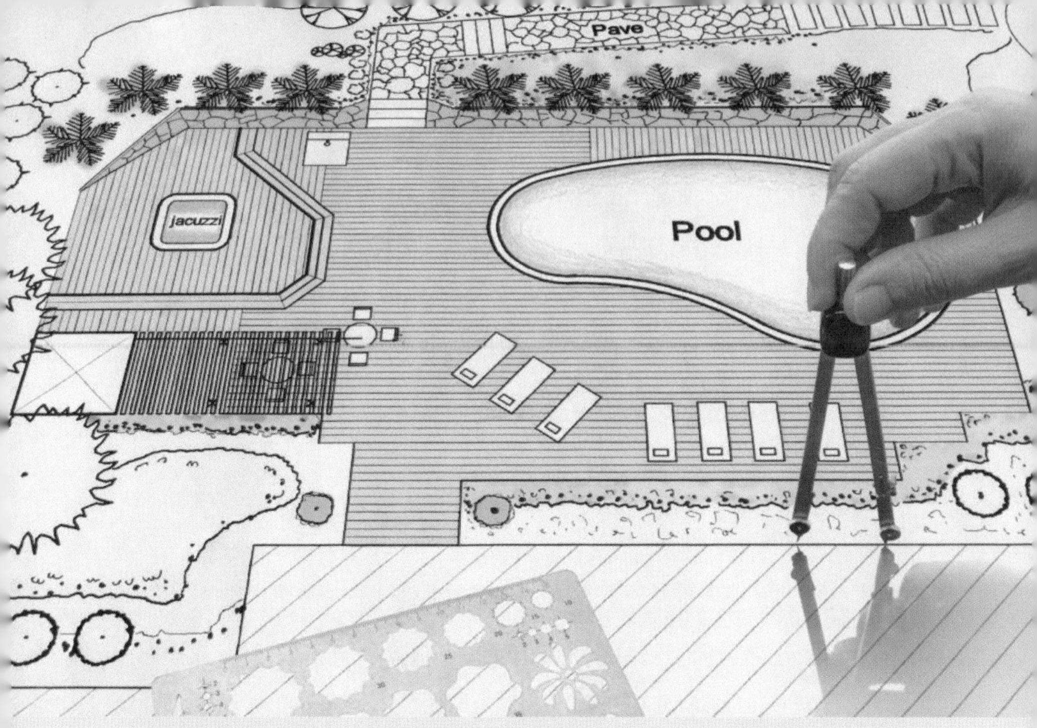

사람은 자연을 개발해 수십 층으로 높이 쌓은 인공적인 건축물 안에 살면서도 자연 속에 사는 삶을 꿈꾸는 이율배반적 존재이다. 아파트 주차장을 지하에 설치하게 된 2000년을 전후로 조경 공간이 대폭 늘어나고, 아파트 선택 기준이 교통이나 학군 등 입지에서 조경이나 건폐율, 녹지율 등 단지 내 환경으로까지 확장되면서 조경의 중요성이 커졌다.

니다. 과거 녹지는 아름다움, 쾌적성 등 미적 가치와 소음조절, 차폐 등 기능적 가치만 따졌습니다. 그러나 현재 녹지는 생물다양성을 부양하는 환경적, 경제적 자산으로 봅니다. 녹지의 개념도 산림과 공원처럼 자연성이 높은 공간뿐만 아니라 인공으로 조성하고 도로나 우연적인 공간에 소규모로 배치된 식생까지 포괄하는 개념으로 확장되었습니다.

아파트를 선택할 때 사람들이 조경을 따지는 이유는 경관, 생태, 환경, 건강, 가치 등 무려 다섯 마리 토끼를 한꺼번에 잡을 수 있기 때문입니다. 첫째 조경을 통해 아파트는 획일적인 성냥갑에서 벗어나 자신만의 색깔을 갖게 되며 외부 경관이 향상됩니다. 둘째 조경은 건축으로 파괴된 토양 생태계를 복원하고 다양한 생물에게 서식 공간을 제공하는 등 생태적 기능을 합니다. 셋째 조경을 통해 우리 주변에 심어지는 식물들은 자동차 배기가스 등 오염물질을 흡수해 공기를 정화하고, 도시 열섬 현상을 완화하는 등 아파트의 물리 환경을 개선합니다. 넷째 조경은 사람들의 스트레스를 완화하고 신체적, 정신적 건강을 회복하는 등 치유 효과가 입증되어 있습니다. 다섯째 조경이 잘 되어 있으면 아파트 가치가 상승하고 냉난방 에너지가 절약되는 등 경제적 이득이 상당합니다.

이처럼 중요한 조경에 대해 「건축법」과 각 지방자치단체의 건축조례는 면적을 비롯해 식생물의 식재 기준, 시설물의 종류와 설치 방법 등을 정하고 있습니다. 모든 건축물은 규정에 따라 조경을 설계하고 시공해야 건축허가를 받을 수 있습니다. 예를 들어 서울에 아파트를 세우려면 「서울시 건축조례」에 따라 연면적 합계가 1천m^2 이상이면 대지면적의 10% 이상, 연면적 합계가 2천m^2 이상이면 대지면적의 15% 이상에 조경에 필요한 조치를 해야 합니다.

평균 100여 종의 식물이 자라는 아파트 단지

조경은 크게 식물을 활용하는 식재와 그 외 조경시설물로 나눌 수 있습니다. 식재(planting)는 주변 환경에 맞는 식물을 적절하게 골라 잘 배치하여 심는 일로 조경에서 가장 핵심적인 부분을 차지합니다. 살아있는 생명체인 식물을 소재로 활용하는 것은 조경이 인접 분야인 건축, 토목 등과 근본적으로 차별성을 갖는 부분이기도 합니다.

아파트에서 식재는 식물 수종의 질감과 색감, 형태에 의한 공간감을 고려해 계획합니다. 식물은 살아있는 생명체이기 때문에 계속 성장하며 계절에 따라 모습을 바꿉니다. 따라서 아름다운 경관을 만들기 위해서는 식물의 성장과 변화를 고려해야 하고 특정 계절에 치우치지 않도록 수목 간 조화도 신경 써야 합니다.

아름다운 외양만큼 중요한 게 생태적 내실입니다. 조경을 아무리 잘 꾸미더라도 아파트 입주할 때만 반짝 빛나고 유지가 되지 않으면 소용이 없습니다. 성공한 식재는 적절한 생육 환경이 조성돼 식물들이 서로 조화를 이루면서 잘 자라고 관리도 쉽습니다. 지속 가능한 조경을 위해서 식물 종은 물론 식재 장소의 생태 환경과 이들의 상호작용에 대한 정확한 이해가 필요합니다.

아파트 단지 식재에서 주인공은 단연 조경수(landscaping tree)입니다. '교목(tree)'은 높이가 2m 이상인 키 큰 나무입니다. 사시사철 푸른 상록침엽교목 중에서는 소나무와 스트로브잣나무가 단연 인기이고, 주목과 전나무, 반송, 서양측백나무, 섬잣나무, 가이즈까향나무 등을 많이 식재합니다.

특히 소나무는 '조경수의 제왕'으로 불리는데 모양이 좋은 자연산은 한 그루에 수천만 원에 달하기도 합니다. 나무는 공장에서 뚝딱 만들 수 있는 것도 아니고 최소 10년, 때에 따라 100년 이상 걸려 형태를 갖추기 때문에 보기 좋은 조경수는 일반인들이 생각하는 것보다는 더 비쌉니다. 이 외 상록활엽교목 중에서는 동백나무가 인기 있는 편입니다.

낙엽교목은 계절의 변화에 따라 여름에는 청록을 자랑하고 가을에는 화려한 단풍이 물들며 열매를 맺어 경관에 포인트를 줄 수 있습니다. 낙엽교목 가운데서는 느티나무가 최고 인기이며, 산수유와 청단풍, 모과나무, 감나무, 산딸나무, 살구나무, 배롱나무, 이팝나무, 왕벚나무, 매실나무 등을 자주 식재합니다. 느티나무의 경우 수령에 따라 호가가 수억 원을 넘기도 합니다.

높이가 2m 이하로 키가 작은 '관목(shrub)'은 교목을 뒷받침하는 조연으로 제격입니다. 상록관목 중에서는 회양목을 주로 울타리로 이용하고, 영산홍과 사철나무 등도 많이 이용합니다. 낙엽관목 중에서는 백철쭉, 자산홍, 산철쭉, 수수꽃다리, 조팝나무 등을 식재합니다.

형형색색의 꽃이 피어 관상 가치가 높은 초화류는 요점식재나 강조식재

▶ 조경수의 종류

조경수는 높이나 줄기 모양 등 다양한 요소로 구분한다.

종류	특징
교목	2m 이상 높이의 큰 나무
관목	2m 이하 높이의 나무
초화류	꽃이 피고 줄기가 단단하지 않은 풀
잔디	길게 옆으로 뻗으며 번식하는 풀
덩굴	다른 것에 감겨 자라는 줄기 식물

등을 통해 경관의 질을 향상하는 요소로 사용합니다. 푸른 잔디와 같은 초본류는 땅을 덮어 녹색 경관을 조성하고 뜨거운 태양 복사열을 낮추며 빗물과 바람에 의한 토양의 유출을 막는 역할을 합니다.

아파트 단지에서 식물을 식재할 때는 건물의 전면녹지와 후면녹지는 폭 5m 이상, 측면녹지는 폭 3.2m 이상으로 조성합니다. 완충녹지는 폭을 15m 이상으로 해 단지 내부의 녹지와 연결하고 외부의 도심 녹지축에 이어지도

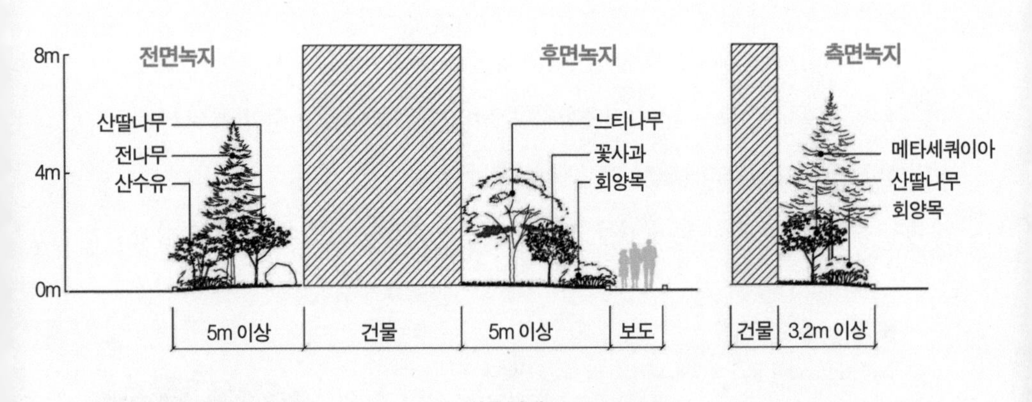

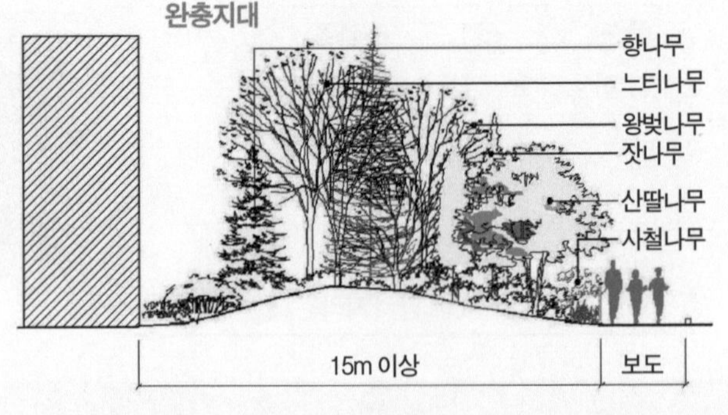

아파트 단지에서 식물을 식재할 때는 건물의 전면녹지와 후면녹지는 폭 5m 이상, 측면녹지는 폭 3.2m 이상으로 조성한다. 완충녹지는 폭을 15m 이상으로 해 단지 내부의 녹지와 연결하고 외부의 도심 녹지축에 이어지도록 한다. © 이동욱 등 「서울시 아파트단지의 녹지배치 및 식재구조 변화 연구」

록 합니다. 식재 수종은 가능하면 자생종 비율을 높이는 것을 권고하며, 교목 · 관목 · 초본 등이 어우러진 다층구조 식재 기법을 적용합니다.

서울시 내 아파트 30곳을 대상으로 식재 현황을 조사한 연구에 따르며, 일반적으로 60종 내외의 수목이 아파트 단지에 식재되고 있습니다. 녹지를 조성하면 이입(移入 : 어떤 서식 장소에 외부 개체가 들어오는 일)에 의해 새로운 종이 나타나는데, 평균 40분류군이 출현했습니다. 결국 아파트 단지 녹지에는 심은 것과 옮겨온 것을 합해 100종에 달하는 식물들이 자라는 셈인데요. 이는 도시 내 식물 생육지로서 아파트 조경녹지가 가진 잠재력과 역동성을 보여줍니다.

아파트 단지에서 녹지율을 최대한 확보하기 위해서 보행을 위한 포장로와 어린이놀이터 등 최소한의 공간을 제외하고 나머지는 모두 수목 식재를 중심으로 조경 공간을 꾸미는 것이 바람직합니다. 그런데 주차대수를 최대한 확보하기 위해 아파트 단지 전체에 지하주차장을 설치하면서부터 조경수들을 지하주차장 위 인공지반에 심어야 한다는 문제가 발생하고 있습니다.

인공지반은 토양 깊이가 얕고, 공간이 협소하며, 배수가 잘 안되는 등 상당히 불리한 생육 여건을 가지고 있습니다. 이 때문에 비싼 나무가 고사하는 등 조경수 하자가 계속 늘어나는 추세입니다. 따라서 인공지반에 조경수를 식재할 때는 나무가 잘 자랄 수 있는 토심(土深 : 토양 깊이)을 확보하기 위해 흙을 최대한 충분히 깔고 구릉을 만들거나 대형화분 형태로 설치하는 등 식재 방식과 걸맞은 조치가 필요합니다.

야외 미술관으로까지 진화하는 아파트 조경

아름답고 쾌적한 아파트 단지를 조성하기 위해 식재와 함께 다양한 조경시설물(landscape facilities)을 설치해 조경을 완성합니다. 아파트에 주로 설치되는 조경시설물에는 놀이터와 휴게시설, 운동시설, 수경시설, 안내시설, 환경조형물 등이 있습니다. 조경시설물은 기능적 구성도 중요하지만 전체적으로 통일되어야 하며 주변과의 조화가 필수입니다. 예전에 조경시설물은 전시형, 관조형이 많았는데 최근에는 참여형, 체험형으로 발전하는 추세입니다.

놀이터는 구색 갖추기를 위해 천편일률적인 모양의 철재 놀이시설을 모랫바닥 위에 설치하는 경우가 많았습니다. 최근에는 복합적 기능의 다양한 놀이기구를 넘어져도 괜찮은 우레탄 바닥이나 친환경 소재의 고무매트 위에 설치하는 추세입니다. 한여름에 아이들이 물장난을 할 수 있도록 물놀이기구를 설치한 물놀이터도 인기입니다.

아파트 단지 곳곳에는 다목적 운동공간과 산책코스, 휴게공간 등을 설치합니다. 자연학습장, 캠핑 가든, 숲속 영화관 등 특색 있는 조경시설로 입주민에게 여유를 선사하는 아파트들이 늘고 있습니다. 심지어 주객이 전도되어서 아파트 단지 내 중앙광장을 조성하기 위해 건물 크기를 줄이고 위치까지 옮기기도 합니다.

조경시설물 중 최근 가장 인기 있는 것은 수경시설입니다. 요즘 아파트 단지는 자연형 시냇물이나 생태 연못, 폭포 등 다양한 형태와 소리가 있는

최근 아파트 단지에서 인기를 끄는 수경시설(© 롯데건설).

수경 요소를 앞다퉈 도입하고 있습니다. 물의 움직임과 투영, 소리 등의 요소는 사람들에게 정서적 안정감을 선사하며 시원스러움과 함께 사색을 즐길 수 있는 여유로움을 제공합니다.

'정원'이라는 특화 공간을 가지고 있는 아파트도 많이 보입니다. 같은 녹지라도 기존에는 건축물과 건축물 사이 빈 곳을 나무나 잔디밭으로 채운 것이었다면, 정원은 일정한 구획을 가진 장소에 특정 테마를 부여하고 주제가 있는 공간으로 꾸미는 형태입니다. 전체적으로 디자인된 조경 작품으로 감상할 수 있는 스토리텔링이 있는 장소입니다.

과거에 볼 수 없었던 환경조형물도 최근 아파트에서 나타나는 눈에 띄는 특징입니다. 수억 원을 호가하는 유명 작가의 대형 작품을 설치하는 경우가 늘고 있습니다. 대형 환경조형물은 예술적인 볼거리를 제공하는 동시에 아파트 단지에 정체성을 부여하는 역할을 합니다. 아파트 조경에는 예술성만 추구해 난해한 작품을 세우기보다는 어느 정도 공익성과 대중성이 있는 조형물을 세우는 게 좋습니다.

아파트는 일반 건축물에 비해 법적 기준보다 넓은 녹지공간을 보유하고 있습니다. 서울 지역 아파트를 대상으로 조사한 연구에 따르면 대지면적의 30% 이상이 녹지공간이고, 아파트 단지의 녹지는 서울시 전체면적의 3% 가량을 차지하는 것으로 나타났습니다. 반면 다세대 다가구 주택 지역의 녹지율은 3.4%에 불과했습니다. 아파트 안과 밖 사람들이 푸르름을 누릴 수 있는 격차는 매우 큽니다. 아파트 단지 녹지는 도시 중심부 곳곳에 흩어져 분포하고 있어 향후 도시녹지 네트워크의 일부로 연결할 수 있는 잠재력을 가지고 있습니다. 아파트 안팎 구분 없이 도시인이 자연과 교감할 수 있고, 도시 생태계를 건강하게 구축하는 등 아파트 조경은 섬세한 접근이 필요한 영역입니다.

GS건설이 킨텍스원시티에 설치한 어호선 작가의 〈상생의 샘〉. © GS건설

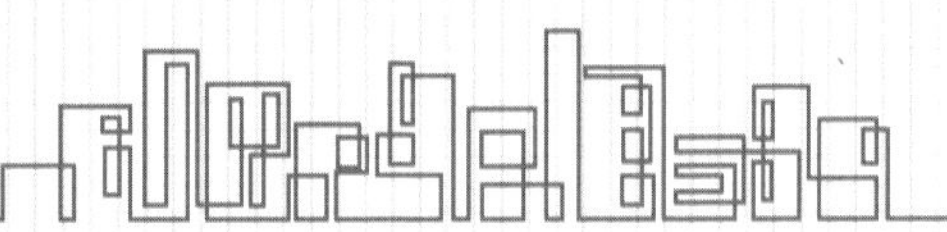

사철 아름다운 자연이 반기는 아파트를 위한
수목 관리법

아파트 입주민들이 조경에 관한 관심과 눈높이가 높아졌기 때문인지 조경수 하자로 인한 분쟁이 늘고 있습니다. 아파트 입주 때 멀쩡해 보였던 나무들이 말라 죽어 건설사와 입주민 간 법정 다툼을 벌이기도 합니다. 아파트 단지의 나무는 인공지반 위라는 열악한 환경에 식재된 데다가 근래 집중호우, 가뭄, 한파 등 기상이변도 잦아 까딱 잘못하면 죽기 십상입니다.

아파트의 모든 조경수는 다른 곳에서 자라던 나무를 옮겨 심은 것입니다. 옮겨 심은 나무가 잘 자라기 위해서는 흙도 함께 옮겨줘야 하는데요. 수목의 뿌리에 붙어 있는 흙. 다시 말해 뿌리가 움켜쥐고 있는 흙이 많을수록 나무는 옮겨 심은 후 건강히 자랍니다. 조경하자를 줄이기 위해서는 나무 밑동 지름의 4~6배 크기로 흙을 함께 캐내야 합니다.

수목을 운반할 때는 상처가 나지 않도록 세심한 주의가 필요합니다. 증산작용(잎에 있는 기공을 통해 물이 수증기 상태로 빠져나가는 작용으로 기공이 열리는 낮에 활발하게 일어난다)으로 잎이 마르지 않도록 수목에 차광막을 씌워 야간에 이동하는 것이 원칙입니다. 척박한 토양에 나무를 심는 것은 곧 죽음을 뜻하기 때문에 수목을 식재하기 훨씬 전부터 토양의 질 개선과 안정에 신경 써야 합니다. 나무를 옮겨 심을 때는 먼저 잔가지를 정리해야 하며 식재와 동시에 충분히 물을 주는 게 요령입니다.

아파트의 조경수는 심은 후 보통 2년 동안 건설사가 하자 관리를 합니다. 뿌리에 상처가 난 나무는 병충해에 매우 취약하므로, 옮겨 심은 후 1년 동안은 주기적인 방제에 힘을 씁니다. 수목의 뿌리가 충분히 발달할 때까지 강수량에 따른 적극적인 물 관리도 필요합니다.

잔가지를 정리하는 전정(pruning)은 예쁜 모양을 유지하기 위해서도 필요하지만 수목 하자를 줄이는 데도 상당한 도움이 됩니다. 겨울철에는 거적, 왕겨 등으로 나무를 감싸면 추위로 인한 피해를 막을 수 있으며 수목의 생장에도 도움이 됩니다.

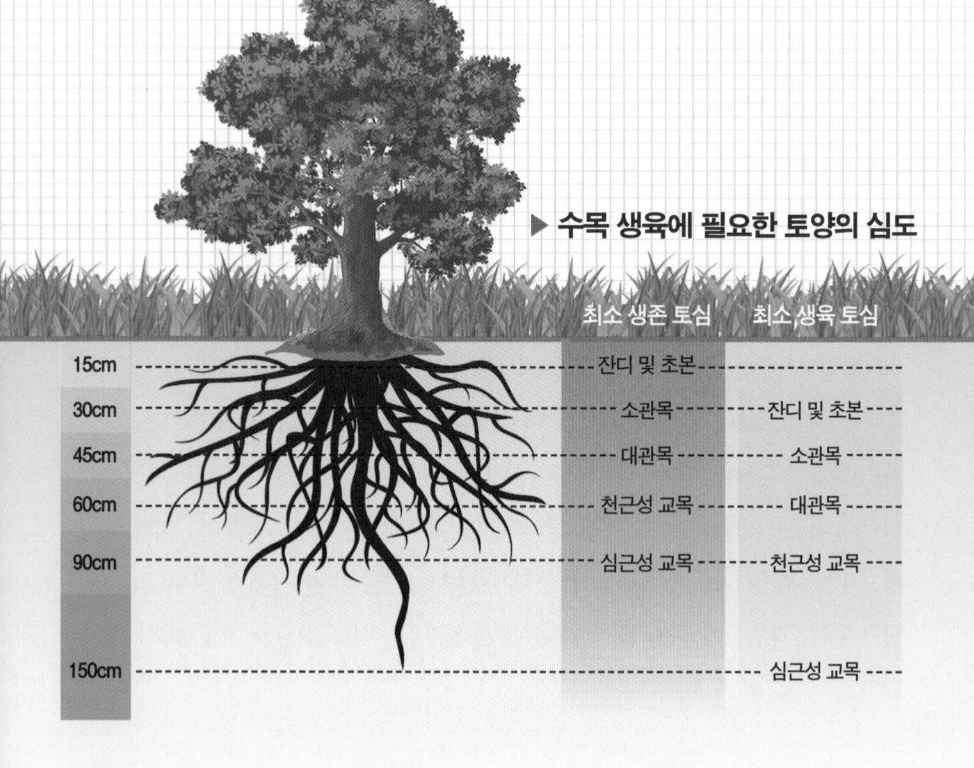

Apartment & Science **24F**

입주민에서 이웃, 단지에서 동네가 되는 커뮤니티의 세계

"혼자 가면 빨리 가고 함께 가면 멀리 간다." 글로벌 강연 플랫폼 테드(TED)에서 엘 고어Albert Arnold Gore Jr. 1948~ 전 미국 부통령이 인용하면서 전 세계적으로 유명해진 아프리카 속담입니다. 고어처럼 미국 대통령 선거에서 총득표수는 더 앞섰지만 선거인단 수에서 밀려 패한 힐러리 클린턴Hillary Rodham Clinton, 1947~ 전 미 국무장관은 "한 아이를 키우려면 온 마을이 필요하다"라는 아프리카 속담을 세상에 알리기도 했습니다. 두 속담 모두 혼자가 아닌 여럿이 모인 공동체의 의미를 우리에게 알려 줍니다.

사회와 경제가 눈부시게 발전하면서 인구는 크게 늘었지만, 개인주의적 성향이 커지면서 과거와 같은 공동체의 연대감이 설 자리가 사라졌습니다.

아파트는 세대 간 독립성을 보장하기 위해 이웃에 대해 무관심해지고 커뮤니케이션 단절이 심화하는 공간 구조로 설계되어 있다.

현대인은 늘 바쁘지만 삶은 각박하고 군중 속에도 고독을 느끼며 서로에 대해 무관심한 채 홀로 살아갑니다. 향약과 두레와 같은 상부상조의 전통을 자랑했던 우리나라도 마찬가지입니다. 공동체 의식은 과거의 유물이 되었고, 이웃사촌이라는 말도 멸종 직전으로 보입니다.

타워팰리스가 바꾼 아파트 커뮤니티 문화

여러 사람이 모여 사는 아파트가 공동체 의식을 회복하는 단초가 될 수 있지 않을까 기대할 수 있습니다. 그런데 아파트는 세대 간 독립성을 보장하기 위해 오히려 이웃에 대해 무관심해지고 커뮤니케이션 단절이 심화하는 공간 구조로 설계되어 있습니다. 층간소음과 흡연, 주차 문제 등으로 아파트에서 이웃 간 갈등이 빈번하게 발생하는 가운데, 단지 내 커뮤니티가 개인주의 심화와 공동체 해체를 막을 구원투수로 주목받고 있습니다.

'커뮤니티(community)'는 같음을 뜻하는 라틴어 '코뮤니타스(communitas)'에서 나왔습니다. 이 말은 함께(com)와 봉사하는 일(munis)이 합성된 '코뮤니스(communis)'에 뿌리를 두고 있습니다. 우리말로는 커뮤니티를 '공동체' 또는 '지역사회'라고 옮깁니다.

도시 계획 분야에서 커뮤니티를 주목하게 된 것은 1920년대 미국의 도시 계획가 클라렌스 페리Clarence Arthur Perry, 1872~1944가 뉴욕의 지역 계획에 근린주구(neighborhood unit : 하나의 동네로 인식할 수 있는 공간 범위) 이론을 적용하면서부터입니다. 그는 초등학교 통학권을 커뮤니티 단위로 보고 지역 계획을 수립했습니다. 1950년대 미국의 사회학자 조지 힐러리George A. Hillery, 1927~1998가 지역성(territorial area)과 사회적 상호작용(social interaction), 공동의 연대(common ties)를 커뮤니티 핵심 요건으로 제시하면서 현대적 의미의 커뮤니티 개념이 정립됐습니다.

현재 커뮤니티는 지역을 중심으로 형성되는 구성원들 사이의 인간적 관계이면서 공간적인 개념으로 이해되고 있습니다. 같은 지역에 사는 사람들이 지속적인 관계를 통해 소속감을 향상해 커뮤니티 기능을 활발하게 하는 것, 다양한 연령대와 계층을 포용하는 커뮤니티를 형성함으로써 새로운 결속력과 소속감을 배양하는 것 등이 도시 계획 분야에서 커뮤니티를 바라보는 주된 관심사입니다.

우리나라 아파트에서 커뮤니티의 역사는 1990년대를 태동기라 봅니다. 물론 그전에도 일부의 아파트에 커뮤니티 시설이 설치되고 있었지만 1990년대부터 공유공간에 대한 입주민들의 요구가 본격화됨에 따라 커뮤니티가 모든 아파트에 반드시 설치되는 필수 편의시설이 됐습니다.

아파트에서 커뮤니티가 크게 부각한 계기는 2002년 서울 강남구에 주상복합아파트인 타워팰리스가 세워지면서부터입니다. 타워팰리스는 피트니스 클럽과 골프연습장, 수영장 등 이전 아파트와는 차별화된 고급 커뮤니티 시설을 조성했습니다. 고급 커뮤니티 시설은 당시 불어닥친 웰빙(well-being) 열풍과 맞아떨어지면서 사람들의 마음을 사로잡았습니다. 이후 건설사들이 앞다퉈 커뮤니티를 도입하였는데, 이에 따라 2000년대는 아파트에

▶ 아파트 단지 내 커뮤니티 시설의 발전

1990년대	2000년대	2010년대	2020년대
놀이터, 경로당, 보육 시설 위주로 설치	타워팰리스에 피트니스센터, 골프연습장, 수영장 등이 생기며 커뮤니티가 아파트의 경제적 가치에 영향을 미침	건설사가 차별화된 커뮤니티 도입 경쟁을 벌이며 단지 중심부에 피트니스센터, 도서관, 카페, 게스트하우스, 수영장 등을 만듦	커뮤니티 시설의 크기가 커지고 종류가 다양해짐. 스카이라운지, 캠핑장, 클라이밍장, 영화관, 반려동물 놀이터, 조식 서비스 등장.

서 커뮤니티 공간이 급격히 늘어난 확산기로 구분합니다.

2010년대 이후부터 신개념 커뮤니티가 등장하고 질적으로 성장하는 도약기가 계속되고 있습니다. 아파트 분양에 나선 건설사들이 커뮤니티를 전면에 내세우면서 차별화된 커뮤니티 도입 경쟁이 불을 뿜고 있습니다. 이제 커뮤니티는 아파트에서 입주민의 삶의 질을 높이는 가장 중요한 요소로 자리 잡고 있으며, 입주민의 취향을 사로잡기 위해 특화된 커뮤니티들이 끊임없이 등장하고 진화를 거듭하고 있습니다.

우리나라 아파트에서 커뮤니티는 '주민공동시설'이라는 이름으로 법적으로 설치가 의무화되어 있습니다. 과거에는 커뮤니티 시설 종류에 따라 단지 세대수를 기준으로 설치 기준이 각각 제시되어 있었는데, 2013년 「주택건설기준 등에 관한 규정」이 개정되면서 주민공동시설 설치 총량제가 도입됐습니다. 아파트 단지별로 총량만 정하고 주민 수요에 따라 주민공동시설을 자율적으로 운용할 수 있도록 개선된 것입니다.

아파트는 100세대 이상 1000세대 미만일 경우 세대당 2.5㎡, 1000세대 이상일 경우 500㎡에 세대당 2㎡를 합한 면적의 주민공동시설을 설치해야 합니다. 아파트 규모에 따라 의무적으로 설치해야 하는 시설의 종류가 규정돼 있는데, 150세대부터는 경로당과 어린이놀이터를 설치해야 하고, 300세대부터는 여기에 어린이집을 추가해야 하며, 500세대 이상은 여기에 주민운동시설과 작은도서관을 추가 설치해야 합니다.

없는 게 없는 아파트 커뮤니티의 세계

아파트에서 커뮤니티는 다양한 생활편의를 제공하고 입주민들이 교류하여 공동체 의식을 형성하고 주거지에 대한 책임감과 소속감을 느끼게 하는 공간입니다. 아울러 아파트 커뮤니티는 사회적으로 주민자치 활동의 장을 제공하며 인간성 회복에 도움을 주고, 경제적으로는 생활 정보 교환과 공동이용을 통한 공유경제 효과까지 일으킵니다.

예전에 만들어진 아파트에서 커뮤니티 공간은 법률에서 정한 최소 기준에 따라 보육시설, 놀이터, 노인시설, 단지 내 산책로를 설치하는 정도에 그쳤습니다. 최근 아파트에서는 법정 기준보다 커뮤니티 공간을 더 넓게 하고 쓰임새도 계속 다양화하고 있습니다. 아파트의 개별 세대는 의식주를 해결하는 기본적인 역할만 하고 운동, 공부, 친목, 취미 활동은 물론 휴식과 손님

아파트 커뮤니티 고급화 추세에 따라 찜질방, 영화관, 글램핑장, 반려동물 놀이터 등 차별화된 커뮤니티 시설이 생기고 있다. 사진은 서초그랑자이의 커뮤니티 시설 중 하나인 'CGV 살롱'(© GS건설).

맞이까지 다양한 활동을 커뮤니티 공간에서 해결할 수 있습니다.

구체적으로 건강한 삶을 위해 피트니스 클럽과 골프연습장은 대다수 아파트가 갖추는 기본 시설이고, 여기에 단체운동을 위한 GX(Group Exercise)룸을 추가하는 경우가 많습니다. 사우나를 설치하는 사례가 늘고 있으며, 아직 일부이지만 대규모 아파트 단지를 중심으로 수영장을 짓기도 합니다.

요즘 아파트에서 자녀 교육을 위한 독서실이 없는 경우는 찾기 힘들며, 책을 빌려볼 수 있는 작은도서관이나 휴식을 취하며 책을 읽을 수 있는 북카페도 환영받습니다. 아이를 안심하고 맡길 수 있는 어린이집이 상당수 설치되고, 영어 교육시설이 들어서는 예도 있습니다. 아이들의 상상력을 키우는 안전한 놀이터는 단지 중앙을 비롯하여 한곳 이상 설치하고, 비 오는 날에도 뛰놀 수 있도록 실내놀이터를 만들기도 합니다. 어르신을 위한 경로당은 휠체어로도 이동할 수 있도록 높이 차이를 없애고 동선이 편하도록 계획합니다.

아파트 커뮤니티 시설이 진화하면서 이제는 백화점 문화 교실이 부럽지 않은 수준에 이르렀습니다. 취미와 문화 생활을 위해 명사 강연 등 교양강좌가 개최되고 단지 안에서 근사한 음악회가 열리기도 합니다. 서예, 미술, 악기 등 입주민의 수요에 맞춰서 다양한 문화 교실이 진행되기도 됩니다. 아파트 옥외 공간은 휴식을 위해 테마 산책로 등 특화된 조경 공간으로 꾸미고, 편히 쉴 수 있게 벤치를 적절히 배치합니다.

최근에는 손님맞이를 위한 게스트 룸을 만드는 아파트가 증가하고 있습니다. 고급화를 표방하면서 호텔과 같이 조식과 세탁 · 청소 · 수리 등 편리한 컨시어지 서비스를 제공하는 아파트도 있고, 건강에 대한 높은 관심을 반영해 입주민 전용 건강검진 프로그램을 마련한 아파트도 등장했습니다. 찜질방과 영화관, 글램핑장, 반려동물 놀이터 등 차별화하여 설치되는 아이템도 다양합니다.

아파트의 커뮤니티 시설은 일반적으로 단지 중심 공간에 단독건물을 두거나 하늘을 향해 뻥 뚫린 형태의 지하광장인 썬큰(sunken)에 집중해서 배치하는 경우가 많습니다. 다양한 커뮤니티 시설을 한군데 모아놓으면 관리가 쉽고 원스톱 서비스가 가능하다는 장점이 있습니다. 반면 커뮤니티 시설을 단지 곳곳에 흩어놓으면 접근성 관점에서 입주민의 형평성을 확보할 수 있다는 장점이 있습니다.

공동체 회복을 위한 진화는 계속

최근 서울 강남구의 한 아파트 단지에서는 건설회사가 가장 높은 가격에 분양할 수 있는 펜트하우스가 들어갈 최상층 자리에 스카이라운지를 설치했습니다. 입주민 전체가 초고층에서 아파트 주변의 풍경과 야경을 감상하고, 책을 보거나 음악을 듣거나 차를 마시면서 휴식을 취할 수 있는 공용공간을 만든 겁니다. 원래는 값비싼 비용을 지불한 개인만 누렸을 특별한 혜택이 입주민 전체가 함께 누릴 수 있는 공동의 혜택으로 확대된 셈입니다.

펜트하우스 위치에 주민공동 커뮤니티 공간을 설치한 사례는 건설회사가 작은 이득 대신 더 큰 가치를 취한 긍정적 사례로 평가됩니다. 1층이나 지하층을 주로 활용하던 커뮤니티 시설이 최상층으로 올라가면서 아파트 단지에서 커뮤니티의 새로운 진화와 보다 입체적인 교류의 가능성을 보여줍니다. 해외에서는 고층 아파트 단지에 수직적으로 다양한 커뮤니티를 만들어 풍요로운 주거공동체를 조성하고 있습니다.

국토가 좁아 우리나라처럼 고층 아파트가 발달한 싱가포르에는 참고할 만한 사례가 많습니다. 한 예로 싱가포르 도심에 위치한 피너클앳덕스턴(Pinnacle at Duxton)은 7개동 1848세대로 구성된 대단지 아파트입니다. 이 아파트는 7개 동 전체가 26층과 50층이 서로 연결된 우리나라에서는 보기 힘든 구조로 되어 있습니다. 바로 커뮤니티 공간을 만들기 위해서였는데요. 덕분에 26층과 50층에 커뮤니티센터와 스카이정원, 놀이터, 전망 데크, 800m 조깅트랙 등이 들어서 있습니다.

싱가포르의 피너클앳덕스턴 아파트 전경(위 왼쪽). 아파트 7개 동의 26층과 50층을 서로 연결하고 그 위에 커뮤니티센터, 스카이정원, 놀이터, 전망 데크, 800m 조깅트랙 등을 조성했다.

서울 서초구의 한 아파트 단지에서는 국내 최초로 커뮤니티를 외부에 개방함으로써, 아파트 커뮤니티의 또 다른 확장 가능성을 보여줬습니다. 이 아파트는 재건축을 진행하면서 커뮤니티 시설을 지역 주민에게 개방하는 조건으로 층수와 용적률 등에서 완화된 규정을 적용받아 사업성을 높였습니다. 입주민의 프라이버시 보호와 시설 보안을 위해 이용 인원에 제한을 두고 있지만, 지역 주민들이 아파트 커뮤니티를 함께 이용함으로써 지역 기반 커뮤니티가 활성화되는 좋은 사례가 되고 있습니다. 우리나라는 노후화된 아파트가 많아 줄줄이 재건축이 진행될 예정으로, 이와 같은 모델이 확산되면 파급 효과가 상당할 것으로 예상됩니다.

2020년 전 세계를 강타한 코로나19는 아파트의 커뮤니티에도 상당한 영향을 미치고 있습니다. 전염병에 대한 인류의 공포는 쉽사리 사라지지 않을 것이며, 앞으로 전염병이 다시 도래할 수 있는 만큼 이를 충분히 커뮤니티에 반영할 필요가 있습니다. 커뮤니티는 여럿이 함께 사용하는 공간이지만 너무 많은 사람이 같은 시간에 몰리지 않도록 고려할 필요가 있습니다. 커뮤니티 이용자가 겹치지 않도록 동선을 분리하고 이용자 간 거리를 벌리기 위해 커뮤니티 공간을 기존보다 더 넓게 계획해야 합니다. 공용물품을 줄이고 개인물품 사용을 권장하기 위해 개인 수납시설도 반드시 갖춰야 합니다.

아파트에서 나고 자란 세대를 '아파트 키드'라고 부릅니다. 우리나라의 아파트 역사가 60년이 넘었고, 아파트가 전체 주택의 절반 이상인 점을 감안하면 현재 2030세대의 다수는 아파트 키드입니다. 그들에게 유년 시절의 추억은 골목이 아니라 아파트 단지 이곳저곳에 자리합니다. 엄마 아빠랑 떨어지기 싫어 떼를 쓰던 어린이집, 친구와 누가 높이 올라가나 내기했던 그네, 눈물 펑펑 흘리며 병아리를 묻은 화단, 강백호 흉내를 내며 땀 흘렸던 농구장, 시험공부 하러 가서 친구와 수다 떨다 쫓겨난 독서실……. 아파트 커뮤니티 시설은 '입주민'을 '이웃', '단지'를 '동네'라는 단어로 치환할 수 있는 공간입니다.

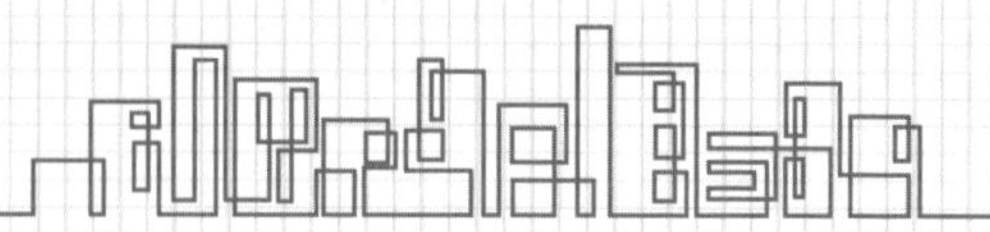

만족도 높은 커뮤니티 시설을 만드는 팁

아파트에서 커뮤니티는 잘못 운영하면 이러지도 저러지도 못하는 계륵이 될 수 있습니다. 입주민이 많이 사용하지 않는 시설이라도 지속해서 유지관리비가 들어갈 뿐 아니라, 커뮤니티 시설은 공용관리비를 올려 입주민 사이에 갈등을 유발하기도 합니다. 건설사는 커뮤니티 시설을 지어줄 뿐, 관리와 운영은 전부 입주자 몫입니다. 그런데 요즘 건설사들이 분양에 성공하기 위해 커뮤니티를 과하게 집어넣는 경향이 있어, 커뮤니티 활성화에 대한 고민이 꼭 필요합니다.

아파트 커뮤니티 만족도를 조사한 연구에 따르면 입주민들이 가장 많이 찾는 시설은 카페와 사우나입니다. 카페는 음료를 마시면서 휴식하는 공간인데, 테이블을 많이 배치해 간격이 좁아 불편해하는 경우가 많습니다. 카페에서 키즈룸을 지켜볼 수 있게 하면 부모들의 이용률이 높아집니다. 사우나는 인기 있는 커뮤니티 시설로, 좌식과 샤워 공간을 늘려달라는 목소리가 높습니다.

아파트 커뮤니티 시설이 한군데 모여 있는 경우 소음이 불만족 요소가 됩니다. 특히 독서실이 소음에 가장 민감합니다. 조용히 혼자 공부할 수 있는 학습 공간은 토론이나 학습 지도를 위한 스터디룸과 용도가 다르므로 공간을 구분할 필요가 있습니다. 또한 독서실은 청소년이 늦은 시간까지 이용하는 시설이므로, 철저한 출입 통제와 보안이 중

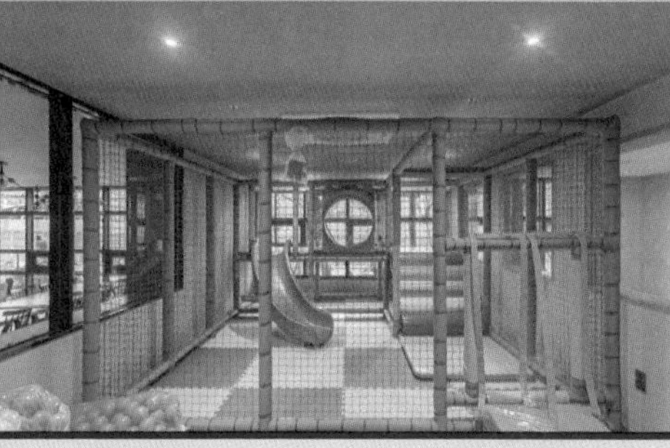

요즘 아파트에서 피트니스 클럽과 골프연습장은 기본 커뮤니티 시설이고, 비 오는 날 아이들이 뛰어놀 수 있는 실내놀이터와 수영장을 설치하는 경우도 늘고 있다. 하지만 커뮤니티는 잘못 운영하면 이러지도 저러지도 못하는 계륵이 될 수 있다. © 삼성물산

요합니다.

스포츠 시설은 주로 지하에 위치하는데, 선큰(sunken) 공간(기준 지상층보다 낮게 조성된 광장이나 정원으로 상부가 개방되어 있음)을 활용할 경우 부족한 채광이 확보돼 만족도가 높아집니다. 피트니스 클럽은 땀과 열기가 넘쳐 환기에 대한 철저한 검토가 필요하며, 이용자의 만족도를 높이기 위해서는 수납공간 확보와 운동기구 관리에 신경 쓸 필요가 있습니다. GX룸은 피트니스 센터 안쪽에 주로 위치하는데, 피트니스 이용자와 동선이 겹치지 않도록 하고 어린 자녀들이 운동기구 사이를 오가다 안전사고가 발생하지 않도록 관리가 필요합니다.

Apartment & Science **25F**

아파트 단지에 바람이 불어야 하는 이유

자연을 상징하는 것 중 하나는 바람입니다. 바람이란 두 장소 사이에 기압의 차이가 존재할 때 기압이 높은 곳에서 낮은 곳으로 공기가 이동하는 현상을 가리킵니다. 우리나라에서는 바람에 계절마다 다른 이름을 붙여줬는데요. 봄에는 동쪽에서 산뜻한 샛바람이, 여름에는 남쪽에서 시원한 마파람이, 가을에는 서쪽에서 서늘한 하늬바람이, 겨울에는 북쪽에서 매서운 된바람이 불어옵니다.

바람은 크게 보면 계절에 따라 변화하는 대기 대순환의 일부지만 작게 보면 평소 우리를 항상 둘러싸고 있는 중요한 환경 요소입니다. 인간이 일정한 장소에 자리를 잡아 건강하고 쾌적하게 살아가기 위해서는 정주 여건이 잘 갖춰져 있어야 합니다. 일조, 온도, 습도, 통풍 등이 정주 여건에 속합니다. 그런데 사람들은 집을 구할 때 다른 조건은 매우 꼼꼼히 따지면서 바람에 관해서는 신경 쓰는 경우가 많지 않습니다.

바람이 사라진 도시에 발생하는 재앙

사람들이 도시로 몰려들면서 점점 건축물은 높아지고 녹지면적은 줄어들면서 도시에 바람이 잘 통하지 않고 있습니다. 바람이 통하지 않으면 공기 순환성이 떨어져 도시로 바깥 공기가 유입되지 못하고 도시의 내부 공기가 빠져나가지 못하게 됩니다. 바람이 사라진 도시가 사람들에게 미치는 영향은 매우 부정적이고 파급력이 상당합니다.

바람이 불지 않으면 무엇보다 도시 내 공기 속 오염물질들이 바깥으로 배출되지 않고 계속 쌓이게 됩니다. 가장 크게 문제가 되는 것은 미세먼지입니다. 특히 우리나라는 중국에서 불어오는 황사 바람 때문에 더욱 예민한 상황입니다. 우리나라는 미세먼지 농도 수치가 세계보건기구 권고 기준보다 2배 이상 높고, 미세먼지 주의보 발령 일수가 계속 증가하고 있습니다. 미세먼지 저감을 위해서는 미세먼지 발생을 줄이는 것 못지않게 미세먼지를 바람으로 날려버리는 게 효과적입니다.

도시의 평균 기온이 주변 지역보다 2~3℃ 높아서 온도 분포도를 그려보면 마치 도시가 섬처럼 나타나는 열섬 현상(urban heat-island)도 바람과 밀접하게 관련이 있습니다. 열섬 현상의 원인은 도시 내 인공열 증가와 대기

▶ **열섬 현상** 도시의 평균 기온이 주변보다 높은 도시 열섬 현상은 건물의 초고층화로 바람 통로가 차단되면서 더 심각해진다. ⓒ 미 해양대기국(NOAA)

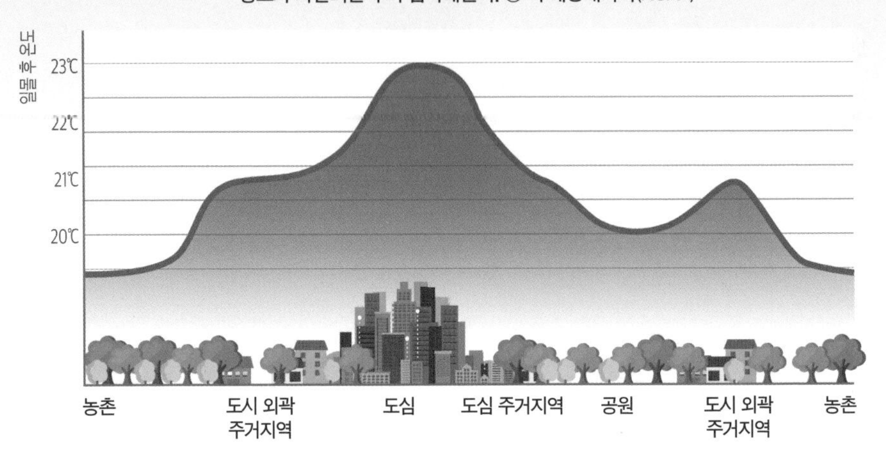

오염으로 인한 온실 효과입니다. 도시 중심지는 초고층 건물이 빽빽하게 들어서서 바람 통로가 막히면서 열섬 현상이 더욱 심각해지고 있습니다. 도시 열섬 현상은 여름철 열대야와 불볕더위를 유발하며 전력 소비량 증가, 생태계 교란 등의 문제를 일으킵니다.

미세먼지와 열섬 현상의 해법 '바람길'

사람들이 길이 있으면 목적지를 쉽게 찾아갈 수 있듯, 바람도 복잡한 도시 안에 다닐 수 있는 길을 만들어주면 끊이지 않고 원활하게 흐를 수 있습니다. 도시 내 바람이 다닐 길에 대해 세계적인 기호학자인 군터 크레스Gunther

Kress, 1940~2019 런던대 교수는 독일어의 통풍(ventilation)과 기차(bahn)라는 단어를 합쳐 '바람길(ventilationbahn)'이라는 이름을 붙여줬습니다.

바람길은 산이나 바다 등 도시 외곽에서 생성된 신선한 공기가 녹지와 물, 열린 공간의 네트워크를 활용하여 도시 안에서 흐를 수 있도록 하는 것입니다. 바람길이 생기면 도시 외부의 차고 신선한 공기가 계속 유입돼 미세먼지가 부유하는 도시의 오염된 공기를 교체해 주고, 악취를 날려버리며, 녹지 등 도시 내 그린 인프라와 연결되어 대기오염물질을 흡착해 저감시킬 수 있는 장점이 있습니다.

바람길은 도시의 대기오염과 열 환경 개선에 도움을 주는 친환경적인 도시 계획 방안으로, 전 세계에서 뜨거운 주목을 받고 있습니다. 도시 디자이너들은 계절별로 바람이 흐르는 방향과 풍속을 고려해 바람길이 확보된 도시 설계도면을 그리고 있습니다. 우리나라는 국토 면적

한강을 바라보기 위해 일렬로 배열한 결과 아파트 단지가 바람을 막는 병풍이 되고 있다. © 서울연구원

의 70% 이상이 산지로 이루어져 있어 바람길 도입에 매우 유리한 지형적 여건을 갖추고 있습니다. 그런데 우리나라는 바람길을 도입할 때 도시 내에서 바람의 흐름을 가로막는 거대한 콘크리트 장벽이 존재합니다. 바로 초고층 건물들이 모여 집단을 이루면서 마치 병풍처럼 서 있는 아파트 단지들입니다.

건축물이 만드는 바람의 다양한 변신

아파트 단지가 바람에 미치는 영향은 예측하기 쉽지 않은 난해한 문제입니다. 정주 여건 가운데 일조의 변화는 태양의 고도와 아파트 단지의 배치 방향에 따라 비교적 간단하게 계산해낼 수 있습니다. 하지만 바람은 기후, 지형, 건축물 배치와 높이 등 다양한 요소에 영향을 받아 복잡한 흐름으로 나타나며 시시각각 변화무쌍하게 달라집니다.

바람이 건축물을 만날 때 나타나는 몇몇 대표적인 현상들이 알려져 있습니다. 우선 비슷한 건물들이 죽 늘어서 있으면 그 사이 공간으로 들어선 바람이 통로를 빠르게 흐르는 '통로 효과(channel effect)'가 나타납니다. 아파트 단지에서 일자형 주동을 나란히 세워 중앙에 통로를 만들면 그 안쪽을 지나는 바람의 흐름이 빨라진다는 사실을 알 수 있습니다.

바람이 지나가는 길에서 건물 사이의 간격이 좁아지면 그 사이로 바람의 흐름이 빨라지는 '벤투리 효과(Venturi effect)'가 발생합니다. 가끔 고층

▶ **건축물과 관련된 다양한 바람 효과들**

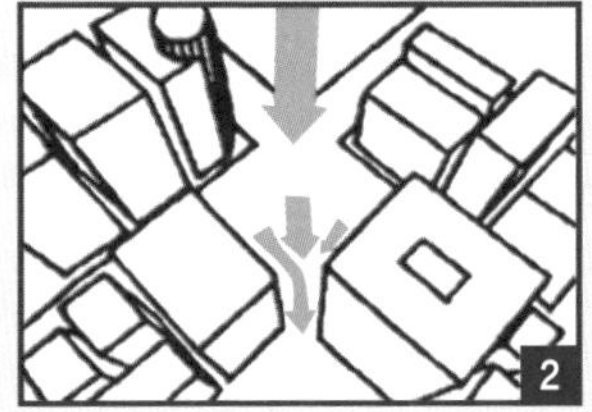

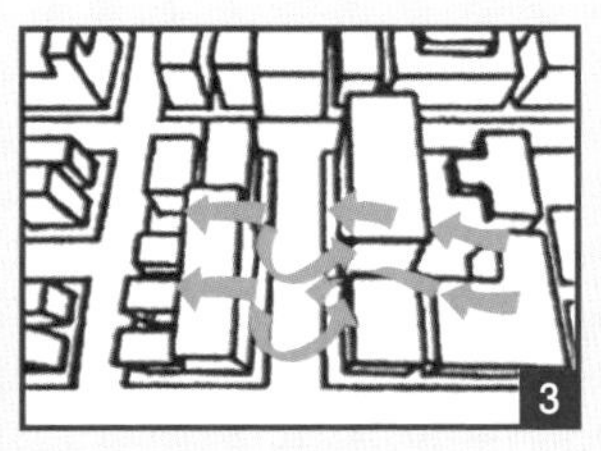

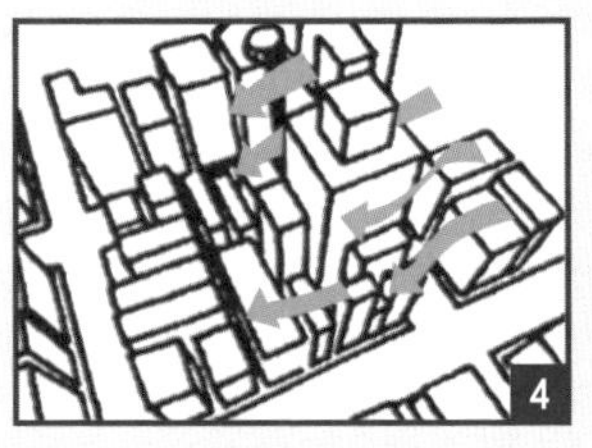

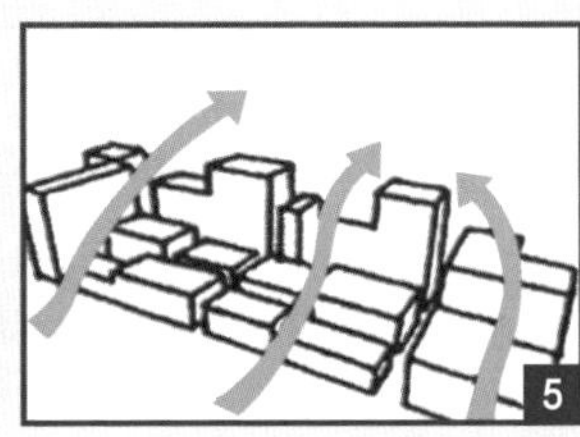

바람이 건축물과 만나면 다양한 변화가 나타난다(© 대한건축학회 《건축환경계획》).

1. 통로 효과 2. 벤투리 효과
3. 차압 효과 4. 피라미드 효과
5. 차폐 효과

아파트 단지에서 '빌딩풍(building wind)'이라는 돌풍이 발생해 풍해(風害)를 일으키는데(338~339쪽 참조), 빌딩풍이 발생하는 원인 중 하나가 바로 벤투리 효과 때문입니다.

나란히 있는 건물을 바람이 넘어갈 때는 뒤쪽 건물 앞면에 부딪히면서 압력이 높아져 상층부와 다르게 지표면에서는 앞쪽 건물 뒷면으로 바람이 부는 '차압 효과(pressure connection effect)'가 나타납니다. 차압 효과로 인해 일자형 아파트 단지에서 수직으로 바람이 불 때 그 사이 공간의 오염된 공기가 빠져나가지 못하고 갇히게 될 것이라는 점을 예상할 수 있습니다.

피라미드처럼 건물의 높이가 점진적으로 높아질 경우에는 상공으로만 바람이 흐르고 지표면 풍속은 저하되는 '피라미드 효과(pyramid effect)'가 나타납니다. 높이와 규모가 비슷한 건물이 밀집한 경우에는 상공으로 바람이 빠르게 통과하고 지표면은 바람이 없는 '차폐 효과(shelter effect)'가 나타납니다. 피라미드와 차폐 효과 역시 여러 건물의 집합군인 아파트 단지에서 지표면 공기가 정체될 수 있음을 시사합니다.

바람의 흐름에 건축물이 가장 직접적으로 영향을 미치는 요인은 밀도와 관련된 요소들입니다. 건폐율은 대지면적에서 건축물 바닥면적이 차지하는 비율을 말하는데, 건폐율이 50%(대지 절반에 건물이 들어선 경우) 이상이 되면 원활한 통풍이 이뤄지기 어렵습니다. 아파트 단지에서 건폐율이 낮으면 낮을수록 통풍 관점에서는 더 우수하다고 판단하면 됩니다. 연구에 따르면 건축물의 밀도가 낮은 고층 주거단지는 기류 속도가 더 빠르고 바람이 깊게 들어와 공기의 순환이 활발한 모습을 보입니다.

차폐율은 건축물의 입면적 합계를 조망면적으로 나눠 구하는 값입니다. 공간에 건축물이 얼마나 들어차 있는지 개방감을 보여주는 지표입니다. 차폐율이 높으면 건축물이라는 콘크리트 장벽으로 공간이 막혀있다고 생각하면 됩니다. 아파트 단지에서 바람이 잘 통하기 위해서는 무엇보다 차폐율이 낮아야 합니다. 아파트 단지에서 차폐율에 가장 큰 영향을 미치는 것은 주동 형태입니다.

아파트의 주동 형태가 일(一)자인 판상형은 전 세대를 남향으로 배치할 수 있는 장점이 있지만 배치 형태에 따라 바람길을 수직으로 가로막을 수도 있다는 문제가 있습니다. 반면 타워형(탑상형)은 주동 자체가 판상형보다 폭이 좁고 서로 엇갈리게 배치할 수 있어 단지 내 통풍이 대체적으로 원활하다는 장점이 있습니다.

이 밖에 바람에 영향을 주는 건축물 구성 요소로 '필로티(piloti)'가 있습니다. 필로티는 근대 건축의 거장 르 코르뷔지에Le Corbusier, 1887~1965가 1920년대에 처음 제안한 것으로, 건물을 2층 레벨까지 들어 올려 지상층을 개방하는 개념입니다. 건물을 공중으로 들어 올림으로써 습기가 차단돼 실내는 더욱 쾌적해지고 사람과 공기가 이동할 수 있는 통로가 형성됩니다.

요새 아파트에서는 방범과 프라이버시, 채광, 소음이 취약해 인기가 없는 1층 전체 또는 일부에 세대를 설치하지 않는 대신 뻥 뚫린 필로티 공간을 집어넣습니다. 바람의 주된 흐름과 같은 방향으로 필로티를 설치하면 건물의 차폐율을 낮출 수 있고 건물 내 맞통풍처럼 공기를 효과적으로 흐르게 할 수 있습니다.

어떤 단지 배치가 통풍에 유리할까?

아파트는 한 번 건설되면 최소 40년은 그 자리에 버티고 서있게 됩니다. 따라서 아파트를 건설할 때는 정주 여건인 환경 요소들에 대해 신중하게 고려할 필요가 있습니다. 예전 아파트는 바람은 전혀 고려하지 않고 산과 강을 바라보게 설계했는데, 그 결과 한강변에 병풍처럼 지어진 꽉 막힌 아파트가 탄생했습니다. 이 아파트들은 거실의 멋진 전망과 깨끗한 공기를 맞바

▶ 대표적인 아파트 배치 형태와 단지 내 풍속 변화 분석 결과

바람길과 수직 방향인 판상형 배치(A)와 혼합형 배치(D)는 내부 풍속이 느려져(파란색 부분) 대기오염물질이 정체할 가능성이 크다. © 국토연구원

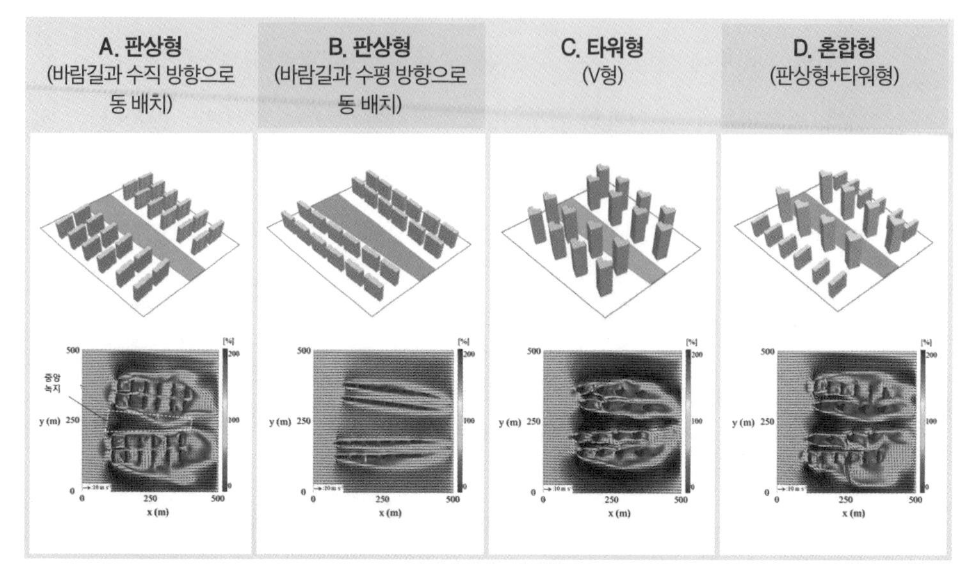

꾼 셈이라고 평가할 수 있습니다.

사람들의 환경에 대한 인식 수준이 높아지면서 아파트 단지 설계에서 바람길의 우선순위가 계속 높아지고 있습니다. 전문가들은 최적의 바람길 성능을 나타내는 아파트 단지 배치 계획을 도출하기 위해 실제와 같은 모형을 만든 후 인공바람을 발생시켜 바람의 움직임을 분석하는 풍동실험(wind tunnel)을 진행하고 컴퓨터를 활용한 전산유체역학(CFD : Computational Fluid Dynamics)을 통해 더욱 정밀하게 시뮬레이션을 진행해 바람의 형태와 속도, 방향 등을 예측하고 있습니다.

국토연구원이 CFD를 활용해 진행한 연구에 따르면 바람길과 수직 방향

으로 배치된 판상형 아파트 단지(A)에서 바람길이 되는 중앙 녹지 지역은 유입류 대비 130% 정도 풍속이 증가하나 단지 내부는 풍속이 약해져 대기 오염물질 분산이 어려운 것으로 확인됐습니다. 반면 바람길과 수평 방향으로 배치된 판상형 단지(B)의 경우 중앙 녹지 지역은 유입류 대비 143% 정도 풍속이 증가하며 대기가 정체된 면적은 상당히 작아 대기오염물질 분산에 가장 유리했습니다.

고층으로 서로 엇갈리게 배치한 타워형 아파트(C)에서 중앙 녹지는 유입류 대비 170% 풍속이 증가하나 단지 내부 풍속은 약해지는 것으로 나타났습니다. 오염물질 배출은 바람길과 수평 방향으로 배치된 판상형 아파트보다는 못하지만, 그 외 다른 배치 형태들에 비해서는 양호합니다. 판상형과 타워형을 섞은 혼합형 배치(D)의 경우 중앙 녹지 지역은 유입률 대비 156% 풍속이 증가하나 건축물 내부의 풍속은 상당히 약해져 대기오염물질이 정체할 가능성이 수직 방향으로 배치된 판상형 아파트(A) 다음으로 매우 높았습니다.

바람은 일상생활에서 사람들이 쾌적함을 느끼는 원천입니다. 아파트 단지 안에서 일어나는 복잡한 바람의 흐름을 정확히 예측할 수 있게 되면서 산, 숲, 골짜기에서 내려오는 맑은 공기가 우리 일상에 더 가까워지고 대기 중 오염물질은 바람과 함께 사라지고 있습니다. 아파트 단지 외부공간에서 바람의 흐름을 정확히 파악하면 바람이 잘 흐르고 미세먼지 농도가 낮은 지역에 어린 자녀가 뛰어 놀 놀이터와 공원 등 이용자가 많은 시설을 설치할 수 있습니다. 아파트 단지 계획에서 바람의 존재감은 더욱 커질 전망입니다.

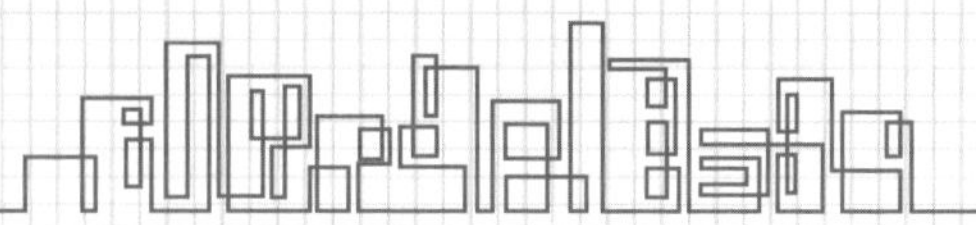

초고층 빌딩 때문에 생긴 신종 재해,
빌딩풍

고층 아파트 단지가 들어선 후 그전에는 없었던 강한 돌풍이 발생해 고통을 호소하는 사람들이 늘고 있습니다. 단순히 보행이 어려운 경우부터 돌멩이가 날리고 유리창이 우수수 박살 나는 재해 수준까지 피해가 다양합니다. 고층 건물에서 급작스럽게 발생해 인적 피해와 물적 손실을 안기는 강한 바람을 '빌딩풍'이라 부릅니다.

빌딩풍이 발생하는 이유 중 하나는 고층 건물 사이에서 바람의 속도가 빨라지는 벤투리 효과 때문입니다. 이 현상은 일정 공간에서 유체가 흐를 때 공간이 좁아지면 속도가 빨라지는 '베르누이의 정리(Bernoulli's theorem)'로 설명할 수 있습니다. 물이 나오는 호스의 노즐 끝부분을 좁게 쥐면 물이 더 빠르고 강력하게 뿜어져 나오는 것과 똑같은 원리입니다.

빌딩풍이 발생하는 또 다른 이유는 상층부에서 빠르게 불던 바람이 건물과 부딪혀 떨어지는 와류 유동(vortex flow) 때문입니다. 이 바람은 예상치 못하게 분다는 특징이 있어 '먼로

> 벤투리 효과와 함께 빌딩풍이 발생하는 또 다른 이유는 상층부에서 빠르게 불던 바람이 건물과 부딪혀 떨어지는 와류 유동 때문이다. 와류 유동은 예상치 못하게 분다는 특징이 있어 '먼로풍'이라 부른다.

영국 런던의 스트라타 SE1은 건물 꼭대기에 대형 터빈 3개를 설치해 빌딩풍으로 풍력발전을 한다.

풍(Monroe wind)'이라 불립니다. 영화 〈7년 만의 외출〉에서 지하철 환풍구 위에 서 있던 마릴린 먼로(Marilyn Monroe, 1926~1962)의 치맛자락을 갑자기 들춘 바람에서 따온 겁니다.
연구에 따르면 고층 건물이 많은 서울 강남지역에서 사람이 걷기 힘들 정도인 초속 11m 이상의 빌딩풍이 연간 1400여 차례나 발생하고 초속 17m 이상인 태풍급 바람도 연간 20여 차례나 부는 것으로 확인됐습니다. 빌딩풍이 신종 재해로 인식되면서 2021년 초고층 아파트가 많은 부산을 시작으로 지자체들이 예방 조례를 잇달아 마련하고 있습니다.
아파트 단지에서 빌딩풍 발생을 막기 위해서는 설계 단계부터 고려해야 합니다. 초고층 건물과 건물 사이가 너무 좁아지지 않도록 일정 간격 이상으로 벌려야 하며, 국내 최고층 롯데월드타워처럼 외벽을 부드러운 곡선이나 나선 형태로 만들어 바람과 부딪히는 면적을 줄여야 합니다.
우리보다 일찍 빌딩풍에 대비해온 외국에서는 빌딩풍을 활용한 건물도 등장했습니다. 전기면도기처럼 생겼다고 '레이저 빌딩'이라는 별명이 붙은 영국 런던의 스트라타 SE1 빌딩은 높이가 148m입니다. 스트라타 SE1은 빌딩 꼭대기에 3개의 바람구멍을 뚫고 그 구멍에 대형 터빈을 설치해 발전을 합니다. 건물 전체에서 사용하는 에너지의 8%가량을 3개의 터빈에서 생산한 전력으로 충당한다고 합니다.

Apartment & Science **26F**

아파트는 어떻게 우리의 몸과 마음을 지배하는가?

"하나의 건물을 만든다는 것은 하나의 인생을 만들어내는 것이다."

20세기를 대표하는 건축가 중 한 명인 루이스 칸Louis Isadore Kahn, 1901~1974이 남긴 말입니다. 사람의 인생은 그가 사는 공간으로부터 지대한 영향을 받습니다. 칸은 "건축은 방을 만드는 것으로, 방은 건축의 기원이며 마음의 장소이다"라는 말도 남겼습니다.

흔히 건축하면 대부분의 사람은 건축물의 높이나 모양 등 외부 형체를 떠올리기 쉽습니다. 그러나 실제 중요한 것은 그곳에서 생활하는 사람들이 일상적으로 접하는 공간입니다. 사람들이 서로 관계를 맺고 생활하면서 영향을 주고받는 곳은 건축 공간으로, 겉으로 보이는 껍데기는 바로 이 내부 알

맹이를 만들어내기 위한 매개체로 생각하는 것이 타당합니다.

요새 세워지는 아파트를 보면 기술 차원에서 대단히 아름답고 기능적이며 튼튼해 탄성을 자아냅니다. 그런데 이 아파트들이 화려한 겉모습만큼 내부 알맹이도 실속이 있는지 궁금해집니다. 새 아파트가 제공하는 공간이 과연 이전 주거공간보다 더 좋아졌다고 말할 수 있을까요? 아파트 공간은 우리의 몸과 마음에 어떤 영향을 미치고 있을까요?

아파트에 거주한다는 이유만으로 겪는 스트레스

아파트는 한정된 토지에 더 많은 사람을 수용하려는 목적에서 발달한 주거 양식이기에 필연적으로 '고밀'과 '고층'이라는 두 가지 속성을 갖게 됩니다. 고밀은 잘 모르는 다양한 사람들과 함께 부대끼며 살아가야 한다는 의미를 내포합니다. 고층은 기존 주거 방식에서는 존재하지 않았던 아주 인공적인 공간입니다.

고밀 · 고층 공간에서 살아갈 때 사람의 마음에 필연적으로 찾아오는 것이 스트레스(stress)입니다. 스트레스는 '팽팽하게 죄다'는 뜻을 가진 라틴어 'stringer'에서 유래한 용어로, 해로운 인자나 자극을 받을 때 나타나는 긴장된 상태와 그에 따른 생리적 반응을 지칭합니다. 원래는 의학용어였는데 바쁜 현대인들이 워낙 많은 스트레스에 노출되면서 요즘에는 일상용어로 자주 사용됩니다.

사람의 마음이 스트레스를 느끼면 대뇌 밑 시상하부(hypothalamus)에서 호르몬이 분비돼 교감신경계가 활성화되고 부교감신경계는 억제됩니다. 교감신경계는 우리 몸 전체에 다양한 변화를 일으키는데, 위급한 상황에 대응하기 위해 신체를 활성화시키는 것으로 생각하면 이해하기 쉽습니다. 교감신경계가 활성화되면 전신에 더 많은 에너지를 공급하기 위해 심장이 빨리 뛰고 호흡이 가빠지며 주위를 살피기 위해 눈동자가 커지고 소화액 분비가 억제돼 입에 침이 마릅니다.

불안정한 상황이 계속되면 신체는 지속적인 스트레스에 대처하기 위해 부신피질에서 코르티솔(cortisol)을 분비합니다. 대표적인 스트레스 호르몬인 코르티솔은 근육에서 아미노산을, 간에서 포도당을, 지방 조직에서 지방산을 혈액으로 내보내 스트레스 상황에서 소모된 에너지를 회복시키는 역할을 합니다. 하지만 스트레스 상황이 만성화되면 혈압과 혈당이 상승하며 심신이 피로하게 되고 면역체계가 제 기능을 하지 못하는 등 부작용을 불

▶ 스트레스 반응 시스템과 스트레스가 인체에 미치는 영향

인체에 스트레스가 발생하면 코르티솔이 분비되어 스트레스 상황에서 소모된 에너지를 회복시키는 역할을 한다. 하지만 만성적으로 스트레스가 지속되면 신경계와 심혈관계 등에 다양한 이상을 초래한다.

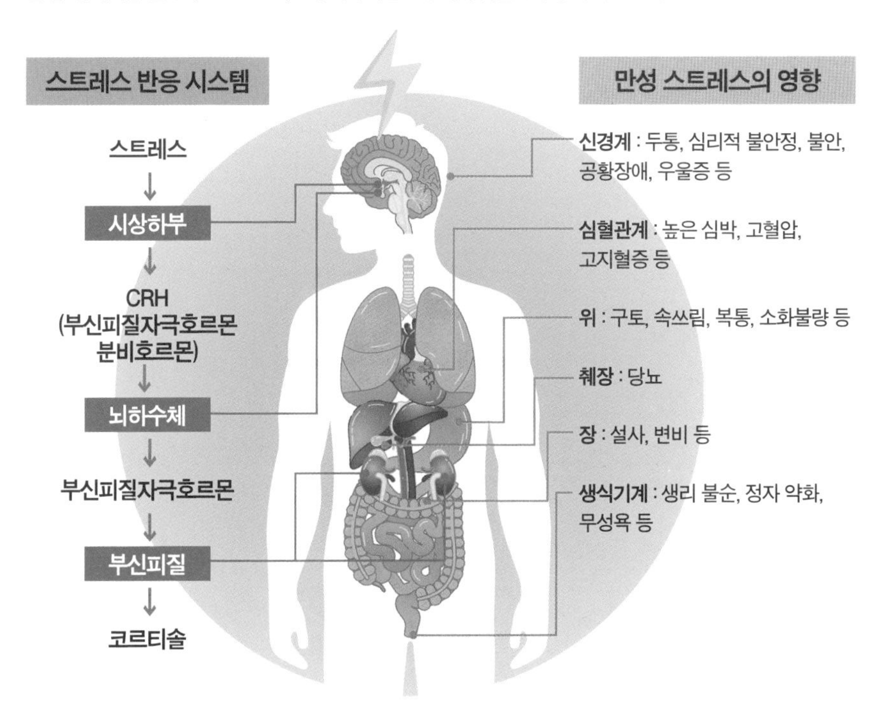

러옵니다.

아파트에 거주하는 사람이 주거공간으로부터 느낄 수 있는 스트레스는 다양합니다. 무엇보다 아파트는 위, 아래, 옆으로 여러 세대가 서로 붙어 있다 보니 발생하는 소음이 스트레스가 되는 경우가 많습니다. 걷거나 뛸 때 쿵쿵 울리는 발소리부터 한밤중 청소기와 세탁기 등을 돌리는 소리, 화장실에서 물 내릴 때 발생하는 급배수 소음, 부부싸움 시 발생하는 고함 등이 우

리의 마음을 옥죕니다.

여러 사람이 살기 위해 당연히 지켜야 하는 기본적인 규칙을 지키지 않을 때도 커다란 스트레스를 느낍니다. 공용공간을 마치 개인공간처럼 사용하는 사람, 세대 내 발코니나 욕실에서 담배를 피우는 사람, 엘리베이터 안이나 계단에서 침을 뱉거나 쓰레기를 버리는 사람, 정해진 공간이 아닌 곳에 불법주차를 하는 사람 등을 만나면 심장이 쿵쿵 뜁니다.

같은 아파트에 산다는 이유로 다른 사람과 맺어야 하는 관계에서 스트레스를 느끼는 경우도 많습니다. 모르는 사람을 계속 마주쳐야 할 때, 이웃이 취미활동이나 운동 · 종교를 권유할 때, 내 집안이 밖에서 보이거나 반대로 다른 사람 집안이 들여다보일 때, 내 집안일을 다른 사람이 관심을 두거나 화제로 삼을 때 우리의 마음은 불편합니다.

아파트의 건축 구조 자체로 인해 스트레스를 느끼는 경우도 많습니다. 엘리베이터를 이용할 때 혹시 고장이 나서 추락하지 않을지, 화재가 발생했을 때 고층에서 안전하게 대피할 수 있을지 걱정됩니다. 여성의 경우 지하주차장에서 범죄에 대한 불안감을 느끼는 경우가 많습니다. 최근에는 낙하물 사고가 빈번히 발생하면서 근심거리가 더해졌습니다.

서로 떨어질 수 없는 고밀의 영향

아파트에 여러 사람이 모여 살기 때문에 발생하는 고밀로 인한 스트레스는 공간적인 밀도보다 인간 상호관계의 접촉 빈도에 기인하는 경우가 많습니다. 정확히 말하면 내 영역 안으로 모르는 사람이 불쑥불쑥 침투하기 때문에 느끼는 스트레스입니다.

우리를 둘러싸고 있는 공간이 사람에게 미치는 영향을 논의할 때 미국의 문화인류학자 에드워드 홀Edward T Hall, 1904~2009의 4가지 인간관계 거리가 자주 활용됩니다. 그는 사람은 자신의 주변 공간에 대해 눈에 보이지 않는 경계를 설정한다고 주장했습니다. 주변 46cm 이내는 가족이나 연인을 위한 친밀한 거리(intimate distance)로, 46cm에서 1.2m까지는 친한 사람들에게 허용되는 개인적 거리(personal distance)로 분류했습니다. 재미있는 점은 모르는 사람이 개인적 거리 안으로 침투하면 스트레스를 느끼지만 반대로 가족이나 연인이 이보다 떨어져도 관계가 멀어지는 것을 걱정하고 스트레스를 느낍니다.

1.2m부터 3.6m는 사회생활을 하면서 만나게 되는 사람들과 유지하는 사회적 거리(social distance)입니다. 3.6m보다 멀어질 때는 공적 거리(public distance)라 하는데, 무대 공연을 관람하거나 연설을 들을 때 떨어져 있는 거리로 사교성이 전혀 없습니다.

아파트는 기본적으로 좁은 면적에 여러 사람이 모여 살다 보니 개인 간 적절한 거리를 유지하지 못하는 경우가 많습니다. 전문가들은 대인 간 상호작용에 대한 통제력이 없는 상황에서 혼잡하거나 신체가 지나치게 가까워질 때 상당한 강도의 스트레스를 느끼게 된다고 설명합니다. 대표적인 장소가 엘리베이터입니다. 인적이 뜸한 시간, 엘리베이터에 모르는 사람과 단둘

▶ 에드워드 홀의 4가지 인간관계의 거리

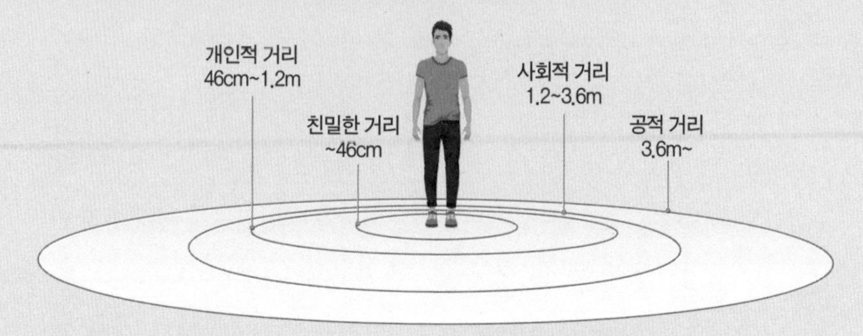

미국의 문화인류학자 에드워드 홀은 저서 『숨겨진 차원(The Hidden Dimension)』에서 사회적 공간과 개인적 공간에 대한 인간의 지각을 다뤘다. 홀은 이 책에서 사람들 사이의 거리를 친밀도에 따라 4가지로 나누어 설명했다.

만 타게 되면 상대방을 강하게 의식하게 되며 긴장하게 됩니다.

아파트에서는 서로 다른 배경과 특성을 지닌 사람들이 수시로 대면하고, 서로 아는 관계가 아니어도 같은 생활 범주에서 공간을 공유하며 살아갈 수밖에 없습니다. 고밀로 인한 스트레스를 줄이기 위해서 가장 중요한 것은 상호 에티켓(etiquette)이라 할 수 있습니다. 에티켓은 법에 따라 강제되는 행동 규범은 아니지만 원활한 공동생활을 위한 상호약속인 생활 규범이고 문화이며 예절입니다.

미래는 사회적 책임, 약자에 대한 보호, 배려, 상생, 협력이 중요해지는 사회가 될 것으로 예상됩니다. 개인이 자신의 권리를 찾기 위한 행동은 타인의 희생을 담보하는 행위일 수 있습니다. 아파트에서 발생하는 문제 상당수가 다른 입주민의 생활 태도에서 발생하는 경우가 많습니다. 공동주택 문제를 해결하기 위해서는 입주민 모두가 서로 존중하고 배려하는 공존의 지혜가 필요합니다.

초고층의 빛과 그림자

고층으로 인한 스트레스는 고밀로 인한 스트레스와는 궤를 달리합니다. 한평생 시골에서 살던 부모님이 모처럼 아파트에 사는 자녀 집에 찾아왔는데, 심장이 쿵쿵 울린다며 불안해하시는 경우가 있습니다. 손주들 보며 며칠 편히 쉬다 가셨으면 하는 바람인데, 마음이 불편하다며 서둘러 짐을 챙겨 내려가시는 모습을 보면 서운할 수도 있습니다.

그런데 사실 지면과 닿은 공간에서 수백만 년을 살던 인류에게 고층은 대단히 낯선 공간입니다. 지면과의 격리감은 익숙지 않은 사람에게 심적으로 상당한 부담이 될 수 있습니다. 특히 건축 기술이 발달하고 경제성을 확대하기 위해 아파트의 높이는 점점 더 높아지고 있어 초고층 주거공간 문제는 앞으로 더욱 중요해질 것으로 예상됩니다.

초고층 주거공간이 불편한 가장 큰 이유는 높이입니다. 평소 땅을 접하며 살아가던 사람이 높은 곳에 올라가 밑을 내려다보면 심리적으로 흥분하며 추락에 대한 두려움이 생깁니다. 높은 곳에서 아래를 내려다볼 때 심리적 흥분에 의해 공포감을 느끼는 것은 너무나도 당연한 생리현상입니다. 문제는 건강한 사람이라면 높은 곳에 금방 적응하지만, 노약자 등 허약한 사람

국내 최고층 롯데월드타워와 아파트 단지들 사이로 저층 주거 단지들이 함께 보인다(© 서울연구원). 지면과 닿은 공간에서 수백만 년을 살던 인류에게 고층은 대단히 낯선 공간이다. 지면과의 격리감은 익숙지 않은 사람에게 상당한 심적 부담으로 작용한다. 또한 초고층에서 미세하게 달라지는 공기의 압력은 우리 몸에서 이상 증세로 발현되기도 한다.

은 적응이 쉽지 않고 스트레스가 계속 축적된다는 점입니다.

초고층에서 미세하게 달라지는 공기의 압력도 우리 몸과 마음에 영향을 미칩니다. 보통 지면에서 10m 올라가면 기압은 1.3hpa(헥토파스칼)씩 낮아지는데, 지상 50층에서는 기압이 평지보다 22hpa 정도 낮습니다. 기압이 낮아지면 뇌혈관의 혈류가 변화함으로써 편두통이 자주 발생할 수 있습니다. 저협압 증세인 사람은 귀울림이나 멀미를 느끼게 되며, 여성의 호르몬 분비에도 영향을 미쳐 생리 불순이나 현기증 같은 증상이 나타나기도 합니다.

이 외에도 초고층 아파트에 거주하는 입주민들은 강풍이 불 때 느껴지는 미세한 진동에 대해 잠재적인 불안감을 호소합니다. 강한 바람이 불면 건물의 흔들림이 느껴지면서 뱃멀미와 같은 증상이 나타나기도 합니다.

초고층 주거공간이 증가하면서 서양에서는 1970년대부터 다양한 연구가 진행되었는데, 상당수 연구가 초고층 주거공간이 정신건강에 악영향을 미친다고 경고하고 있습니다. 초고층에 거주하는 사람들이 저층에 거주하는 사람들보다 더 높은 비율로 불안하고 우울하며 공격성을 보이는 등 정신건강 차원에서 취약하다는 결과들입니다.

국내에서는 2019년 진행된 연구가 눈에 띕니다. 한 지자체 내에 있는 아파트 거주자의 자살률을 전수 조사한 결과 사회취약계층 지원을 위한 임대 아파트에서 고층 거주자의 자살률이 저층 거주자의 자살률보다 무려 60%나 높다는 점을 밝혀냈습니다. 고층 거주자의 자살률이 높은 이유는 지상과 떨어져 있는 데서 오는 사회적 교류 감소, 고립감, 사회적 지지(social support) 약화 등으로 설명했습니다. 하지만 일반 아파트의 경우는 고층과 저층 거주자의 자살률에 유의미한 차이가 없었습니다. 연구자는 우리나라에서 고층은 남들이 부러워하는 로열층으로 거주자에게 자부심을 줘 부정적 영향을 상쇄하는 것으로 추정했습니다.

고층 주거공간은 생리적으로 인체에 상당한 스트레스를 안기며, 이와 별개로 사회적 · 심리적 단절을 더욱 심화시켜 정신건강에 부정적인 영향을 미치는 것으로 보입니다. 이웃 나라인 일본의 경우 저소득 가정에 임대하는 고층 공영주택에는 6세 미만의 아이가 있는 가정은 거주할 수 없도록 하고 있습니다.

인간은 사회적 동물입니다. 본능적으로 모여서 사회를 이루고 함께 어울리며 살아가기를 원합니다. 하지만 한정된 토지를 효과적으로 활용하기 위해 아파트가 만들어내는 고밀 · 고층의 주거공간은 그 안에서 살아가는 사람들에게 다양한 스트레스를 불러일으킬 수 있습니다. 다만 다른 나라와 달리 우리나라에서는 아파트가 중산층의 주거공간으로 자리를 잡으면서, 고밀 · 고층에서 파생되는 상당수 스트레스를 극복하는 과정을 보인다는 점은 대단히 흥미롭습니다.

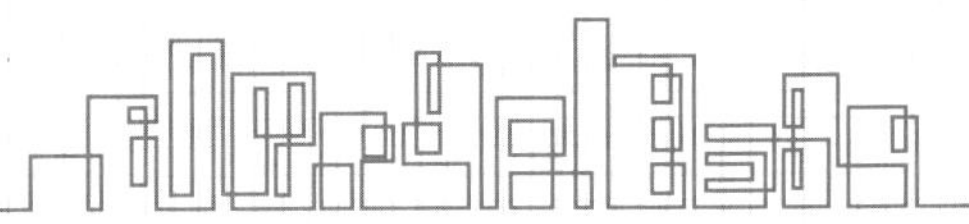

다른 종(種)과 더불어 사는 데 필요한
에티켓

요새 반려동물을 키우는 가정이 늘고 있습니다. 통계청 인구주택총조사에 따르면 2020년 기준으로 반려동물을 키우는 가구는 312만 9천 가구로 전체 가구의 15%를 차지했습니다. 아파트에서 반려동물 양육은 입주민의 스트레스를 줄이는 데 상당히 도움이 되지만, 한편으로는 다른 입주민에게는 커다란 스트레스 요인인 것으로 나타나고 있습니다.

반려동물을 키우지 않는 입주민들은 평온한 주거생활에 지장을 주는 반려동물의 소음, 엘리베이터 등에서 갑작스럽게 보이는 반려동물의 공격적 행동, 세대 내 발코니 배변으로 인해 이웃으로 확산되는 악취, 계단과 화단 등 공용부분에 반려동물의 배설물을 방치하는 행위 등으로 상당한 스트레스를 받습니다. 한편 반려동물을 키우는 입주민들은 반려인에 대한 비반려인의 적대적 행동이 지나치다고 생각하고 있습니다.

아파트에서 반려동물로 인한 갈등을 피하기 위해서는 무엇보다 반려동물을 키우는 입주민들이 반려동물(pet)과 함께할 때 지켜야 할 예절(etiquette)인 펫티켓을 준수하는 것이 중요합니다. 나에게는 가족과 같은 반려동물도 다른 사람에게는 위협이 될 수 있다는 사실을 인지해야 합니다. 개에게 물리는 등 반려동물 관련 사고가 매년 2000건 이상 발생하는데, 사고는 반려동물을 키우는 사람의 책임이라는 점을 명심해야 합니다.

「동물보호법 시행규칙」에 따라 외출할 때 목줄 또는 가슴줄 길이는 2m 이내여야 하고, 엘리베이터 등 아파트 내부 공용공간에서는 반려동물을 안거나 잡아야 하며 위반 시에는 50만 원 이하의 과태료가 부과됩니다. 외출할 때 배변 봉투를 잊지 않고 챙기며 맹견과 다른 사람에게 상해를 입힐 수 있는 개는 입마개를 채워야 합니다. 발코니 배변은 다른 입주민에게 피해가 될 수 있으므로 삼가는 것이 좋습니다. 참고로, 입주민이 반려동물을 사육함으로써 공동주거생활에 피해를 미치는 행위를 하는 경우에는 「공동주택관리법 시행령」에 따라 관리주체의 동의를 받아야 합니다.

반려동물을 키우지 않는 사람도 지켜야 할 펫티켓이 있습니다. 먼저 보호자의 허락 없이 반려동물을 함부로 만지지 않는 것입니다. 사회성이 높은 개조차 유대감이 쌓인 관계가 아니고서는 사람이 만지는 행위를 좋아하지 않습니다. 특히 동물에 대해 호기심이 많은 어린아이는 손부터 뻗고 다가가는 경우가 있습니다. 동물은 자기보다 몸집이 작으면 서열을 낮게 보는 경향이 있으니, 어린아이와 함께 있을 때는 각별한 주의가 필요합니다. 또 반려동물을 정면으로 응시하거나 큰 소리로 자극하는 행위도 삼가야 합니다. 낯선 사람이 똑바로 바라보거나 이를 드러내며 웃는 모습을 자신에 대한 위협이나 도전으로 받아들이기 때문입니다.

▶ 반려동물을 키우는 가구의 거처 종류

자료 : 통계청, 「2020 인구주택총조사」

거처의 종류	비중(%)
단독주택	34
아파트	48
연립주택	2
다세대주택	10
비거주용 건물 내 주택	2
주택 이외의 거처	5

2020년 기준으로 반려동물을 키우는 312만 9천 가구 중 아파트 거주 가구 비중이 48%다.

지하주차장, A부터 Z까지

아파트 단지에서 택배를 둘러싼 갈등이 심심치 않게 발생하고 있습니다. 지상에 차가 다니지 않도록 설계된 소위 공원형 아파트에서 택배 배달 차량의 지상 진입을 전면 금지한 후 다른 차들처럼 지하주차장으로 다니라고 한 건데요. 지하주차장의 출입구 높이가 택배 차량 높이보다 낮아, 택배기사와 주민들이 갈등을 빚고 있습니다.

택배기사들은 택배 차량의 지상 진입을 허용하지 않으면 개별 세대까지 배송하기 어렵다는 입장입니다. 반면 아파트 주민들은 안전을 위한 불가피한 조치로 택배 차량을 높이가 낮은 저상으로 바꾸면 해결되는 일이라 주장합니다. 하지만 택배기사들은 차량 개조에 큰돈을 들여야 하고 저상 차량은 짐칸에서 물건을 넣고 꺼낼 때 허리를 펴고 일할 수 없어 사용을 꺼립니다.

최근 공원형 아파트에서 빈발하고 있는 '택배 갈등'은 지하주차장 출입구 높이가 택배 차량 높이보다 낮아 발생했다. 택배기사와 입주민의 갈등이 사회적으로 큰 파장을 일으키자 국토교통부는 뒤늦게 지상 공원형 아파트의 지하주차장 높이를 기존 2.3m에서 2.7m로 높이도록 규정을 변경했다. 하지만 공원형 아파트가 처음 등장한 2000년대부터 관련 법규가 바뀐 2019년까지 지하주차장을 2.3m 높이로 지은 아파트가 전국에 수두룩하다.

최근 공원형 아파트에서 자주 발생하는 택배 갈등은 해결책이 쉽사리 떠오르지 않습니다. 아파트 단지 안에서 차량으로 인한 사고는 언제든지 발생할 수 있기에 안전을 중시하는 주민들의 마음을 폄훼하기는 어렵습니다. 그렇다고 열악한 환경에서 힘들게 일하는 택배기사들에게 가중되는 경제적 부담과 육체적 고충을 외면해서도 안 됩니다.

문콕, 주차난, 택배 갈등까지
주차장에서 발생하는 다양한 사고의 근본 원인

지상에 차가 다니지 않는 아파트를 짓겠다고 하면서 현대인의 삶에 없어서는 안 되는 택배를 나르는 차량조차 고려하지 않고 주차장을 만들었다는 점이 선뜻 이해되지 않습니다. 아파트 주차장은 「주차장법」과 「주택건설 기준 등에 관한 규정」에서 정한 기준을 준수해 설치됩니다. 현행 법률은 지상으로 차량 접근이 가능한 경우를 제외하고 지하주차장은 바닥면으로부터 2.7m 이상 높이를 확보하게 되어 있습니다.

당초 법률이 규정한 지하주차장 층고는 2.3m 이상이었습니다. 그러던 것이 2018년 경기지역 신도시의 한 아파트 단지에서 택배 대란이 발생해 사회적으로 큰 파장을 일으킨 후 택배 차량 출입이 가능하도록 지하주차장 층고를 높였습니다. 하지만 공원형 아파트가 처음 등장한 2000년대부터 관련 법규가 바뀐 2019년까지 지하주차장을 2.3m 높이로 지은 아파트가 전국

▶ 아파트 주차장 규격의 변화

개정일	1971. 12. 31.	1988. 2. 24.	1990. 12. 24.	2012. 7. 2.	2018. 3. 21.
일반형	2.5m×6.0m	2.5m×5.5m	2.3m×5.0m	2.3m×5.0m	2.5m×5.0m
확장형				2.5m×5.1m	2.6m×5.3m

* 2012년 7월 18일 이후 건설된 주차장은 30% 이상 확장형 설치

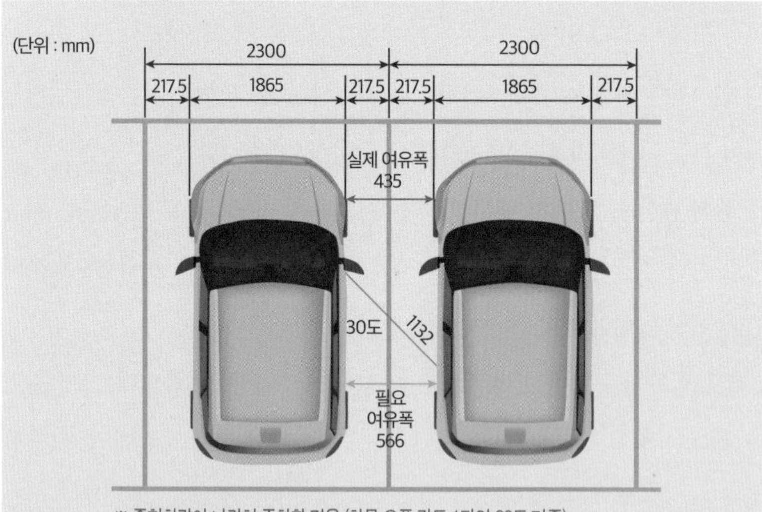

※ 중형차량이 나란히 주차할 경우 (차문 오픈 각도 1단인 30도 기준)
필요 여유폭 : 566(mm) – 실제 여유폭 : 435(mm) = 131(mm) 부족

아파트 주차장 규격은 1990년부터 거의 30년째 바뀌지 않았다(위). 주차장 폭이 2.3m일 경우 중형차를 나란히 주차했을 때 필요폭보다 131mm가 부족하다(아래). © 이수일 등 「주차장 사고특성에 관한 연구」

에 수두룩한 상황입니다.

이와 비슷한 문제가 주차장 규격에서도 나타납니다. 「주차장법 시행규칙」에 규정된 주차 단위 구획 기준은 몇 해 전까지 '너비 2.3m 이상, 길이 5.0m 이상'이었습니다. 이 기준은 1990년부터 거의 30년째 바뀌지 않았습니다. 소득 수준이 향상되고 중 · 대형 차량이 급격히 증가하면서, 동급 승용차여도 과거보다 전폭과 전장 등 차량 제원이 커졌는데 이를 전혀 반영하지 못한 것입니다.

결과적으로 좁은 주차 공간으로 인해 차량 문을 열 때 옆 차에 손상을 가하는 '문콕' 사고가 급증했습니다. 화재 등 주차장 내 위기 상황에서 차량 간격이 좁아 신속한 대피가 어렵다는 문제점도 제기됐습니다. 2018년 주차장 규격이 너비 2.5m 이상, 길이 5.0m 이상으로 상향됐는데요. 최근 건설된 아파트에서는 주차가 한결 수월해져 주차 시간이 단축되고 문콕 사고 역시 많이 감소한 것으로 나타나고 있습니다.

사실 주차 공간 크기보다 더 중요한 것은 주차 자릿수라고 할 수 있습니다. 아파트에서 확보해야 하는 주차대수는 지자체 조례에 따라 정해집니다. 서울시의 경우는 전용면적 기준 85㎡ 이하로 구성된 아파트 단지에서는 75㎡ 당 1대 이상, 85㎡ 초과로 구성된 단지에서는 65㎡ 당 1대 이상 주차 공간을 확보하게 돼 있습니다. 전용면적 85㎡로 100세대인 아파트가 있다면 (85㎡×100세대)/75㎡=113.3이므로 법정 주차대수는 114대입니다. 전용면적 102㎡로 100세대이면 (102㎡×100세대)/65㎡=156.9로 법정 주차대수가 157대로 늘어납니다.

통상적으로 아파트 주차대수는 전용면적 구성에 따라 달라지겠지만 일반적으로 세대당 1.3대 내외입니다. 가구당 차량이 1대였던 과거에는 충분한 숫자였지만 경제력과 생활 수준 향상으로 차량을 2대 이상 보유한 가구가 점차 늘고 있어, 하루 빨리 법정 기준을 높여야 한다는 목소리가 나오고 있습니다.

왜 지하주차장은 '공동 전기료 먹는 하마'일까?

단독이나 다세대 주택에서 살다가 아파트로 이사 갔을 때 느끼는 가장 큰 장점 중 하나는 주차의 편리함입니다. 주택가 골목길에서는 주차할 장소가 크게 부족해 동네를 몇 바퀴 돌기 일쑤고 이웃 간 주차 시비로 얼굴을 붉히는 일이 자주 발생합니다. 자동차는 현대 과학기술이 만들어낸 이기임에는 분명하지만, 항상 공간을 차지하는 물건이어서 골치가 아픕니다.

반면 아파트 주차장은 넓고 여유가 많아 주차하기가 편리합니다. 과거 아파트 주차장이 지상에만 있었던 시절이 있었는데, 이때 지어진 아파트들은 주차 공간이 크게 부족해 이중주차 · 삼중주차를 해야 합니다. 하지만 아파트에 '지하주차장'이 나타난 다음부터는 이런 불편이 거의 사라졌습니다. 지하주차장의 가장 큰 장점은 지하로 파 내려가면 새로운 공간이 계속 생겨나기 때문에 주차 공간을 여유롭게 만들 수 있다는 점입니다.

초창기 지하주차장은 아파트 단지 내 부족한 주차 공간을 더 확보할 목적으로 동과 동 사이에 일부 땅을 파서 만든 형태였습니다. 이때 만든 지하주차장은 어둡고 엘리베이터로 연결되어 있지 않아 이동이 불편했습니다. 입주민들은 어떻게든 지상에 차를 세우려고 주차 공간을 찾아 헤매기도 했지요. 최근 지하주차장은 아파트 단지 전체로 확장되어 있으며, 지하 1층에서 지하 2층으로 복층화하고 계속 대형화되는 추세입니다. 아파트에 대형 지하주차장이 설치되면서부터 주차 공간은 여유로워지고 지상은 공원처럼 환경친화적으로 꾸밀 수 있어 아파트 입주민의 삶의 질이 높아졌습니다.

하지만 지하주차장이 장점만 있는 건 아닙니다. 지하주차장은 이름 그대로 지하에 있어서 지상에 비해 환경 조건이 열악합니다. 지하라는 특성 때문에 어둡고 폐쇄적이며 공기가 탁할 수 있고 사고나 범죄에 대한 두려움도 커집니다. 주차 위치가 아파트 주동 출입구에서 멀어지기 십상이며 유사한 형태가 반복돼 초행자의 경우 길을 찾기 어렵고 동선이 혼란스러운 경우도 생깁니다.

가장 큰 문제는 지하주차장은 차량과 보행자가 같은 공간을 공유한다는 점입니다. 차도와 보도의 구분이 모호하기에 지하주차장에서 주행할 때는 각별한 주의가 필요합니다. 움직이는 물체를 정확하고 빠르게 인지하는 능력인 동체시력은 정지시력보다 30% 정도 낮습니다. 그런데 지하주차장은 지상보다 어둡고 또 운전자가 주차할 장소를 찾거나 확인하는 등 이동 중인 상태이기 때문에 시야가 충분히 확보되지 않아 사고 위험성이 높습니다.

따라서 지하주차장에서는 '밝기'가 가장 중요한 문제가 됩니다. 조명이 밝아야 사물을 정확하게 인식할 수 있고 위기 상황에서 안전하게 반응할

▶ **속도에 따른 운전자의 시야 변화** 자료 : 교통사고공학연구소

동체시력은 정지시력보다 30% 정도 낮다. 지하주차장은 지상보다 어둡고 또 운전자가 이동 중인 상태이기 때문에 시야가 충분히 확보되지 않아 사고 위험성이 높다.

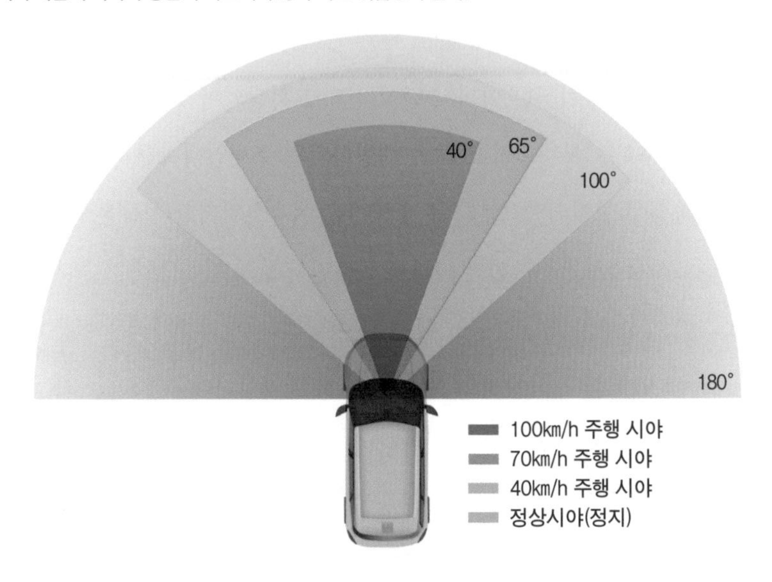

수 있기 때문입니다. 주차장 밝기는 안전사고 발생 가능성을 줄일 뿐만 아니라 심리적 불안감을 해소하고 범죄 예방에도 상당한 도움이 됩니다. 지하주차장 조명은 충분한 밝기의 조도여야 하며, 높은 연색성(조명의 영향을 받지 않고 물체 고유의 색이 잘 나타나는 것)과 눈부심 방지 등이 요구됩니다.

「주차장법 시행규칙」에서 지하주차장 조명 기준을 정하고 있는데, 지상과 지하를 연결하는 차량 진입 공간은 가장 밝아야 하는 공간으로 최소조도는 300lx(럭스) 이상이어야 합니다. 바깥에서 지하로 진입할 때 급격한 조도 감소로 인해 잘 보이지 않는 '눈의 순응'이 일어날 수 있기 때문입니다. 주차 공간은 최소조도 10lx 이상이고 최대조도와 최소조도의 차이를

10배 이내로 관리해야 합니다. 사람이 출입하는 통로는 최소조도를 50lx 이상으로 주차 공간보다 더 밝게 합니다.

지하주차장은 항상 조명이 필요한 공간이라, 아파트 공동 전기료의 상당 부분이 지하주차장에서 발생합니다. 일부 아파트에서는 공동 전기료를 줄이기 위해 지하주차장 조명을 격등으로 운영하기도 합니다. 이 경우 법정 기준에 미치지 못하고 사고 위험이 높아집니다. 에너지 절약을 생각한다면 형광등 대신 'LED 조명'을 사용하는 것이 효율적입니다. 전압을 가했을 때 발광하는 반도체 소자를 활용하는 LED 조명은 환경 친화적이고 에너지 절약 효과가 우수하며 반영구적인 수명 등 장점이 많습니다.

지하주차장에 LED 조명을 달면 차량이나 사람의 이동이 없을 때는 최소 밝기를 유지하다가 이동이 감지되면 최대밝기로 서서히 밝아지는 시스템을 설치할 수 있습니다. 이런 방식을 '디밍(dimming) 제어'라고 합니다. 디밍 제어는 램프의 광출력을 조절하여 빛의 밝기를 제어하는 것으로 에너지 절감에 적합한 제어 방식입니다. 관련 연구에 따르면 디밍 제어를 활용하는 LED 조명을 도입하면 에너지 사용량을 50% 수준으로 절감할 수 있습니다.

아래로 내려갈수록 떨어지는 공기의 질

지하주차장에서 밝기 다음으로 중요한 문제는 '공기'입니다. 지하주차장에서는 자동차가 운행되기 때문에 배기가스와 타이어 마모 등에 의해 오염물질이 계속 발생합니다. 페인트 등 주차장 마감에 사용된 건축 재료로부터 유해물질이 방출될 수도 있습니다. 더욱이 지하 공기는 순환이 잘되지 않기 때문에 공기 오염이 악화될 가능성이 높습니다.

지하주차장에서는 환기 장치를 통해 신선한 외부 공기를 도입하고 오염된 내부 공기는 바깥으로 배출합니다. 「건축물의 에너지절약 설계기준」에 따라 아파트 지하주차장은 300㎡마다 2㎡ 이상의 개폐가 가능한 창을 설치해 자연환기와 자연채광을 유도합니다. 자연환기로 지하주차장 공간 전체의 공기를 깨끗하게 관리할 수 없으므로 커다란 송풍기와 배풍기를 활용한 기계환기 설비도 반드시 필요합니다.

아파트의 지하주차장에서 문제가 되는 오염물질에는 폼알데하이드(HCHO)와 총휘발성유기화합물(TVOC), 미세먼지(PM10)와 초미세먼지(PM5), 일산화탄소 등이 있습니다. 이들은 공통적으로 호흡기계통 질환을 일으키며 상당수 심각한 발암물질들입니다.

아파트 단지의 지하주차장 공기를 조사한 한 연구에 따르면 HCHO의 경우 지하 1층 주차장 농도는 평균 0.091ppm으로 실내

지하주차장은 자동차 운행으로 인해 공기가 쉽게 오염될 수 있다. 더욱이 지하 공기는 순환이 잘되지 않기 때문에 공기 오염이 악화될 가능성이 높다. 따라서 자연환기 및 기계환기를 통한 환기가 필수다.

주차장 안전 기준인 0.0746ppm를 초과하고 있으며, 지하 2층 주차장은 평균 0.317ppm으로 지하 1층에 비해 3.48배나 오염이 심각했습니다. TVOC의 경우 지하 1층은 평균 0.185ppm으로 안전기준인 0.215ppm보다 적게 나타났으나, 지하 2층은 평균 0.541ppm으로 기준치를 한참 넘겼습니다. PM10이나 PM2.5의 농도는 지하 1층이든 지하 2층이든 모두 허용 기준에 비해서는 낮게 나타났습니다. 결론적으로 이용이 뜸한 지하 2층 주차장이 더 쾌적하다고 생각할 수 있는데 실제로는 지하 1층의 주차장 공기가 훨씬 더 깨끗하다고 할 수 있습니다.

지하주차장에서 고려해야 할 또 다른 중요한 문제는 범죄입니다. 주차장은 이른 새벽부터 한밤중까지 이용 시간은 다양하지만, 이용 빈도가 낮아 범죄에 취약한 구조입니다. 경찰청에 따르면 지하주차장에서 매년 2만여 건에 달하는 범죄가 발생하고 있으며, 특히 강력범죄가 자주 발생해 각별한 주의가 필요하다고 경고하고 있습니다. 여성이나 노약자의 경우 범죄 피해에 노출될 수 있으므로 인적이 드문 시간에는 홀로 지하주차장을 이용하지 않아야 합니다.

아파트 지하주차장에서 범죄 발생 가능성을 줄이기 위해서는 CCTV와 비상벨을 곳곳에 설치하고, 높은 채도의 색채로 벽면을 칠해 지하주차장 분위기를 밝게 유도하는 것이 좋습니다. 요새 건설사들이 상부가 뚫린 선큰 광장이나 피트니스센터 등 커뮤니티 시설을 지하주차장에 계획하는 것도 지하공간이 가진 구조적 폐쇄성과 어두운 분위기를 없애기 위한 목적이 큽니다.

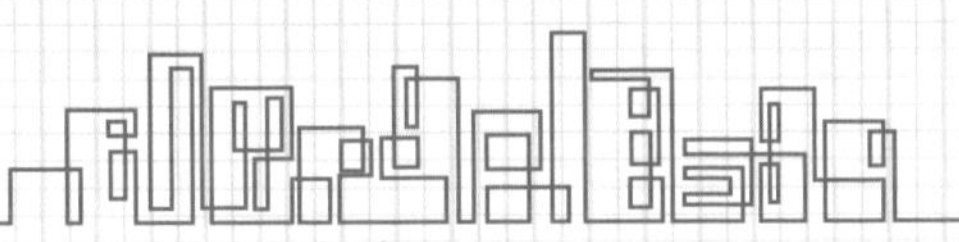

주차 자리 찾아 삼만리는 옛말,

똑똑해지는 주차장 시스템

아파트 지하주차장에 들어서면서부터 어디에 주차해야 할지 고민이 시작됩니다. 특히 주차 공간이 여유롭지 못한 아파트라면 빈 주차 공간을 찾는 일은 상당한 스트레스입니다.

과거 아파트 주차관리 시스템은 지하주차장 입구에서 전광판을 통해 여유 주차 공간 정보를 보여주는 방법을 사용했습니다. 지하 1층과 지하 2층에 각각 몇 자리씩 비었는지 보여줘서 운전자는 이를 참조해서 더 여유로운 공간을 찾아갔습니다.

최근 아파트 지하주차장은 주차 공간마다 달려 있는 표시등 색깔로 주차 가능 여부를 알려줘 한층 편리해졌습니다. 차량이 있으면 빨간등으로, 비어 있는 경우 녹색등으로 표시해 멀리에서도 쉽게 주차 공간을 찾을 수 있도록 도와줍니다. 주차 공간 표시는 주차장 천장에 달린 초음판 센서를 활용합니다. 초음파 센서는 내보낸 초음파가 장애물에 닿은 다음 되돌아오는 데 걸리는 시간을 이용해 거리를 계산합니다. 평소에는 초음파가 주차장 바닥에 반사되다가, 차량이 주차되면 기준 거리보다 짧은 거리의 데이터를 받아오기 때문에 주차 공간 점령 여부를 알 수 있는 원리입니다.

사물인터넷(IoT)이 발달하면서 아파트 주차장 시스템은 점점 더 똑똑해지고 있습니다.

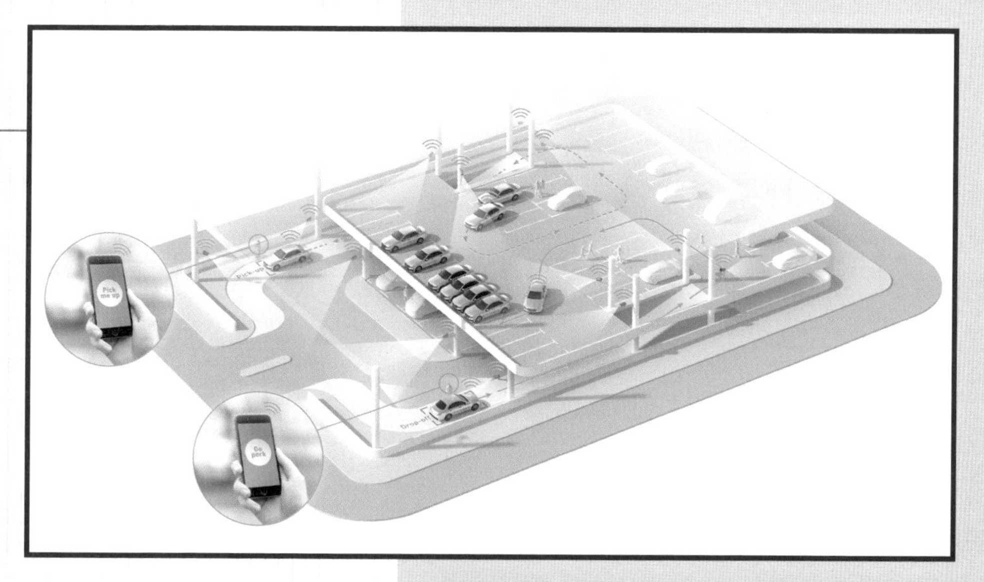

사물인터넷(IoT)이 발달하면서 주차 공간의 차량 점령 여부를 실시간으로 안내해주는 등 아파트 주차장 시스템은 점점 더 똑똑해지고 있다. 자율주행기술이 더 고도화되면 앞으로 주차는 완전히 자동화될 것으로 예상된다. ⓒ BOSCH·Mercedes-Benz

주차 공간의 차량 점령 여부를 실시간으로 확인해서 최적의 주차 공간으로 경로를 안내하는 서비스를 제공하고, 주차 장소를 기억하지 않아도 스마트폰을 통해 본인 차량이 주차한 위치를 알려줍니다.
자율주행기술이 더 고도화되면 앞으로 주차는 완전히 자동화될 것으로 예상됩니다. 사람은 아파트 주동 출입구에서 내리고 차량은 알아서 공간을 찾아가 주차하는 겁니다. 반대로 집에서 나올 때 차량을 호출하면 엘리베이터를 타고 내려오는 시간 동안 주차되어 있던 차량이 주동 출입구로 나와 기다립니다. 주차장은 격자형 구조로 일반도로에 비해 복잡성이 적어 자율주행 주차가 현실이 되는 데는 그리 오랜 시간이 필요하지 않을 전망입니다.

Apartment & Science **28F**

쓰레기 처리, 더 편리하고 깨끗하게

"호랑이는 죽어서 가죽을 남기고 사람은 죽어서 이름을 남긴다"는 옛말이 있습니다. 그런데 사람이 정말 많이 남기는 것은 이름이 아닌 쓰레기 아닌가 싶습니다. 쓰레기는 자연계에서 오직 인간만이 남기는 흔적이라고 합니다. 한 예로 선사시대 사람들이 먹다 버린 조개껍데기 등을 쌓아놓은 쓰레기 더미인 패총(貝塚)이 오늘날까지 남아 당시 사람들의 삶과 문화를 보여주는 문화유산이 되고 있습니다.

쓰레기는 사전적으로 버리는 물건, 더 이상 사용 가치가 없는 물건, 못 쓰게 되어 내다 버릴 물건이나 이미 버린 물건을 통틀어 이르는 말로 정의할 수 있습니다. 인간이 입고 먹고 자는 기본적인 의식주 생활을 하다 보면 필연적으로 쓰레기가 발생할 수밖에 없습니다. 특히 쓰레기는 인류가 더 풍요로워질수록 더 심각해지기 때문에 '인류 문명의 그림자'라 불립니다.

우리나라에서 쓰레기가 골칫거리인 이유

우리나라에서 쓰레기는 얼마나 심각한 상황일까요? 환경부 공표자료에 따르면, 2020년 기준 우리나라의 하루 생활폐기물 발생량은 6만 1750톤에 달했습니다. 동네에서 흔히 볼 수 있는 5톤 쓰레기 차량 1만 2천 대 이상이 필요한 어마어마한 분량의 쓰레기 산이 매일 새로 생기고 있는 셈입니다.

그렇다고 우리나라 사람들의 쓰레기 발생량이 특별히 많은 것은 아닙니다. 2019년 기준으로 OECD 주요국들의 1인당 1일 평균 생활폐기물 발생량을 비교해 보면 우리나라(1.09kg)는 미국(2.22kg)이나 독일(1.66kg), 프랑스(1.52kg), 영국(1.24kg)보다 낮았으며 자원 사용의 효율성이 높은 것으로 유명한 일본(0.92kg)에 가까운 수준이었습니다. 우리나라 국민의 쓰레기 발생량은 최근 증가 추세를 보인다고는 하나 여전히 OECD 국가 중 낮은 수준에 속해있다는 점에는 변함이 없습니다. 일반적으로 소득과 생활 수준이 높아질수록 생활폐기물 발생량이 많아지지만, 우리나라의 경우 쓰레기 배출량에 따라 처리비용을 차등 부담하는 '종량제'가 쓰레기 발생을 억제하는 것으로 분석됩니다.

국민 1인당 쓰레기 발생량은 적다고 하더라도 우리나라에서 쓰레기는 다른 OECD 국가들보다 더 심각한 문제가 되고 있습니다. 인구에 비해 국토가

쓰레기는 자연계에서 인간만이 남기는 흔적으로, 풍요로워질수록 더 심각해지기 때문에 '인류 문명의 그림자'라 불린다.

넓지 않고 좁은 지역에 워낙 많은 사람이 몰려 살다 보니 쓰레기가 집중해서 발생하기 때문입니다. 쓰레기를 효율적으로 처리하기 위해서는 발생원에서 멀지 않은 곳에 매립지와 소각장을 만들어야 하는데, 이들 시설은 지역주민들에게 악취 · 분진 · 소음 등 다양한 피해를 끼치게 됩니다. 신규 매립지 확보와 소각장 추가 건립 계획을 수립할 때마다 '내 뒷마당만은 안된다(Not In My Back Yard)'는 지역주민의 님비(NIMBY) 현상이 극렬히 발생해 뾰족한 해결책을 찾기 어려운 상황입니다.

공동주택인 아파트는 여러 사람이 모여 사는 공간이기 때문에 쓰레기가 집중하여 발생하는 곳입니다. 이 때문에 아파트에서 발생한 쓰레기를 어떻게 효율적으로 관리하고 처리할지는 환경 관리 차원에서 중요한 문제가 됩니다. 이는 아파트 내 생활환경을 깨끗이 유지하고, 입주민의 건강과 위생을 안전하게 보전하는 일과도 밀접히 연관됩니다.

「주택건설기준 등에 관한 규정」에 따라 아파트 단지에는 차량의 출입이 가능하고 주민이 이용하기 편리한 곳에 생활폐기물보관시설 또는 용기를 설치하게 돼 있습니다. 일반적으로 아파트 개별 동마다 가급적 미관을 해치지 않으면서 출입구와 가까운 장소에 생활폐기물보관소를 하나씩 만듭니다. 생활폐기물보관소는 철제 기둥에 지붕을 올리고 칸막이로 내부를 가린 형태의 간이 시설물로, 그 안에서 쓰레기 수거와 재활용품 분리가 동시에 이뤄지게끔 합니다.

재활용(recycling)은 폐기물 가운데 자원 가치가 있는 것은 선별하여 재이용하거나 제품의 원료로 사용하는 일을 가리킵니다. 재활용을 더 많이 하면 할수록 쓰레기 발생량이 줄어들기 때문에 재활용은 쓰레기 처리보다 먼저 고려해야 하는 중요한 사항입니다. 우리나라에서는 기본적으로 인간과 자연에 해로운 것을 제외하고 모든 물질을 다시 쓸 수 있다고 보고 있으며, 프로그램과 각종 지원 정책이 잘 갖춰져 있어 재활용이 매우 활발한 편입니다. 대다수 국가에서 생활폐기물 재활용률이 30~40% 수준인데 비해 우리나라는 60%대에 달하고 있습니다.

아파트 단지의 생활폐기물보관소에서 수거된 재활용품은 보통 연 단위로 계약한 민간업체가 모두 수거합니다. 반면 단독주택단지는 분리수거가 잘 안되어있다는 이유로 민간업체들이 기피해 지자체에서 직접 수거합니다. 수집된 재활용품은 재활용기업에 보내져 재활용제품으로 만들어지는데, 공공과 민간 부문 모두 재활용제품을 일정 부분 구매하게 돼 있어 판매를 뒷받침합니다.

진공청소기처럼 쓰레기 모으는 자동집하시설

아파트 각 가정에서 발생한 쓰레기가 처리되는 과정을 살펴봅시다. 첫 과제는 가정에서 발생한 쓰레기를 단지 외부공간(때로는 지하)에 설치돼 있는 생활폐기물보관소까지 나르는 일입니다. 대다수 아파트에서는 입주민이 종량제 봉투에 담아 쓰레기를 직접 나르는 방식을 사용하고 있습니다. 하지만 직접 나르는 일은 불편하기도 하고 엘리베이터 이용이 가중되며 쓰레기를 나를 때 냄새와 위생이 신경 쓰이기도 합니다.

한때 우리나라 아파트에 층마다 '더스트 슈트(dust chute)'라는 쓰레기 투입구를 설치하던 시절이 있었습니다. 투입구 뚜껑을 열고 전용관로를 통해 1층으로 쓰레기를 떨어뜨리는 대단히 편리한 방식으로 엘리베이터 이용을 줄여 에너지까지 절약할 수 있습니다. 하지만 던진 쓰레기봉투가 바닥에 부닥칠 때 쉽게 터져 악취와 해충, 소음 등의 문제가 끊이지 않으면서, 더스트 슈트는 1990년대 중반부터 자취를 감췄습니다.

그런데 최근 아파트에서 더스트 슈트가 다시 눈길을 끌고 있습니다. 쓰레기를 버린 후 뚜껑을 자동으로 잠기게 하고 내부 압력을 낮춰 냄새가 바깥으로 흘러나오지 않도록 하는 기술을 적용해 악취와 해충, 소음 문제를 모두 해결한 덕분입니다. 주방 작업대 옆에 음식물쓰레기 전용 투입구를 만드는 등 편의성도 한층 강화되는 모양새입니다.

아파트의 생활폐기물보관소에 모인 쓰레기들이 가야 하는 다음 행선지는 '쓰레기 중간집하장'입니다. 중간집하장에서 쓰레기들은 매립, 소각, 재활용할 종류로 분류된 다음 각각 매립장과 소각장, 자원재활용센터로 보내집니다. 아파트 단지의 생활폐기물보관소에서 지역마다 설치돼 있는 중간집하장까지 쓰레기를 나르는 데는 일반적으로 차량을 이용합니다.

아파트의 쓰레기 수거는 보통 단지별로 특정 요일에 이뤄집니다. 쓰레기 차량이 한정돼 있어서 단지별로 돌아가면서 나르는 것입니다. 수거되기 전까지 쓰레기가 노출돼 미관상 좋지 않고 여름에는 악취가 심하며 각종 해충이 발생할 수 있다는 문제점이 있습니다. 아파트 단지 지상으로 커다란 쓰레기 차량이 다니면서 발생하는 소음과 공해, 교통안전 문제도 신경이 쓰입니다.

2000년대 조성된 신도시 아파트 단지에 가면 쓰레기를 우체통 같은 통에 버리는 모습을 볼 수 있습니다. 바로 '생활폐기물 자동집하시설(AVWCS : Automated Vacuum Waste Collection System)'입니다. 쓰레기를 투입하면, 쓰레기가 지하 임시저장고에 떨어진 후 진공흡입기를 통해 지하에 설치된 관로를 따라 2~3km 떨어진 쓰레기 중간집하장으로 자동 이송되는 방식입

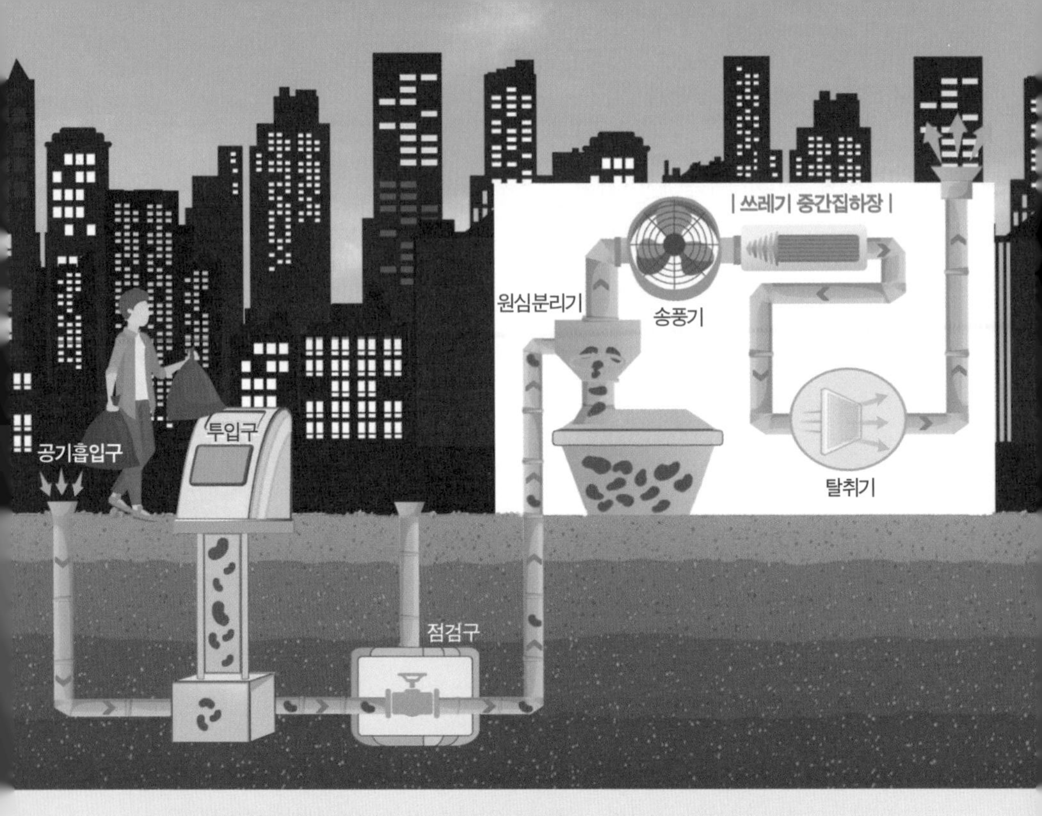

▶ **생활폐기물 자동집하시설(AVWCS)**

생활폐기물 자동집하시설은 지하 관로를 통해 쓰레기를 자동 수거하는 방식이다. 쓰레기를 투입하면, 쓰레기가 지하 임시저장고에 떨어진 후 진공흡입기를 통해 지하에 설치된 관로를 따라 2~3km 떨어진 쓰레기 중간집하장으로 자동 이송된다.

니다.

생활폐기물 자동집하시설은 1960년대 스웨덴에서 처음 개발됐는데, 미국과 유럽 등 일부 선진국에 시범적으로 도입됐으며 가까운 일본의 경우 1980~1990년대 건립된 신도시에 대거 적용됐습니다. 우리나라에서는 2000년 용인수지 2지구에 1만 세대 규모로 처음 도입된 후 송도와 광명, 판교, 영종, 김포장기, 은평뉴타운 등에 설치되었습니다.

생활폐기물 자동집하시설은 지하 매설 관로를 통해 보통 하루 두 차례 쓰레기를 모으는데, 진공청소기와 똑같은 원리를 사용합니다. 송풍기를 가동해 지하관로 내 압력을 낮춘 후 밸브를 열면 시속 60~70km에 이르는 강력한 공기 흐름이 발생해 쓰레기들이 순식간에 중간집하장까지 이동합니다. 중간집하장에서는 원심분리기를 이용해 쓰레기 분류까지 자동으로 이뤄집니다.

생활폐기물 자동집하시설은 아파트 단지 내로 쓰레기 수거 차량이 다닐 필요가 없어지고 언제든지 쓰레기를 버릴 수 있어 편리하며, 쓰레기가 외부에 노출되지 않아 위생적입니다. 하지만 고장 방지를 위해 지하 임시저장고가 꽉 차면 투입구가 열리지 않게 돼 있어 쓰레기를 버리러 갔다가 허탕을 칠 수 있습니다. 무엇보다 설치와 유지 운영에 비용이 너무 많이 들고 낡은 관로의 개보수가 어렵다는 치명적 단점을 해결해야 앞으로 보급이 확산될 수 있을 것으로 보입니다.

RFID 도입 후 생긴 변화

아파트 단지에서 발생하는 쓰레기 중 가장 관리가 어려운 것이 음식물쓰레기입니다. 음식물쓰레기는 사람들이 먹고 남긴 음식 또는 먹을 수 없게 되어 버려야 할 식자재와 음식물을 가리키는데, 쉽게 부패하면서 악취와 해충 등이 문제가 됩니다. 우리나라는 푸짐한 상차림을 선호하는 음식문화라 음식물쓰레기 발생량이 많은 편입니다. 국민 1인당 하루 0.24kg, 한 달에 7.2kg의 음식물을 쓰레기로 버리고 있습니다.

음식물쓰레기는 과거 매립하는 방식으로 주로 처리했습니다. 그러나 음식물쓰레기를 땅에 묻으면 악취가 상당하고 침출수가 유출돼 토양과 지하수를 심각하게 오염시킵니다. 주민들의 반대로 매립지 확보가 어려워지면서 2005년부터 음식물쓰레기의 직접 매립이 금지됐고, 2013년부터는 음식물쓰레기 무게에 따라 처리 비용을 부과하는 종량제가 전국적으로 확대 시행됐습니다. 현재 음식물쓰레기 관리의 핵심은 감량화와 재활용이라 할 수 있습니다.

일반쓰레기와 마찬가지로 음식물쓰레기 감량에 가장 크게 기여하고 있는 것은 배출량에 따라 처리 비용을 납부하는 종량제입니다. 음식물쓰레기 종량제가 도입되면서 가장 먼저 전용 봉투를 사용했습니다. 전용 봉투 수거 방식은 수수료 징수는 편리하나 수거되기 전까지 악취가 발생하고 미관을 저하하며 퇴비 등 자원화 처리 과정에서 봉투가 공정을 저해하는 요인이 될 수 있습니다. 그다음 전용 용기를 사용해 음식물쓰레기를 수거하는 방식이 등장했습니다. 이 방식은 종량제에 필요한 정확한 계량이 곤란하고 용기 관리가 불편하다는 단점이 지적됐습니다.

최근 아파트들이 가장 활발히 도입하는 방식은 '무선주파수인식(RFID : Radio Frequency IDentification)'을 활용한 음식물쓰레기 관리 방식입니다. 아파트 단지 내 설치된 장비에 RFID 태그를 인식시킨 후 음식물쓰레기를 배출하면 배출자와 무게, 시간 등 정보가 중앙시스템으로 전송되고 수수료가 등록된 충전카드에서 바로 차감됩니다.

한국환경공단에 따르면 2021년을 기준으로 전국 아파트에서 652만 세대가 RFID 방식으로 음식물쓰레기를 버리고 있는데, 이는 전국 공동주택의 55%에 해당하는 수치입니다. RFID 방식은 수수료 차감이 직접 눈에 보이기 때문에 음식물쓰레기 배출을 절감하는 노력이 증가해 평균 35%의 감축 효과를 보이고 있습니다. 또 도시환경 미관과 사용자 만족도 측면에서 우수한 것으로 평가되고 있습니다.

음식물쓰레기의 배출과 관련해 불편함과 혐오감, 피로도를 줄이기 위해서 최근 새롭게 시도되는 방식이 음식물쓰레기 감량기입니다. 음식물쓰레기 감량기는 건조하여 말려서 양을 줄이는 건조 방식과 미생물을 활용해 분해하는 바이오 방식이 있습니다. 아파트 단지에서는 하루 최고 100kg의 음식물쓰레기를 처리하는 대형 감량기가 주로 사용됩니다. 감량기를 사용하면 음식물쓰레기 양을 80% 이상 획기적으로 줄일 수 있습니다. 처리 후 남는 부산물은 퇴비로 재활용할 수 있습니다. 하지만 전력 소모와 건조 시간 등 앞으로 해결해야 할 과제도 있습니다.

우리가 버린 쓰레기가 패총처럼 먼 미래에 후손들에게 우리의 삶을 설명해줄 것 같지는 않습니다. "아름다운 사람은 머문 자리도 아름답다." 한때 공중화장실 문에 많이 붙어 있던 문장입니다. 쓰레기를 다음 세대로 물려주지 않으려 노력할 때, 후손들이 우리가 머문 자리가 아름다웠다고 추억해주지 않을까요.

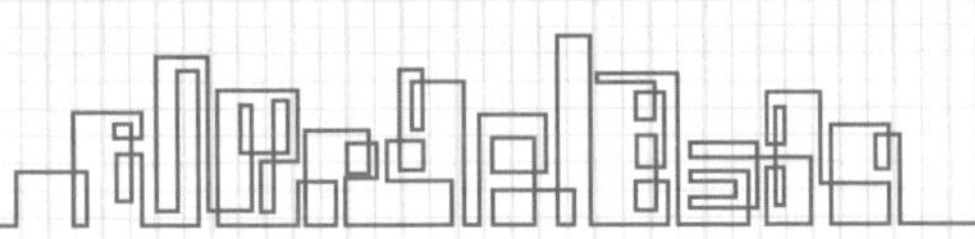

신축 아파트에 떠도는 쓰레기 괴담

요새 신축 아파트 입주민 사이에 떠도는 괴담이 있습니다. 겉으로 보기에는 모든 것이 깔끔하고 새것인 신축 아파트인데 입주 직후부터 출처도 정체도 알 수 없는 무언가 썩는 듯한 불쾌한 냄새가 계속 났다고 합니다. 참다못해 작업자를 불러 천장과 벽을 뜯어봤더니 건축 폐기물이 우수수 떨어지고 똥 무더기가 산처럼 쌓여있었다고 합니다.

말도 안 되는 허무맹랑한 이야기처럼 보이지만 불행하게도 아파트 건설 현장의 현실을 고려하면 어느 정도 개연성이 있는 일입니다. 아파트에서 내부 마감공사는 많은 인력과 다양한 자재가 필요합니다. 내부 마감 전이니 화장실이 있다고 해도 사용할 수 있는 상태가 아닙니다. 작업자가 이동할 수 있는 리프트가 있지만 엘리베이터처럼 편하게 오갈 수 있는 상황이 아닙니다. 작업자가 1층으로 오가기 귀찮다는 이유로 폐기물이나 인분을 천장이나 벽 속에 넣고 마감해버리면 쉽게 알아채기도 어렵습니다.

이와 같은 작업자의 개인적 일탈뿐만 아니라 건설사가 폐기물을 치우지 않고 대량으로 방치하는 경우도 있습니다.

아파트 공사에서 각종 자재는 약간의 여유를 두고 준비하므로 쓰고 남은 자재가 발생할 수밖에 없습니다. 각종 타일과 단열재, 마룻바닥, 시멘트 포대 등인데 남는 자재들은 보통 지하주차장 한쪽 구석에 쌓아놓습니다. 건설사는 하자보수를 하려면 건축 자재를

신축 아파트에서 건설사가 건설폐기물을 방치하거나 작업자들이 1층으로 오가기 귀찮다는 이유로 폐기물이나 인분을 천장이나 벽 속에 넣고 마감해버려 입주 후 정체불명의 악취로 고통을 호소하는 사례가 발생하고 있다.

비축해둬야 한다는 그럴싸한 이유를 들지요. 물론 쌓아놓은 자재 가운데 일부는 사용될 수도 있지만 대다수는 계속 방치되고 결국 아무짝에도 쓸모없고 처치도 곤란한 건설폐기물이 됩니다.

「건설폐기물의 처리 등에 관한 업무처리지침」에 따라 건설폐기물은 건설사가 책임을 져야 하지만 법에서 정한 과태료가 1천만 원에 불과해 실효성이 없는 상황입니다. 이름만 대면 알 수 있는 대형 건설사가 지은 아파트에서도 건설폐기물을 제때 치우지 않아 잡음이 끊이지 않는 상황입니다. 아파트 괴담의 주인공이 되지 않으려면 처음 입주했을 때 꼼꼼하게 현장을 점검해 단지 내에 건설폐기물이 방치되지 않도록 하는 게 중요합니다.

Apartment & Science **29F**

아파트의 시간을 거꾸로 돌리는 리모델링

아파트가 오래되면 불편한 일이 한둘이 아닙니다. 아파트가 노후화됐을 때 가장 먼저 나타나는 문제는 집안 밀폐력이 떨어진다는 점입니다. 누수와 결로가 쉽게 발생하고 벽 구석에는 곰팡이가 펴 입주민의 건강을 위협하며 단열성능 저하로 난방 효율이 떨어져 에너지 낭비도 심해집니다. 또한 세대 내부는 물론 아파트 외벽까지 크고 작은 균열이 발생해 외관상 보기 좋지 않고 건축물 안전까지 위협합니다. 이 외에도 만성적인 주차난이 괴롭고 요즘 새 아파트들에 있는 커뮤니티 시설과 녹지 등 쾌적한 환경이 부럽기도 합니다.

태어났을 때는 노인의 모습이었다가 시간이 흐를수록 육체가 젊어지는 〈벤저민 버튼의 시간은 거꾸로 간다(The curious case of Benjamin Button)〉

와 같은 영화 속 이야기처럼, 아파트에도 시간을 거꾸로 돌리는 마법과 같은 방법이 있습니다. 오래된 낡은 아파트가 이제 막 준공한 새 아파트로 환골탈태하는 방법은 바로 '리모델링(remodeling)'입니다.

노후화는 억제하고 기능은 향상

아파트 리모델링이 뜨고 있습니다. 1990년대 초반 분당, 일산, 평촌, 중동, 산본 등 수도권에 1기 신도시가 만들어지면서 대량으로 공급된 아파트들이 한꺼번에 서른 살을 넘기면서 노후 아파트 리모델링에 대해 뜨거운 관심이 쏟아지고 있습니다. (사)한국리모델링협회는 2022년 말 현재 리모델링을 추진하는 아파트 단지가 130여 곳, 10만 5천여 세대를 상회하는 것으로 추산하고 있습니다.

과거에는 중견 건설사들의 활동무대였으나, 리모델링 시장이 급성장하면서 대형 건설사들이 잇달아 뛰어들며 리모델링 수주전이 치열해지고 있습니다. 아파트의 노후화로 인한 주거환경의 질적 저하를 막고 입주민의 삶의 질을 향상시키기 위해 아파트 리모델링은 앞으로 더욱 크게 부각될 전망입니다.

리모델링이란 기존의 낡은 건축물을 구조적, 기능적 성능을 개선하여 쾌적성과 경제적 가치를 높이는 행위로 정의할 수 있습니다. 「건축법」에서는 리모델링을 건축물의 노후화를 억제하거나 기능 향상 등을 위하여 '대수선'

하거나 '일부 증축'하는 행위로 규정하고 있습니다. 여기서 대수선(大修繕)이란 건축물의 기둥, 보, 내력벽, 주계단 등의 구조나 형태의 수선, 변경 또는 증설하는 대규모 수선을 말합니다. 증축(增築)이란 건축물의 건축면적, 연면적, 층수 또는 높이를 늘리는 행위를 가리킵니다.

「건축법」은 리모델링 목적으로 노후화 억제와 함께 기능 향상을 명시하

▶ 대치우성2차 리모델링 전 · 후 비교

	리모델링 전	리모델링 후
건물 높이	41.1m	45m
용적률	237.7%	347%
가구당 주차대수	0.5대	1.3대
전용면적	85㎡	110㎡
커뮤니티 시설	없음	피트니스센터 등 별동 증축

입주한 지 30년이 지난 낡은 아파트를 리모델링한 모습. 단지 전체가 새 아파트로 환골탈태했다. ⓒ 삼성물산

고 있습니다. 최근 리모델링의 가치가 주목받는 이유는 시간의 경과에 따른 물리적 노후화에 대응하여 건축물을 처음 상태로 되돌리는 단순한 유지 보수의 개념을 넘어 사회환경의 변화에 부응하여 건축물의 성능이나 기능을 적극적으로 향상하는 개념까지 포함하고 있기 때문입니다.

오래된 아파트를 새 아파트로 바꾸는 방법에는 리모델링 외에 재건축이 있어 서로 자주 비교됩니다. 리모델링은 노후 아파트를 철거하지 않고 기존 구조를 활용하여 고쳐 짓는 방식인 반면, 재건축은 낡은 아파트를 완전히 허물고 그 땅에 새로 짓는 방식입니다. 리모델링이 준공연한이나 안전진단, 추진 절차 면에서 재건축보다 훨씬 덜 까다롭습니다. 리모델링은 15년 이상 된 아파트로 안전진단이 B등급 이상이면 추진할 수 있지만 재건축은 30년 이상 된 아파트로 안전진단이 D 또는 E등급이어야 가능합니다.

무엇보다 리모델링은 재건축보다 비용이 더 저렴하고, 공사 기간도 더 짧으며, 국가 경제적 낭비나 환경에 대한 부담이 더 적다는 장점이 있습니다. 특히 용적률 규제가 없던 시절 지어진 아파트는 재건축을 하면 용적률 제한이 적용돼 바닥면적을 줄여야 합니다. 하지만 리모델링은 건축 심의만 통과하면 법정 용적률을 초과해 지을 수도 있습니다.

하지만 재건축은 모두 허물고 완전히 새롭게 아파트를 꾸밀 수 있는 데 비해 리모델링은 기존 건물을 활용하기 때문에 내력벽이나 기둥을 건드리기 어려워 집안 구조를 바꾸는 데 제한이 있다는 단점이 있습니다. 또 건설사 입장에서는 공사 난도가 높으며 재건축보다는 수익성이 떨어지는 것으로 평가합니다.

리모델링은 건축물의 과거, 현재, 미래를 연결

리모델링은 건축물의 과거, 현재 그리고 미래를 유기적으로 연결하여 조직적으로 재구성하는 과정입니다. 과거 만들어진 건축물에 대해 현재 상태를 면밀히 파악한 후, 미래 수요를 고려하여 리모델링을 진행하기 때문입니다. 리모델링을 통해 건축물은 해체와 재배치, 추가의 과정을 거쳐 공간을 전면 재창출합니다. 건축물의 해체와 재배치, 추가는 기존 건축물의 구조적인 안전성을 바탕으로 진행합니다. 여기서 특히 중요한 것은 기존보다 공간을 넓히는 추가입니다. 공간의 추가 확장 없이 해체와 재배치만 진행하면 아무리 공간의 짜임새가 좋아지더라도 한계가 크기 때문입니다.

리모델링을 통한 공간의 추가와 관련하여 「주택법」에서는 주거전용면적의 10분의 3 이내(85m² 미만일 경우 10분의 4)에서 증축이 가능하고, 기존 세대수의 100분의 15 이내로 세대수 증가가 가능하며, 수직증축은 14층 이하는 최대 2개 층, 15층 이상은 최대 3개 층 증축이 가능하다고 정하고 있습니다.

'수평증축'은 아파트를 전후좌우로 늘려 가구당 주거면적을 넓히는 방법으로, 안전진단 C등급 이상만 충족하면 추진할 수 있습니다. 보수보강비가 수직증축에 비해 상대적으로 저렴하고 인허가도 수월한 편이라 공간을 확장하기 위해 가장 많이 활용됩니다.

'수직증축'은 골조 등 구조의 안전성이 보장되어야 추진할 수 있는 방법으로, 안전진단 B등급 이상이어야 가능합니다. 층수가 높아지면서 증가하

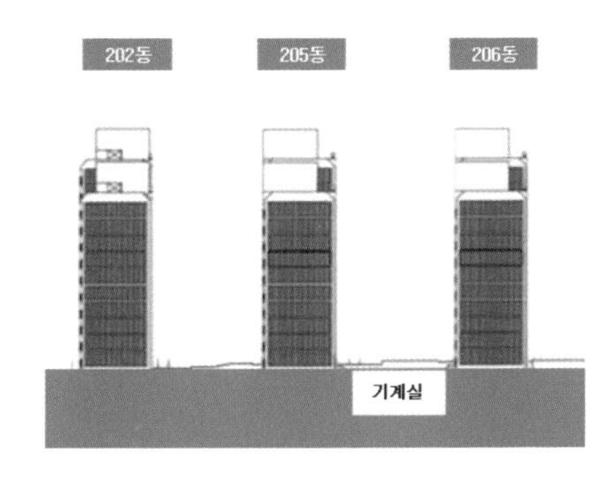

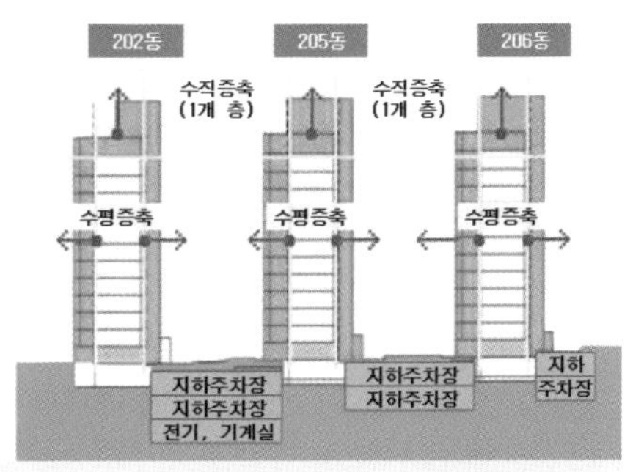

리모델링 전(위쪽)과 후(아래쪽)의 비교 모습. 공간을 확장하기 위해 수평증축과 수직증축을 동시에 진행하고 지하주차장을 설치했다. © 삼성물산

는 세대를 분양해 사업비 조달이 가능하다는 장점이 있습니다. 하지만 안전성 때문에 수평증축보다 훨씬 추진하기 까다롭습니다.

아파트 단지의 용적률과 건폐율에 여유가 있다면 아예 건물을 별개로 짓는 '별동증축'이 더 나을 수 있습니다. 별동증축 역시 증가 세대를 분양해 사업비를 조달할 수 있습니다. 그러나 새로 생기는 건물로 인해 기존 건물에 조망권 간섭 등이 발생하는 단점이 있습니다.

수평증축을 통해 세대 내 공간을 추가 확장할 때는 일반적으로 전면과 후면 확장을 동시에 진행합니다. 기존 아파트의 세대 내 있는 전면 발코니는 물론 엘리베이터에서부터 세대 출입문까지 건물 후면에 길게 연결돼 있던 복도를 모두 실내화합니다. 여기에 전면과 후면에 새로운 공간을 덧붙여 증축하면 건축물 구조체에 대한 부담도 줄이면서 상당히 넓은 공간을 확보할 수 있습니다.

이와 같은 리모델링 증축에서는 건축물의 기존 구조체에 신설 구조체를 튼튼하게 연결하는 방법이 매우 중요합니다. 골조 접합 공법을 통해 철근을 서로 연결하고 콘크리트 신구 면을 단단히 접합해 물리적 부착 성능을 확보하고 화학적으로도 결합하도록 합니다. 리모델링을 통해 공간이 추가되면 건축물 전체 하중이 증가하기 때문에 슬래브와 기둥, 기초에 대한 보강도 진행해 내진 성능이 기존보다 향상되도록 합니다.

리모델링 증축이 구조적으로 안전하기 위해서는 건축물에 중심 뼈대 역할을 하는 코어(core)를 부가하거나 확장해야 합니다. 새로운 코어는 세대 후면에 부착하는 것이 일반적입니다. 코어를 발코니가 있는 세대 전면에 추가 배치하면 채광 폭이 감소한다는 단점이 있기 때문입니다.

거주자를 위한 증축 공간 활용법

리모델링을 통해 단위 세대 평면은 30% 이상 대폭 넓어지는데, 여기에 약간의 문제가 있습니다. 전 · 후면 확장으로 인해 세대 평면이 가로폭은 그대

리모델링을 통해 단위 세대 당 면적이 대폭 늘어나지만, 전면(가로폭)에 비해 깊이(세로폭)가 깊어지는 단점이 있다. © 포스코건설

로인데 세로폭이 길어지면서 공간이 지나치게 깊어지는 겁니다. 재건축과 리모델링 아파트의 평면 형태를 비교한 연구에 따르면 깊이와 앞 너비의 비율이 재건축 평면의 경우 1:0.81로 납작한 형태인 데 비해 리모델링 평면은 1:1.92로 세로로 매우 긴 형태였습니다. 전면 너비는 그대로인데 세로가 길어지면 채광과 통풍이 매우 불리해집니다. 이는 리모델링 평면의 가장 큰 한계로 지적되고 있습니다.

물론 단위 세대를 옆(가로)으로 크기를 키우는 측면 확장도 가능합니다. 하지만 아파트의 경우 옆으로 서로 붙어 있기 때문에 모든 세대를 측면으로 확장할 수 없어 형평성 문제가 발생합니다. 전면 폭을 늘리기 위해 2세대를 1세대로, 3세대를 2세대로 통합하는 방법도 있으나 세대 수가 기존보다 감소하기 때문에 사실상 불가능한 방법이라고 봐야 합니다.

리모델링을 통해 증가한 면적을 어떻게 활용할지는 리모델링의 핵심과제로 입주민의 삶의 질과 직결되는 사항입니다. 보통 침실이 3개보다 적은 소형 평형에서 침실 개수를 늘리고, 침실 개수가 원래 3개 이상인 대형 평형에서는 침실 면적을 증가시켜서 기존에는 없었던 드레스룸을 보조적으로 설치하는 사례가 많습니다.

화장실이 1개인 세대는 안방에 부부욕실을 추가해 화장실을 2개로 만듭니다. 주방은 김치냉장고 놓을 자리를 추가로 마련하고 팬트리를 설치해 수납을 강화합니다. 일반 침실보다 크기는 작지만 입주민 기호에 맞게 다용도로 쓸 수 있는 알파룸을 만드는 경우도 늘고 있습니다. 한편 해당 아파트에 계속 거주해온 입주자일 경우 은퇴가 얼마 남지 않았을 수 있습니다. 이런 세대를 위해 한 세대를 두 세대로 분리할 수 있는 임대 수익형 평면도 등장했습니다.

아파트 건물 차원에서는 리모델링을 진행하면 1층을 필로티로 처리하고 최상층을 증축하는 사례가 많습니다. 급·배수관 교체는 필수이며 고장이 많은 낡은 엘리베이터도 교체합니다. 최신 아파트처럼 바깥에서 보기 좋도록 외피 개선도 함께 진행합니다. 아파트 단지 차원에서는 차량 중심에서 보행자 중심으로 동선 체계를 바꾸고, 휴식시설과 운동시설 설치 등 외부공간 개선을 진행합니다.

리모델링을 통해 입주민이 가장 바꾸고 싶은 것 중 하나는 주차장입니다. 옛날 아파트는 주차 공간이 부족해 매일 주차 전쟁을 치러야 하고, 주차장이 지상에 있어 비가 오면 비를 맞으며 차를 타고내리고, 겨울에는 차가 눈에 파묻히기도 합니다. 간혹 지하주차장이 있더라도 아파트 건물 엘리베이터와 연결돼 있지 않아 불편한 경우가 많습니다.

아파트를 리모델링을 할 때는 충분한 주차 공간을 확보하기 위해서 건물과 건물 사이 공간을 보통 지하 3층까지 파내려 갑니다. 수평증축으로 건물을 확장하면 건물 후면에 지하주차장을 새로 판 곳과 겹치는 부분이 생깁니다. 여기에 엘리베이터를 설치하면 세대와 지하주차장을 바로 연결할 수 있습니다.

기존 건물이 존재하는 상황에서 지하공간을 확장하는 것은 매우 까다로운 일로 확장 방식과 굴토(땅파기) 공법, 흙막이 공법, 주동 진입 방식 등 고려해야 할 사항이 많습니다. 또 지하부 공사를 완료하기 전까지 지상층 골조공사를 진행할 수 없다는 단점도 있습니다. 리모델링이 활성화되면서 건설사들은 구조 안전성은 물론 시공성, 경제성, 편의성까지 갖춘 지하주차장 확장 공법을 개발하기 위해 노력하고 있습니다.

"막상 떠나려니 섭섭한 마음 반, 다 뜯어고친 새집으로 다시 들어올 테니 기대 반입니다." 분당의 한 아파트 입주민이 리모델링을 위해 이주하며 밝힌 심경입니다. 새로 건설하는 아파트와 달리 리모델링은 입주자가 이미 명확하게 결정되어 있습니다. 따라서 아파트 입주민의 의견을 충분히, 정확하게 반영하여 주거지 개선을 진행할 수 있다는 장점이 있습니다. 단순한 노후화 억제를 넘어 삶의 질을 향상하는 공간을 창조하기 위해 아파트의 리모델링은 더욱 광범위하게, 더욱 혁신적으로 추진되고 있습니다.

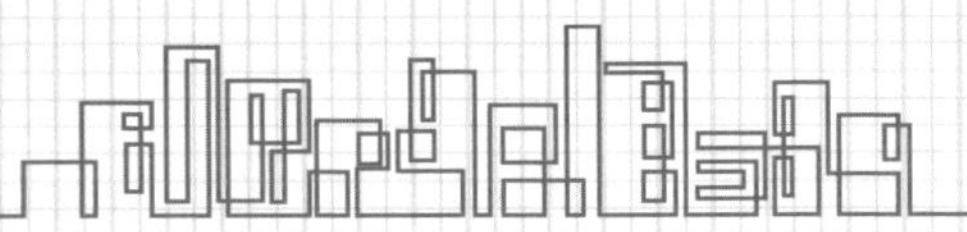

재건축과 리모델링, 뭐가 나을까?

“두껍아 두껍아 헌집 줄게 새집 다오.” 모래놀이할 때 즐겁게 부르는 동요와 달리 아파트가 헌집이 됐을 때 새집으로 바꾸는 방법을 두고 싸우는 경우가 많습니다. 일부 입주민은 재건축을 주장하고 일부 입주민은 리모델링을 주장하면서 내부 갈등이 끊이지 않는 겁니다.

재건축을 추진하는 쪽에서는 철거 후 새로 지음으로써 건물의 안전성이 높아지고, 자유로운 평면 구성과 단지 설계가 가능하며, 새로운 아파트로서 이미지 개선이 가능하다고 강조합니다. 리모델링을 옹호하는 쪽에서는 기존 골조 유지로 공사비를 절약할 수 있으며, 재건축보다 공사 기간이 짧고 환경 친화적이라는 점을 내세웁니다.

노후 아파트 단지에서 재생사업으로 재건축과 리모델링 중 하나를 선택할 때 고려해야 할 변수는 많습니다. 일단 정부는 재건축보다 리모델링의 손을 들어주고 있습니다. 재건축은 안전진단 강화, 용적률 규제, 분양가 상한제, 초과이익환수 등 각종 규제로 사업성이 계속 악화하고 있습니다. 반면 리모델링은 용적률 관계없는 30% 증축, 수직증축 허용, 15%까지 세대 증가 등 완화 방안을 계속 내놓은 바 있습니다.

화려한 재건축 성공 신화를 써 내렸던 초기 아파트들과 달리 지금 노후화된 아파트들

재건축	▶ 재건축과 리모델링의 차이	리모델링
전면 철거 후 신축	**방식**	대수선 또는 부분 철거 후 증축
30년 이상	**연한**	15년 이상
D·E등급	**안전진단 등급**	A·B·C등급(수직증축은 B등급 이상)
있음	**법정 용적률 상한**	없음
용적률 한도 내	**증축 범위**	가구별 전용면적의 30~40% 이내
제한 없음	**가구수 증가**	기존의 15% 이내
있음	**임대주택 건설 의무**	없음
3000만 원 초과 시 최고 50% 환수	**초과이익환수***	없음
조합 설립 후	**조합원 지위 양도 제한**	없음

* 재건축으로 조합원이 얻은 이익이 인근 집값 상승분과 비용 등을 빼고 1인당 평균 3000만 원을 넘을 경우 초과 금액의 최고 50%를 부담금으로 환수하는 제도.

은 15층 이상 고층인 경우가 많습니다. 전문가들은 아파트 단지 용적률이 200%가 넘으면 재건축은 사업성이 없으며 리모델링을 추진하는 게 유리하다고 얘기합니다. 하지만 아직까지 재건축이 주연이고 리모델링은 재건축이 불가능할 때 추진하는 조연 느낌이 강한 것도 사실입니다.

일단 사업성이 떨어지는 아파트여도 입주민 다수가 원할 경우 재건축을 추진할 수 있습니다. 이 경우 입주민들이 상당 수준의 사업비를 부담하고 기다림도 감수할 수 있어야 합니다. 리모델링은 서구에서 성공을 거둔 것처럼 우리나라에서도 더 많이 진행될 것으로 예상합니다. 건설사들도 리모델링의 사업성과 상품성에서 경쟁력을 높이기 위해 노력하고 있습니다.

즐거운 나의 스마트홈

"인간의 모든 불행은 방안에 가만히 있지 못하기 때문에 시작된다." 프랑스의 과학자이자 철학자인 블레즈 파스칼Blaise Pascal, 1623~1662이 남긴 말입니다. 수천 년 동안 구전된 우화 〈개미와 배짱이〉에서 알 수 있듯 인간에게 부지런함은 성공을 위한 훌륭한 미덕으로, 게으름은 실패에 맞닿아 있는 잘못된 습관으로 인식되고 있습니다. 그런데 파스칼의 말은 부지런히 움직이는 게 항상 옳은 일인지에 대해 근본적인 의문을 던집니다.

아이러니하게도 요즘 과학자들은 인간을 더욱더 게으르게 만들기 위해 밤낮으로 고심하며 연구하고 있습니다. 당신이 필요한 모든 일을 알아서 해주기 때문에 손 하나 까딱하지 않아도 되는 즐거운 나의 집, 바로 '스마트홈(smart home)'을 구현하기 위해서입니다.

인류가 오래 꿈꿔왔던 집이 현실로

스마트홈이 미래 주거의 핵심 트렌드로 부각하고 있습니다. 제4차 산업혁명이 도래하면서 총아로 떠오른 인공지능(AI)과 사물인터넷(IoT), 정보통신기술(ICT), 빅데이터, 로봇공학 등이 모두 스마트홈을 통해 집안으로 모이고 있습니다. 스마트홈이 새로운 산업혁명을 선도하는 최첨단 미래 기술의 경연장이 된 것입니다.

영어로 '집이 똑똑해진다'라는 의미를 담고 있는 스마트홈은 AI와 IoT, ICT 등 첨단기술을 주택에 접목함으로써 거주민들의 삶의 질을 제고하고 편의성을 극대화하는 데 목적을 두고 있습니다. 한국스마트홈산업협회에서는 스마트홈을 '주거환경에 IT를 융합하여 국민의 편익과 복지 증진, 안전한 생활이 가능하게 하는 인간 중심적인 스마트 라이프 환경'이라고 정의합니다.

사실 스마트홈은 근래에 새로 등장한 개념은 아닙니다. 외출하고 돌아오면 안면인식을 통해 출입구가 자동으로 열리고, 집안에 들어서면 동선에 따라 조명이 자동으로 작동하며, 에어컨이 알아서 온도를 조절하는 것처럼 똑똑하고 편리한 집의 모습은 이미 수많은 SF 소설이나 영화에 등장한 바 있습니다. 결국 스마트홈은 인류가 오랫동안 꿈꿔왔던 집에 대한 모든 상상을 실현하는 것으로 이해할 수 있습니다.

스마트홈은 1990년대 등장해서 주목받았던 인텔리전트홈(intelligent home)이나 홈오토메이션(home automation)과 상당히 비슷해 보입니다. 스마트홈이 인텔리전트홈이나 홈오토메이션과 구별되는 가장 큰 차이는 핵

일상생활을 편리하게 만드는 스마트홈 기술이 미래 주거의 핵심 트렌드로 부상하고 있다. © 삼성전자

심 주체가 기술이 아닌 '인간'이라는 점입니다. 인텔리전트홈과 홈오토메이션은 첨단기술을 주택에 적용하는 데 초점을 맞추는 바람에 사람들에게 편의성보다 불편함을 안겨주었고 실질적 효용성 부족과 주택 비용 상승 등의 문제로 인해 결국 대중화에는 실패한 뼈아픈 역사가 있습니다.

반면 스마트홈의 경우는 인간에게 초점을 두고 우리의 일상을 어떻게 하면 더욱 편리하게 바꿀 수 있을지에 관해 고민하고 있습니다. 인간을 귀찮음으로부터 해방시켜 주는 크고 작은 아이디어들이 도출되면서 스마트홈은 이전과 달리 사람들로부터 환영받고 있습니다. 무엇보다 제4차 산업혁명의 핵심기술인 IoT와 AI, ICT, 빅데이터, 로봇공학 등의 기술이 성숙하면서 스마트홈에 대한 경제적인 접근을 가능케 하고 있습니다.

실제 스마트홈은 장밋빛 전망에 머물지 않고 폭발적인 성장세를 보이고 있습니다. 독일의 시장조사업체 스태티스타(Statista)는 전 세계 스마트홈 시장이 2020년 773억 달러(약 86조 원)에서 2025년 1757억 달러(약 196조 원) 규모로 2배 이상 성장할 것으로 전망합니다. 전 세계의 스마트홈 설치 가구 수는 2022년 현재 3억 600만 가구입니다. 이는 전체 가구 수의 15%에 육박하는 수준입니다.

전 세계 스마트홈 시장이 탄탄한 성장세를 보이는 가운데 우리나라에서도 스마트홈의 대중화 시대가 본격적으로 열리고 있습니다. 우리나라는 주거 형태가 여럿이 함께 모여 사는 아파트가 절대다수여서 스마트홈 기술 개발과 적용에 한결 유리한 상황입니다. 아파트 단지에는 수백 세대가 모여 있는 덕분에 규모의 경제가 작동해 단독주택보다 훨씬 더 경제적이고 효율적으로 스마트홈을 구현할 수 있습니다.

스마트홈 성공을 이끌 핵심 기술들

스마트홈은 안락한 생활, 편안한 휴식, 안전한 삶 등 집이 가진 다양한 가치를 실현하기 위해 요란하지 않게, 궁극적으로는 '당신이 모르는 사이'에 알아서 처리해주는 것을 목표로 합니다. 이를 위해서는 집안에서 이뤄지는 여러 상황을 실시간으로 파악한 후, 실내에 있는 다양한 기기들을 제어하여 적절한 조치를 취할 수 있어야 합니다.

집안에서 이뤄지는 다양한 상황을 파악하기 위해 필요한 기술은 '센서(sensor)'입니다. 쾌적한 생활을 위해 온도 · 습도 · 조도 등 센서가, 안전한 생활을 위해 화재 · 가스 · 방범 등 센서가, 편리한 생활을 위해 지문인식 · 검침 · 동작감지 등 센서가, 건강한 생활을 위해 공기 · 수질 · 원격진료 등 센서가 개발돼 활용되고 있습니다.

센서에 의해 감지된 환경 변화를 분석해 필요한 조치를 확인한 후 특정 기기가 적절하게 작동하도록 명령하고 관리하는 일은 '컨트롤러(controller)'가 담당합니다. 아파트 거실 한쪽 벽면에 달려 있는 월패드가 스마트홈에 사용되는 대표적인 컨트롤러라 할 수 있는데요. 기존에는 사람이 생각한 후 직접 명령어를 입력하는 방식을 사용했으나 스마트홈에서는 인간의 개입 없이, 다시 말해 스스로 정보를 분석하고 판단해서 조처하는 인공지능 컨트롤러를 최종 목표로 합니다.

센서에 의해 취득된 정보와 컨트롤러가 내린 명령이 실시간으로 전달되기 위해서는 그에 적합한 '유무선 네트워크'가 필요합니다. 유무선 네트워크는 기기가 수집하는 정보의 양과 연결 특성을 고려해 가장 효율적인 방식으로 이뤄져야 합니다. 때로는 와이파이(Wi-Fi)처럼 전력 사용량은 많지만 속도가 빠르고 도달 거리가 긴 방식을 사용하고, 때로는 지그비(Zigbee) 같이 근거리에서 소용량 정보전달만 가능하지만 전력 소모가 적은 방식을 사용합니다.

스마트홈에서 사람들에게 직접 편의를 제공하는 역할은 '스마트홈 기기'의 몫입니다. 스마트라는 단어가 결합된 TV, 청소기, 에어컨, 공기청정기, 현관도어 등이 속속 등장하고 있습니다. 이들 스마트홈 기기들은 컨트롤러나 자체 인공지능에 의해 알아서 편리하게 작동합니다. 스마트홈이 발전할수록 스마트홈 기기는 앞으로 더욱 다양해질 것입니다.

스마트홈은 알아서 편의 서비스를 제공하는 것을 최종 목표로 하지만 개개인의 다양한 요구사항을 반영하기 위해 '사용자 인터페이스'도 있어야 합니다. 스마트홈 서비스는 스마트폰의 모바일앱으로 연동되고 인공지능 스피커를 통해 음성 명령으로도 작동합니다. 특히 음성은 화면을 보고 입력하는 것보다 훨씬 간편하고 다른 일을 하면서도 쉽게 명령을 내릴 수 있어 편리합니다. 대화형 인터

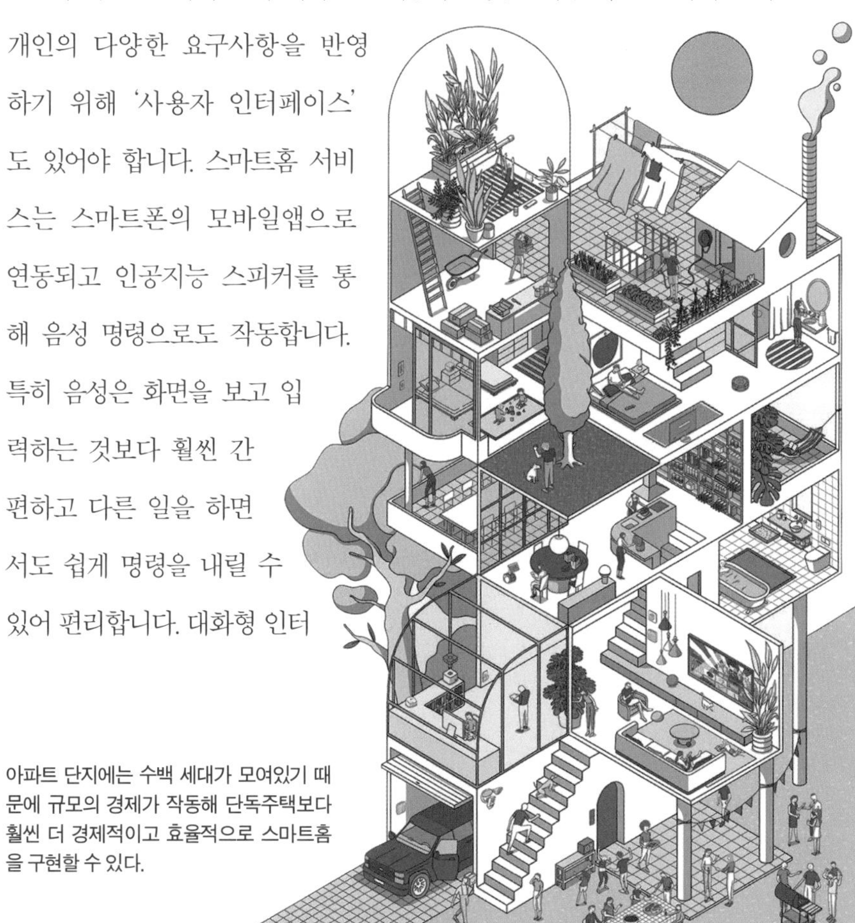

아파트 단지에는 수백 세대가 모여있기 때문에 규모의 경제가 작동해 단독주택보다 훨씬 더 경제적이고 효율적으로 스마트홈을 구현할 수 있다.

페이스가 제대로 작동하기 위해서는 말속에서 사용자의 명령을 올바르게 분리해내고 의도를 추론하는 능력이 중요합니다.

다양한 스마트홈 기기들이 서로 정보를 교환하고 관리되기 위해서는 통합적인 정보처리 표준체계와 작동체계를 갖춘 '플랫폼(platform)'을 필요로 합니다. 플랫폼은 최근 비즈니스 분야에서 가장 각광받는 개념으로, 아이폰을 개발한 애플의 앱스토어를 생각하면 이해하기 쉽습니다. 애플은 앱스토어라는 플랫폼을 구축해 앱 개발자들과 아이폰 사용자들을 네트워크로 서로 연결해줬습니다. 플랫폼 자체에서 다양한 서비스가 개발되고 판매되면서 아이폰의 활용성은 높아지고 새로운 부가가치가 창출되고 있습니다. 스마트홈도 이와 같은 플랫폼 형태로 구축되고 있어 더 큰 기대를 모으고 있습니다. 쇼핑과 의료, 교육, 교통 등에서 편의를 제공하는 다양한 상품이 개발되고 거래되면서 스마트홈이 새로운 비즈니스 생태계를 구축할 것으로 예상됩니다.

미래의 집은 어떤 모습일까?

스마트홈이 급성장하는 미래의 핵심 유망사업으로 부각함에 따라 치열한 주도권 싸움이 진행되고 있습니다. 우리나라 스마트홈 시장을 차지하기 위한 플랫폼 쟁탈전에서 일단 한발 앞서 나가는 곳은 스마트홈 기기 개발을 담당하는 주체, 즉 전 세계를 무대로 활동하는 가전회사들입니다.

삼성전자의 '스마트싱스(SmartThings)'는 전 세계 200여 기업에서 개발한 2600여 개의 가전제품을 연결할 수 있는 스마트홈 플랫폼으로 국내에서 600만 명이 넘는 가입자를 확보하며 독주 체제를 갖췄다는 평가를 받고 있습니다. LG전자의 '스마트씽큐(Smart ThinQ)'는 주로 자사 제품을 연동하고 있는데, 백색가전 세계 1위라는 경쟁력을 활용해 추격에 나선 모양새입니다.

수백만 명의 통신서비스 가입자를 확보한 정보통신회사들도 스마트홈의 주도권을 차지하기 위해 잰걸음을 보이고 있습니다. SK텔레콤의 '누구

▶ **아파트 단지 내 스마트홈 구성도**

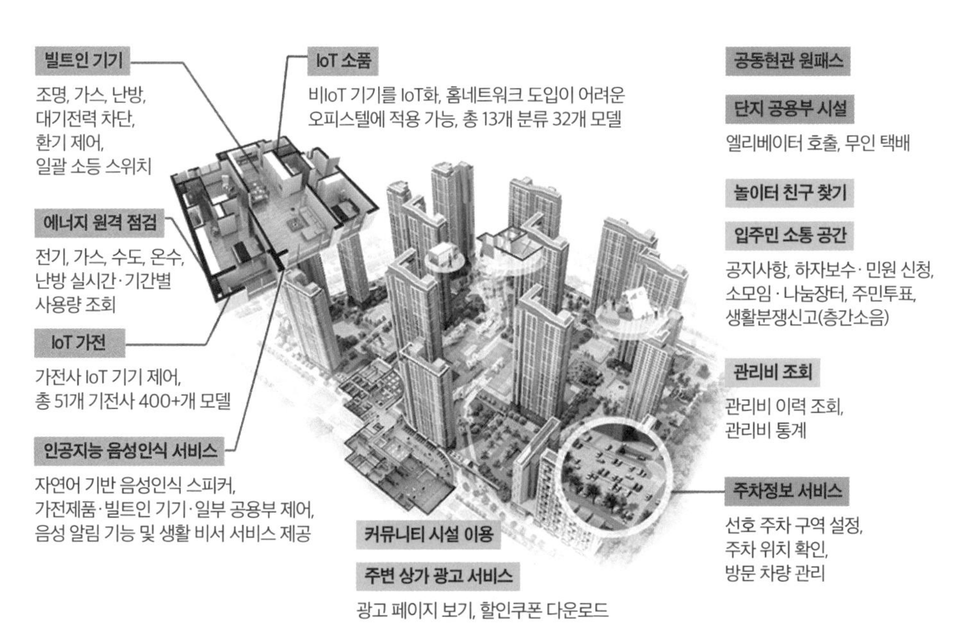

스마트홈 기술의 발달은 인간의 삶을 근본적으로 바꾸고 아파트에 새로운 패러다임을 제시할 것으로 예상된다. © SK텔레콤

(NUGU)', LG유플러스의 'U플러스 AI', KT의 '기가지니 홈 IoT' 등입니다. 한편 네이버와 카카오와 같은 포털업체들은 인공지능과 음성인식 등에서 강세를 보이면서 스마트홈 산업에서 자신들의 독자적인 영역을 구축하고 있습니다. 이들은 전면에 나서기보다는 다른 기업과 협업하는 형태를 취하고 있습니다. 하지만 향후 혁신적인 지능정보기술을 바탕으로 포털업체가 게임 체인저로 부각할 가능성도 있습니다.

스마트홈 시장의 성장과 함께 건설업계의 고민은 깊어지고 있습니다. 과거 건설회사들은 독자적으로 스마트홈 구축에 나섰으나, 스마트폰으로 집 밖에서 조명과 전원을 제어하는 수준으로 확장성이 떨어지는 한계가 노출되었습니다. 그렇다고 부가가치가 높은 안방을 고스란히 내어줄 수는 없는 노릇. 이 때문에 건설사들은 전방위적으로 협업을 확대해 경쟁력을 확보하기 위해 노력하고 있습니다.

삼성물산은 같은 그룹에 속한 삼성SDS가 지원하고 있으며, GS건설은 LG전자와 협업하고 있습니다. 현대건설과 현대산업개발, SK건설은 SK텔레콤과 파트너십을 유지하고 있습니다. 대우건설은 삼성전자와 LG전자의 플랫폼을 연동하고, 포스코건설은 카카오와 협업하고 있습니다. DL이앤씨(옛 대림건설)는 KT와 협력 소식이 들리며, 한화건설은 KT와 네이버가 돕고 있습니다. 이밖에 중견 건설사들도 가전회사나 정보통신회사들과 협력하면서 첨단기술이 접목된 스마트한 아파트를 선보이고 있습니다.

아파트에 스마트홈 바람이 불면서 선보이는 서비스들도 눈에 띄게 발전하고 있습니다. 조명이나 가스, 냉난방, 환기, 보안 등 세대 내 생활환경을 손쉽게 제어할 수 있고, 엘리베이터 호출, 날씨정보 제공, 방문자 확인, 택배 조회, 차량 위치 확인, 주택 경비 등 편의 서비스들이 다양해지고 있습니다. 전원 및 조명 관리, 절수 등을 통해 스마트홈 기술은 에너지 절약에서 상당한 효율을 보입니다.

과거 SF 영화에서 보여줬던 미래 가정의 모습 중 상당수는 스마트홈을 통해 이미 현실이 됐습니다. 예를 들어 영화를 보길 원하면 커튼이 자동으로 쳐지고 TV가 켜지고 영화를 추천해줍니다. 영화를 선택하면 조명은 밝기를 스스로 조절하고, 스마트가구인 모션베드는 영화 관람 시 가장 편한 자세가 되도록 각도를 조정합니다.

웨어러블 기기들은 체지방률과 기초대사량, 수면 패턴 같은 개인 건강 정보 변화 추이를 확인하며 입주민의 건강 관리를 도와줍니다. 냉장고는 자신이 보관하고 있는 식재료로 만들 수 있는 체중 조절에 도움이 되는 건강한 요리를 추천해줍니다.

인공지능 스피커는 편리하게 스마트 기기들을 제어하는 음성 명령 도구이면서 심심할 때 대화 상대도 됩니다. 로봇청소기는 집안을 깨끗이 청소해주며, 아직 상용화되지는 않았지만 요리와 설거지를 담당하는 가사 로봇도 이미 개발된 상태입니다. 스마트홈이 앞으로 발전해나갈 미래 모습은 전적으로 인간의 상상력에 달려있습니다.

SF 영화에 등장하는 요리와 설거지를 담당하는 가사 로봇도 이미 개발된 상태다.

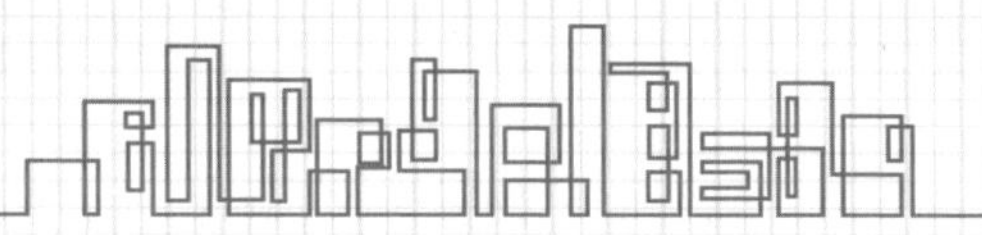

스마트 시대의 빛과 그림자

얼마 전 우리나라에서 스마트홈 월패드를 해킹한 사건이 발생했습니다. 보안업체에서 일했던 범인은 월패드 카메라를 마음대로 조작해 집안 영상을 찍었습니다. 전국 638개 아파트 단지에서 무려 40만여 세대가 피해를 보았습니다. 스마트홈 기술의 발달이 인간에게 편리함을 선사하지만 재앙을 불러일으킬 수도 있다는 사실을 보여주는 사건이었습니다.

영국의 작가 조지 오웰(George Orwell, 1903~1950)은 소설 『1984』에서 집과 회사 등 도시 곳곳에 텔레스크린이라는 거울을 설치해 개인을 감시하는 '빅 브러더(Big brother)'의 모습을 그렸습니다. 텔레스크린은 스마트홈 기기와 어딘지 모르게 비슷한 모습이 있어 보이는데요. 이 때문에 스마트홈에 축적되는 각종 사생활 정보를 빼내 가는 빅 브러더가 등장할 수 있다는 우려를 지울 수 없습니다.

일반적으로 아파트 단지의 스마트홈 서비스는 관리 서버를 두고, 입주민은 스마트폰 앱을 통해 인증(login) 후 이용하게 됩니다. 그런데 서버가 해킹되거나 인증시스템에 취약점이 존재할 경우 상상하기조차 싫은 일들이 벌어질 수 있습니다. 예를 들어 현관 제어 컨트롤러를 조작해 출입문을 열고 집안 내부로 무단 침입할 수 있으며, 가스 제어 컨트롤러에 접근해 가스 누출 사고를 일으킬 수도 있습니다.

스마트홈 서버가 안전하더라도 스마트홈 기기들과의 무선 통신을 방해해 오작동을 일 우리의 생활을 편리하게 해줄 다양한 스마트홈 기기들이 악용될 경우, 새로운 빅 브러더가 될 수 있다.

조지 오웰의 『1984』에 등장하는 가상의 인물이자 상징인 빅 브러더. 빅 브러더는 텔레스크린으로 시민을 감시하며 "빅 브러더가 당신을 지켜보고 있다"라는 구호로 시민들에게 감시당하고 있음을 끊임없이 상기시킨다.

으키고 통신 데이터를 외부에서 빼내 갈 위험도 존재합니다. 예를 들어 스마트홈 CCTV는 Wi-Fi를 통해 PC와 스마트폰에 연결되는데, Wi-Fi의 무선 AP의 보안 관리가 미흡할 경우 사생활이 담긴 동영상이 노출될 위험이 있습니다.

스마트홈의 보급을 위해서는 다양한 보안 위협을 사전에 분석하고 이에 대해 적절한 보안 대책을 수립해야 합니다. 스마트홈에 대한 불법적 접근과 정보 유출을 막기 위해 인증 강화, 데이터와 통신 구간 암호화, 불필요한 접근 제거 기술 등이 발전하고 있습니다.

참고문헌

1F · 하나의 아파트를 가리키는 다섯 가지 면적

- 김진유, 아파트 발코니면적의 시계열적 변화와 내재가치 추정에 관한 연구, 부동산학연구, 2019, 25(3), pp. 59-71
- 박인석 · 박노학 · 천현숙, 전용면적 산정기준 변화와 발코니 용도변환 허용이 아파트 단위주거 평면설계에 미친 영향, 한국주거학회 논문집, 2014, 25(2), pp. 27-36
- 성순택 · 양승우, 주거 전용면적의 산정기준 현황과 일원화 방안 연구, 대한건축학회 논문집-계획계, 2010, 26(10), pp. 139-146
- 윤혜원, 주택법상 공동주택의 공급면적에 관한 연구, 건설법연구(1), 2019, pp. 46-56
- 최권종 · 진정, 국민주택(전용 85m² 이하) 아파트평면의 변화에 대한 연구, 한국주거학회 논문집, 2015, 26(5), pp. 123-131

2F · 59m²와 84m²에 담긴 인간답게 살아가는 데 필요한 면적에 대한 고찰

- 김민경 · 윤재신, 전용면적 60m², 85m² 아파트 평면 유형에서 실 치수의 통계적 특성에 관한 연구, 한국주거학회 논문집, 2010, 21(1), pp. 53-65
- 김수정 · 신채린 · 박경옥, 글로벌 경제위기 이후 아파트 평면유형의 특성변화. 한국주거학회 학술대회 논문집, 2014, pp. 251-256
- 김지민 · 이연숙 · 김주석, 서울시 중소형아파트 단위세대 평면변화에 관한 연구. 한국주거학회 학술대회 논문집, 2010, pp. 89-94
- 박은정 · 채철균, 유니버설디자인을 고려한 공공임대주택 적정 주거공간 면적. 한국주거학회 논문집, 2020, 31(1), pp. 35-48
- 안종찬 · 강석진, 1인 가구 최저주거기준 개선을 위한 기초 연구. 대한건축학회 학술발표대회 논문집, 2020, 40(1), pp. 121-124
- 오한별 · 최문규, 주방 공간을 통해 본 아파트의 공간변화. 대한건축학회 학술발표대회 논문집, 2018, 38(1), pp. 209-212
- 진미윤 · 최상희, 고시원의 공급 · 운영관리 실태와 향후 정책 방향. 주택연구, 2018, 26(3), pp. 5~35
- 현지원 · 이연숙 · 안소미, '최저주거기준'에 관한 국내 선행 연구경향 분석, 한국실내디자인학회 논문집, 2017, 26(4), pp. 3-11

3F • 'N개의 삶'을 투영하며 진화하는 평면

- 국토교통과학기술진흥원,《비용절감형 장수명주택 보급모델 개발 및 실증단지 구축》, 2019
- 고덕제 · 권오정, 라이프스타일에 따른 중소형 아파트 평면의 획일화 극복 방안, 한국주거학회 학술대회 논문집, 2021, 33(2), pp. 329-332
- 김명, 중소형아파트 평면 분석을 통한 알파룸 공간 구성 연구, 한국과학예술융합학회, 2017, 27, pp. 49-56
- 모정현, 트렌드를 반영하는 아파트 단위세대 평면, 한국주거학회지, 2020, 15(1), pp. 12-16
- 박준영 · 정상규 · 정소이 · 박우장, 2000년대 한국 아파트 단위세대의 공간구성 동향 변화, 한국생태환경건축학회 논문집, 2012, 12(1), pp. 21-27
- 배연희 · 하미경, 최근 공동주택의 주동형태 및 단위세대 평면 유형에 관한 연구, 한국실내디자인학회 논문집, 2019, 28(6), pp. 86-95
- 윤효진, 아파트의 주동형태 및 확장형 발코니에 따른 단위세대 평면계획 변화 특성, 한국퍼실리티매니지먼트학회지, 2019, 14(1), pp. 61-69

4F • 한국인의 뿌리 깊은 '남향' 선호가 아파트에 미친 영향

- 김수정 · 김강수, 공동주택 단위주거의 일조 및 일사환경 평가에 관한 연구, 한국태양에너지학회 학술대회 논문집, 2013, pp. 329-333
- 김현, 아파트와 조망권. 대한토목학회지, 2015, 63(12), pp. 128-129
- 박영길, 일조 시뮬레이션 분석을 통한 고층아파트 일조환경 개선 방안에 대한 연구, 도시행정학보, 2013, 26(4), pp. 431-457
- 서지영 · 김승희 · 이정재, 판상형, 타워형 아파트에서 일조권 및 조망권의 정량적 비교분석 연구, 대한건축학회 논문집, 2020, 36(7), pp. 109-114
- 안광호 · 김인성 · 최용석, 조망권 정량화를 위한 기초적 연구, 대한건축학회 논문집-계획계, 2016, 32(2), pp. 53-60
- 양정윤, 건축법상 일조권 보장에 관한 소고, 일감부동산법학, 2018, 16, pp. 111-142
- 이동일 · 이경진 · 송명규, 아파트의 층수와 일조량, 소음, 조망, 사생활 침해 가능성 간의 관계, 한국도시행정학회 도시행정학보, 2010, 23(2), pp. 123-148
- 이현우, 겨울태양창을 이용한 새로운 일조권 기준의 정립에 관한 연구, 한국건축친환경설비학회 논문집, 2018, 12(3), pp. 264-276

5F · 집이 우리 몸을 공격한다!

- 국토교통부 · 한국건설기술연구원,《공동주택 환기설비 매뉴얼》, 2019
- 서울시,《환기장치 관리운영 요령》, 2018
- 한국소비자원,《아파트 환기설비 안전실태조사》, 2019
- 김현수 · 김진석 · 이종만 · 김달호, 한국의 주거환경에서 실내공기 중 유해물질 저감에 미치는 환기의 영향, 분석과학, 2020, 33(1), pp. 58-65
- 노광철, 공기청정기 실증 사례 분석-아파트에서 환기장치와 공기청정기의 미세먼지 저감 실증 사례, 공기청정기술, 2018. 31(3), pp. 1-11
- 박준석, 플러쉬아웃을 이용한 신축 공동주택 실내공기질 개선, 건축환경설비, 2021, 15(1), pp. 35-38
- 이병희 · 김선동 · 전주영, 공동주택 실내공기 오염물질 유형 및 평가방안. 건축환경설비, 2019, 13(2), pp. 16-23
- 이병희 · 전주영, 공동주택 환기설비시스템 기술 동향, 설비저널, 2021, 50(3), pp. 36-43
- 이은택, 공동주택 실내공기질 관리-공동주택 환기설비의 규제 및 기술동향, 공기청정기술, 2016, 29(1), pp. 32-42

6F · 공간에 생명을 불어넣는 창의 과학

- 국토교통부 · 한국건설기술연구원,《공동주택 환기설비 매뉴얼》, 2019
- 국토해양부,《건축물 에너지 절약을 위한 창호 설계 가이드라인》, 2012
- 한국에너지공단,《제로에너지건축물 인증 기술요소 참고서》, 2020
- 김동윤 · 임희원 · 신우철, 주거용 건물의 창호에너지평가시스템에 관한 연구, 한국생태환경건축학회 논문집, 2016, 16(2), pp. 33-41
- 박상훈, 스마트 윈도우 기술 동향 및 사례, 건축환경설비, 2020, 14(1), pp. 42-50
- 박시현, 공동주택 창의 결로방지성능 향상 기술, 건축, 2020, 64(2), pp. 34-37
- 양관섭, 신혜경, 김경우, 유리의 단면구성과 미서기 창호 창틀이 창의 차음성능에 미치는 영향, 한국소음진동공학회 논문집, 2019, 29(6), pp. 810-820
- 이장범, 창호에 SHGC를 반영한 공동주택의 방위각별 에너지 효율성 평가를 통한 합리적인 창호 계획 방안 연구, 대한건축학회 논문집-계획계, 2019, 35(11), pp. 25-34
- 장철용, 창호 기술 현황, 기계저널, 2010, 50(7), pp. 47-50

7F · 일상의 전복으로 이루어낸 부엌의 변신

- 김가영 · 김지은, 국내 브랜드 아파트 주방공간 변화 특성 연구, 한국실내디자인학회 논문집, 2015, 24(3), pp. 104-112

- 신지연 · 정미선, 라이프스타일 변화에 따른 식생활과 주방환경 변화에 관한 융합 연구, 한국과학예술융합학회, 2021, 39(1), pp. 225-237
- 오미현 · 김종서, 4차 산업혁명의 스마트 키친 연구, 한국가구학회지, 2017, 28(4), pp. 268-277
- 오한별 · 최문규, 주방 공간을 통해 본 아파트의 공간변화, 대한건축학회 학술발표대회 논문집, 2018, 38(1), pp. 209-212
- 이유지 · 안남혁 · 이진욱 · 김희준, 공동주택 내 욕실 사용 패턴에 따른 습열 환경 분석, 대한건축학회 학술발표대회 논문집, 2022, 40(2), pp. 374-375
- 진애리 · 최경란, 시대적 가치관에 따른 주방 및 주방 디자인 변화, 한국디자인포럼, 2011, 32, pp. 473-486
- 한주안 · 이재규, 주방공간 리모델링을 위한 필요조건과 구성요소의 상관관계에 관한 연구, 한국실내디자인학회 논문집, 2019, 28(4), pp. 97-106
- 함성일 · 김영민, 아파트 단위평면에서의 물 사용공간의 공간분석연구, 대한건축학회 논문집-계획계, 2012, 28(10), pp. 3-12
- 고리까지 가산한 입주금 건축도 엉망진창, 동아일보, 1959. 6. 5
- 고삐 풀린 아파트값 잡기, 연합뉴스, 2006. 11. 7
- 강준만, '아파트 공화국'의 미스터리, 한겨레21, 2005. 12. 27

8F • 추억에서 잡동사니까지, 삶에 필요한 모든 것을 담는 수납

- 김선중, 대형 아파트 식생활용품 수납실태에 관한 연구 I, 한국주거학회 학술대회 논문집, 2010, pp. 320-325
- 김재현 · 서현, 아파트 드레스룸의 적정 수납장 크기에 관한 연구. 한국실내디자인학회 논문집, 2011, 20(5), 1pp. 52-159
- 송지현 · 이현수, 공동주택 세대외부창고의 활성화 방안을 위한 사례 연구, 한국실내디자인학회 논문집, 2018, 27(1), pp. 58-67
- 정경숙, 라이프스타일 기반 부부침실 설계요소 선정 및 수납가구 모듈 개발, 한국공간디자인학회 논문집, 2021, 16(4), pp. 314-324
- 정경숙 · 김수정 · 박성휘, 맞벌이 가구의 주방공간내 생활재 및 수납현황에 관한 연구, 한국실내디자인학회 논문집, 2016, 25(6), pp. 106-115
- 정보희 · 이창노, 아파트 평면 계획 시 적용되는 수납공간의 적정규모에 관한 연구, 한국문화공간건축학회 논문집, 2018, 61, pp. 133-140

9F • 이웃을 적으로 만드는 층간소음

- 국토교통부 · 한국토지주택공사 · 중앙 공동주택관리 분쟁조정위원회, 《층간소음 예방 관리 가이드북》, 2020
- 환경부 · 한국환경산업기술원, 《층간소음 현황 및 대응기술 동향》, 2014
- 한국건설기술연구원, 《공동주택 층간소음 해소방안 연구》, 2019

• 김민혜 · 김성현 · 조정원, IoT기반 층간소음 관리 시스템 설계. 한국정보과학회 학술발표 논문집, 2019, pp. 479-481
• 김인호, 층간소음 저감을 위한 저주파 천장 흡음재 기술, 건축, 2020, 64(2), pp. 21-25
• 박상우 · 김대경, 콘크리트 구조별 바닥두께 기준에 따른 층간소음 평가 및 기준제안, 대한건축학회 학술발표대회 논문집, 2022, 42(1), pp. 574
• 서재찬 · 김진국, 공동주택현황과 층간소음문제, 고무기술, 2016, 17(1 · 2), pp. 34-50
• 정정호, 바닥충격음 연구현황 및 전망, 한국소음진동공학회 논문집, 2019, 29(4), pp. 477-487
• 정정호 · 이평직, 층간소음 성가심과 생활감에 대한 설문조사, 한국소음진동공학회 논문집, 2018, 28(6), pp. 685-693

10F · 같은 아파트에서도 난방비가 천차만별인 까닭

• 박재홍 · 김영일 · 김선혜, 아파트 난방에너지 사용량 분석 및 설계 표준과의 비교, 대한설비공학회 학술발표대회 논문집, 2018. pp. 632-635
• 서정아 · 신영기 · 김용기 · 이태원, 공동주택 세대별 난방 성능 개선 연구, 설비공학 논문집, 2016, 28(2), pp. 69-74
• 위승환 · 김수민, 건축용 단열재의 환경 성능 평가, 대한건축학회 학술발표대회 논문집, 2020, 40(1), pp. 298
• 이은주 · 구준모 · 홍희기, 공동주택에서 비난방세대가 미치는 열적 영향, 설비공학 논문집, 2016, 28(1), pp. 42-47
• 이창로 · 박기호, 공동주택 관리비 결정요인 분석 : 다수준 종단분석, 국토연구, 2017, pp. 169-185
• 최광성 · 오준걸, 공동주택 인동간격에 따른 세대내 일사 유입량과 난방부하에 관한 연구, 한국생태환경건축학회 논문집, 2017, 17(6), pp. 293-299
• 홍희기 · 김선국 · 유호선, 온돌 난방 스케줄 제어에 따른 에너지 저감, 대한설비공학회 학술발표대회 논문집, 2009. pp. 139-144

11F · 아파트의 뼈와 살, 콘크리트

• 김병석 · 박종범, 초고성능 콘크리트 재료 및 구조물 기술 개발 연구동향, 콘크리트학회지, 2016, 28(1), pp. 16-20
• 김현숙 · 태성호 · 임효진 · 조강희 · 이광수 · 노승준, 확률론적 분석방법을 이용한 공동주택의 개략물량산출 방법에 관한 연구, 대한건축학회 학술대회 논문집, 2021, 41(2), pp. 441-442
• 문형재 · 김영학 · 김규동, 초고층 건축물 콘크리트 펌프 압송 품질관리 사례, 콘크리트학회지, 2017, 29(3), pp. 37-42
• 주나영 · 송승영, 기존 벽식 철근 콘크리트조 대비 프리캐스트 콘크리트조 공동주택 외피의 단열성능 비교분석, 대한건축학회 논문집, 2021, 37(12), pp. 265-275

12F • 안전성부터 층간소음까지 좌우하는 '건축 구조'

- 국토교통부,《현대산업개발 아파트 신축공사 건설사고조사위원회 사고조사 보고서》, 2022
- 강지연 · 김형근, 공동주택 장스팬 무량판 구조의 경제성 평가, 한국주거학회 학술발표대회 논문집, 2014, 26(2), pp. 53-56
- 김종서 · 김승훈 · 유성용, 공동주택 라멘 구조의 주요 골조계획에 따른 공사비 분석에 관한 연구, 한국주거학회 학술발표대회 논문집, 2016, 28(1), pp. 241-244
- 이창남, 아파트 구조방식 변천과 심의에 얽힌 이야기, 건축, 2006, 50(1), pp. 54-60
- 한승호 · 이준호 · 김진구, 탑상형 공동주택의 평면구조가 내진성능에 미치는 영향, 대한건축학회 논문집-구조계, 2012, 28(7), pp. 57-64

13F • 천 일 동안 펜스 너머에서는 무슨 일이 벌어지나?

- 국토교통부 · 국토교통과학기술진흥원,《비용절감형 장수명주택 보급모델 개발 및 실증단지 구축》, 2019
- 토지주택연구원,《공동주택 건설공사의 품질확보를 위한 표준공사 기간 산정기준 연구》, 2014
- 김진원 · 손정락 · 송상훈 · 방종대, 동절기 고층아파트 골조공사 기준층의 기본공정에 관한 연구, 대한건축학회 학술발표대회 논문집, 2014, 34(1), pp. 461-462
- 박재우 · 윤원건, 3차원 지형공간정보기반 토공사 지원 스마트 건설 시스템, 대한토목학회지, 2019, 67(11), pp. 20-27
- 백태용, 고층 공동주택 마감공사의 공정계획 프로세스, 한국산학기술학회 논문지, 2017, 18(11), pp. 110-117
- 양상훈 · 조재용 · 조지원 · 이정호 · 김영석, 공동주택 전용 갱폼 인양 자동화 기술 개발에 관한 연구, 한국건설관리학회 논문집, 2012, 13(1), pp. 53-66
- 이종균, 타워크레인 주요 공종별 안전성 확보방안에 관한 연구, 대한건축학회 연합논문집, 2013. 15(6), pp. 247-255

14F • 도시의 수직혁명을 이끈 오르내림의 과학

- 고용노동부 · 안전보건공단,《엘리베이터 안전작업가이드》, 2019
- 행정안전부 승강기사고조사판정위원회,《승강기 안전사고 예방을 위한 안전장치 분석 연구》, 2009
- 김현, 엘리베이터의 역사와 첨단기술 소개, 한국설비기술협회지, 2019, 36(4), pp. 104-113
- 문현철, 승강기 안전 시스템의 문제점과 개선방안에 대한 연구, 한국컴퓨터정보학회 논문지, 2020, 25(10), pp. 221-230
- 반효경, 스마트 빌딩을 위한 센서 기반의 효율적인 엘리베이터 스케줄링, 한국산학기술학회 논문지, 2016, 17(10), pp. 367-372
- 편집부, 승강기 도입 100주년 : 백 년 넘어 미래 백 년을 향한 웅비, 전기저널, 2010, pp. 52-57

15F • 아파트의 에너지 다이어트, 선택이 아닌 필수

- 국회입법조사처,《제로에너지건축물 현황 및 개선과제》, 2017
- 한국에너지공단,《제로에너지 건축물인증 기술요소 참고서》, 2020
- 김종훈, 기존 건축물 에너지효율 향상을 위한 에너지성능 현장 진단 기술, 융합연구리뷰, 2020, 6(7), pp. 1-31
- 이승언, 가장 에너지 소비를 적게 하는 기술(제로에너지빌딩), 건축, 2016, 60(5), pp. 22-26
- 이아영, 고층아파트 제로에너지 실현을 위한 통합연구, 건축환경설비, 2018, 12(4), pp. 15-27
- 이진영, 고층아파트단지의 제로에너지 구현을 위한 설비 계획, 건축환경설비, 2018, 12(4), pp. 37-47
- 조동우, 제로에너지 건축기술 및 건축물 관련기술 동향, 융합연구리뷰, 2020, 6(7), pp. 33-64

16F • 천편일률에서 천차만별로, 색(色)다른 아파트의 등장

- 김수영 · 이윤진, 재도장 아파트 외관 색채분석과 변화추세에 관한 연구. 한국색채학회 학술대회, 2022, pp. 70-74
- 문석옥, 아파트 외장색채 배색방식 및 패턴 변화에 관한 연구, 한국디자인포럼, 2014, pp. 45-54
- 사은주 · 윤희철, Jean Philippe Lenclos의 건축공간에 나타난 색채 특성 연구, 대한건축학회 학술발표대회 논문집, 2013, 33(2), pp. 11-12
- 유상준, 아파트 내 · 외관 디자인 및 컬러 트랜드, 건축기술 쌍용, 2020, 77, pp. 70-74
- 이나겸 · 임수영, 도시 고층공동주택의 외장색채 개선을 위한 연구, 예술인문사회 융합 멀티미디어 논문지, 2019, 9(6), pp. 331-340
- 이영란 · 주범, 색채 환경을 고려한 서울시 아파트 외관 색채 계획에 관한 연구, 한국실내디자인학회 논문집, 2016, 25(2), pp. 143-150
- 정성윤 · 유재준 · 신혜연, 수도권 브랜드 아파트 내외관 디자인 및 컬러 트랜드에 관한 연구, 한국색채학회 학술대회, 2022, pp. 59-64
- 황상윤 · 이석현, 아파트 외장색채 근황 분석-최근 5년간 신축 아파트를 대상으로, 한국색채학회 학술대회, 2020, pp. 127-129

17F • 아파트는 어떻게 한국인의 평균 수명을 연장시켰나?

- 환경부,《2020 상수도 통계》, 2021
- 강옥수, 공동주택 세대 내 이중관 급수배관 개선, 설비저널, 2020, 49(8), pp. 16-23
- 김용겸 · 이시환 · 문성민, 공동주택 급수 배관 방식의 현황 및 설계 방안, 설비저널, 2018, 47(10), pp. 42-50
- 나연정 · 양인호, LCC 분석을 이용한 공동주택에서 고가수조와 부스터펌프 급수방식의 비교, 한국생활환경학회지, 2008, 15(2), pp. 165-171

• 동원펌프(주) 연구소, 부스터 펌프 시스템, 월간 설비기술 7월호, 2020, pp. 74-88
• 이용화, 아파트 급수배관의 관지름 결정에 관한 연구, 설비공학 논문집, 2020, 32(10), pp. 490-496
• 임혜연 · 최막중, 한국은 어떻게 상수도 공급문제를 해결했는가?, 국토계획, 2015, 50(4), pp. 259-271
• 최정호 · 김동명 · 이만형, 공동주택 단지내 빗물이용 활성화 방안 연구, 한국지역개발학회 학술대회, 2011, pp. 290-300

18F • 화마(火魔)로부터 삶의 터전과 생명을 지키는 아파트의 과학

• 소방청, 《아파트 화재안전 매뉴얼》, 2019
• 강경원, 아파트화재 위험관리 방안, 방재와 보험, 2014, 152, pp. 14-18
• 김선희 · 민병렬 · 최성모, 고층 아파트의 화재발생 원인과 분석, 건축, 2015, 59(5), pp. 23-28
• 소기재 · 김동헌, 스마트 공동주택의 소방안전관리체계 개선에 관한 연구 : 서울 오류동 소재 P아파트를 중심으로, 인문사회21, 2019, 10(3), pp. 507-520
• 우유진, 아파트화재 원인과 예방대책, 방재와 보험, 2014, 152, pp. 6-13
• 이명재, 공동주택 거주자의 화재안전 및 피난방식에 대한 고찰, 건축, 2014, 58(10), pp. 47-50
• 정해정 · 김동완, 아파트 대피공간 대체시설인 대피시설에 대한 고찰, 대한설비공학회 학술발표대회 논문집, 2021, pp. 961-964

19F • 높이 더 높이, 초고층 전성시대

• 구동회, 한국 마천루의 역사와 상징성, 국토지리학회지, 2020, 54(2), pp. 103-115
• 김경찬 · 김재요, 코어 시공법에 따른 주거용 초고층 건물의 부등축소 영향, 한국콘크리트학회지 학술대회 논문집, 2020, 32(2), pp. 147-148
• 김도현 · 정광량, 초고층 건축물 구조시스템의 진화, 건축, 2009, 53(8), pp. 18-23
• 김선규 · 홍정범, 초고층 구조물의 기둥축소량 계측 및 해석에 관한 연구, 대한건축학회 학술발표대회 논문집, 2017, 37(1), pp. 599-600
• 이창환 · 정광량 · 김상대, 초고층 아웃리거 시스템 기술동향 분석, 한국강구조학회지, 2011, 23(3), pp. 35-40
• 최광민 · 허범팔, 국내 펜트하우스(하늘채)의 공간 특성에 관한 연구, 한국실내디자인학회 논문집, 2011, 20(3), pp. 172-181

20F • 아파트는 언제, 어떻게 늙는가?

• 국토교통부, 《시설물의 안전 및 유지관리 실시 세부지침》, 2021
• 국토교통부 · 국토교통과학기술진흥원, 《비용절감형 장수명주택 보급모델 개발 및 실증단지 구축》, 2019

• 윤지호 · 남경우 · 장명훈, 건축물의 부실 정밀안전점검 및 정밀안전진단 개선방안, 공학기술 논문지, 2020, 13(1), pp. 7-14
• 이강희 · 채창우, 공종별 수선비용 추계모델을 활용한 공동주택 장기수선충당금 적립금액 산정, KIEAE Journal, 2016, 16(3), pp. 137-143
• 이명호 · 박형철 · 오보환, 기존 철근콘크리트 아파트의 잔존수명에 관한 현장평가, 대한건축학회 학술발표대회 논문집-구조계, 2009, 29(1), pp. 515-518
• 정미렴 · 조인숙 · 김미희 · 김영주, 노후 아파트의 구조 실태 및 문제,한국주거학회 학술대회 논문집, 2017, 29(2), pp. 179-179

21F · 주거지 고밀 개발, 약일까? 독일까?

• 민혁기 · 정창무 · 이혁주 · 유상균, 용적률 규제가 지역총생산에 미치는 영향, 국토계획, 2017, 52(7), pp. 141-158
• 박종민 · 김찬호 · 이창수, 서울시 제3종일반주거지역 용도지역 변경 특성 연구, 한국지적정보학회지, 2018, 20(3), pp. 75-88
• 이혁주, 주택속성으로서 건폐율과 규제의 효과, 국토계획, 2016, 51(4), pp. 49-63
• 최막중 · 김수진 · 임혜연, 한국의 고밀 주거개발이 대중교통 활성화에 미친 효과, 국토계획, 2016, 51(4), pp. 161-173

22F · 범죄를 예방하는 공간 연구

• 국토교통부 · 법무부 · 건축도시공간연구소,《실무자를 위한 범죄예방 환경설계 가이드북》, 2015
• 강석진, 범죄예방디자인 시범사업의 효과 및 주민 만족도 연구, 대한건축학회 논문집, 2020, 36(11), pp. 155-162
• 김성현 · 변기동 · 김석경 · 하미경, 노후 아파트 단지의 범죄예방환경설계에 관한 평가와 적용 방안 연구, 대한건축학회 학술발표대회 논문집, 2020, 40(2), pp. 37-40
• 김준 · 장미선, CPTED 적용 의무화 이후 건설된 공동주택 단지의 CPTED 적용 현황 분석, 한국실내디자인학회 논문집, 2021, 30(2), pp. 39-48
• 임동현 · 이경훈, 국내 범죄예방 환경설계 인증제도의 효과성에 관한 연구, 대한건축학회 논문집-계획계, 2018, 34(6), pp. 85-92

23F · 콘크리트 숲은 옛말, '도시의 허파'를 꿈꾸는 아파트

• 강명수 · 문석기 · 김남정, 공동주택단지 인공지반 식재환경 개선방안, 한국환경복원기술학회지, 2014, 17(5), pp. 51-64

- 김현준 · 이태영 · 박정임 · 권영휴, 1990년대 이후 공동주택의 조경수 변화 추이 분석, 한국환경복원기술학회지, 2011, 14(6), pp. 41-55
- 이동욱 · 이경재 · 한봉호 · 장재훈 · 김종엽, 서울시 아파트단지의 녹지배치 및 식재구조 변화 연구, 한국조경학회지, 2012, 40(4), pp. 1-17
- 이혁재 · 홍광표 · 김인혜, 아파트단지의 조경요소로의 정원의 도입과 인식차이에 관한 연구, LHI Journal, 2020, 11(2), pp. 47-57
- 천현우 · 이시영, 공동주택에서 치유조경계획을 위한 가이드라인 연구, 한국조경학회지, 2016, 44(5), pp. 26-37
- 임희지 · 양은정, 다세대 · 다가구주택지 재생을 위한 슈퍼블록단위 통합 · 연계형 가로주택정비사업 추진방안, 서울연구원, 2020, 305호, pp. 5-6

- 임희지 · 양은정, 다세대 · 다가구주택지 재생을 위한 슈퍼블록단위 통합 · 연계형 가로주택정비사업 추진방안, 서울연구원, 2020, 305호, pp. 5-6

- 오순화, 오순화의 조경 이야기110 : 수목의 생장, 한국아파트신문, 2011. 5. 4

24F • 입주민에서 이웃, 단지에서 동네가 되는 커뮤니티의 세계

- 김병길 · 김기수, 부대복리시설(커뮤니티시설) 설치기준 및 변천과정에 관한 연구, 대한건축학회 학술발표대회 논문집, 2016, pp. 143-148
- 김태균 · 최민섭, 아파트 커뮤니티가 주거만족도 및 지속거주의사에 미치는 영향에 관한 연구, 주거환경, 2018, 16(3), pp. 235-252
- 문자영 · 정유리 · 황연숙, 신도시 공동주택 부대복리시설의 배치특성에 관한 연구, 한국실내디자인학회 논문집, 2017, 26(3), pp. 81-90
- 이진원 · 모정현, 아파트 커뮤니티 건강 · 문화시설 이용현황 및 만족도 분석, 한국실내디자인학회 논문집, 2021, 30(6), pp. 48-58
- 임제빈 · 김경순, 지역커뮤니티 활성화를 위한 아파트 커뮤니티 시설 계획 연구, 대한건축학회 학술발표대회 논문집, 2022, 42(2), pp. 160-163
- 정서인 · 이수진, 해외 공동주택의 커뮤니티 공간 특성에 관한 연구, 한국주거학회 학술대회 논문집, 2019, 31(2), pp. 301-304

25F • 아파트 단지에 바람이 불어야 하는 이유

- 국토연구원, 《미세먼지 저감을 위한 국토 · 환경계획 연계 방안 연구: 바람길 적용을 중심으로》, 2019
- 김태원 · 강인성 · 최은지 · 정민희, CFD 시뮬레이션을 통한 단지유형별 바람길 분석, 대한건축학회 학술발표대회 논문집, 2017, 37(1), pp. 585-586
- 남성우 · 성선용 · 박종순, 미세먼지 저감대책으로서 바람길 적용 방안 : 세종시를 대상으로, 한국콘텐츠학회 논문지, 2020, 20(3), pp. 1-9

• 조강표 · 정승환, CFD 해석에 의한 그룹으로 조성된 아파트 건축물의 풍압 평가, 대한건축학회 논문집 - 구조계, 2011, 27(1), pp. 27-34
• 최창호 · 조민관, CFD 해석을 이용한 아파트 바람길 분석, 한국건축친환경설비학회 논문집, 2012, 6(2), pp. 93-98

26F • 아파트는 어떻게 우리의 몸과 마음을 지배하는가?

• 김영욱 · 지봉근 · 김주영, 고층아파트의 저층과 고층의 자살률 비교 연구, 대한건축학회 논문집-계획계, 2019, 35(8), 57-64
• 윤지훈 · 강석진, 반려동물과 공존을 위한 공동주택 연구 및 현황 분석, 대한건축학회 학술발표대회 논문집, 2022, 42(2), 152-155
• 이상호, 사람을 위한 건축공간, 건축, 2012, 56(6), 10-11
• 임은정, 정신건강에 영향을 미치는 도시환경 요인에 대한 문헌적 고찰, 주택도시연구, 2021, 11(3), 79-101
• 주영애 · 백주원, 빅데이터 분석을 통해 바라본 공동주택예절에 대한 인식과 반성적 재고, 한국콘텐츠학회 논문지, 2020, 20(6), 26-37

27F • 지하주차장, A부터 Z까지

• 김황배 · 이상화 · 강철기 · 권영인, 승용자동차 대상 주차장 구조설비 기준 개선방안, 교통기술과 정책, 2016, 13(2), pp. 10-19
• 박진수 · 황희준, 아파트 지하주차장 길찾기의 물리적요인 분석, 대한건축학회 학술발표대회 논문집, 2020, 40(2), pp. 95-98.
• 석연은 · 이영한 · 남기철, 아파트 지하주차장 공기중 HCHO, TVOC, PM 농도 특성 분석, 한국생태환경건축학회 논문집, 2017, 17(6), pp. 301-308
• 유복희, 공동주택 지하주차장의 자동조명제어시스템 적용과 조도수준 특성, 대한건축학회 논문집-계획계, 2016, 32(11), pp. 29-37
• 이수일 · 김승현 · 김태호 · 박대경, 주차장 사고특성에 관한 연구, 교통기술과 정책, 2016, 13(2), pp. 30-37

28F • 쓰레기 처리, 더 편리하고 깨끗하게

• 환경부 · 한국환경공단,《전국 폐기물 발생 및 처리 현황(2020년도)》
• 오정익 · 이현정, 공동주택단지의 음식물쓰레기 관리 실태 및 지방자치단체의 음식물쓰레기 무배출 시스템 도입 의향 분석, 대한환경공학회지, 2016, 38(5), pp. 219-227
• 오정익 · 이현정, 신도시 아파트단지의 생활폐기물 자동집하시설 운용 및 관리실태, 대한환경공학회지, 2016, 38(2), pp. 56-62

• 유기영, 공동주택 재활용품 적체로 본 공공부문의 역할, 월간 공공정책, 2018, pp. 65-68

29F • 아파트의 시간을 거꾸로 돌리는 리모델링

• 국토교통부, 《수직증축 리모델링 허용에 따른 노후 공동주택의 효율적 유지관리 방안 연구》, 2014
• 곽보윤 · 이소연, 리모델링 공동주택과 재건축 공동주택의 평면계획 비교 연구. 한국실내디자인학회 학술대회 논문집, 2022, 24(1), pp. 245-249
• 김설기 · 이지은 · 김태완 · 구정모 · 정수진 · 서수연, 공동주택 지하주차장의 확장을 위한 시공기술 및 구조 안전성 평가, 대한건축학회 학술발표대회 논문집, 2016, pp. 1471-1472
• 김안수, 공동주택의 리모델링 활성화 방안, GRI 연구논총, 2016, pp. 77-96
• 이원현 · 배창한 · 정상민 · 김우재 · 홍석범, 공동주택 리모델링 수평 증축 기술 개발 및 적용 사례. 한국콘크리트학회지, 2021, 33(1), pp. 50-54
• 최재필 · 강효정 · 이윤재 · 이정원 · 문준식, 아파트 단위평면확장 리모델링 기법에 관한 연구, 한국주거학회 논문집, 2010, 21(3), pp. 33-40

30F • 즐거운 나의 스마트홈

• 한국건설산업연구원, 《플랫폼 비즈니스 관점의 스마트홈 개발 방향》, 2019
• 김홍재, 인공지능 홈 서비스, 2021 국가지능정보화 백서, 2022, pp. 192-196
• 남기범 · 최옥만 · 박승기, 스마트 홈 적용 및 추진방향. 대한전기학회 학술대회 논문집, 2020, pp. 172-175
• 심우중, 포스트 코로나시대의 스마트홈산업 발전전략, 월간 KIET 산업경제, 2021, pp. 31-41
• 씽양 · 성락천 · 김종서, 스마트홈이 라이프스타일에 미치는 영향에 관한 연구, 한국가구학회지, 2019, 30(2), pp. 151-159
• 이명렬, 사물인터넷 환경에서의 스마트홈 서비스 침해위협 분석 및 보안 대책 연구, 한국인터넷방송통신학회 논문지, 2016, 16(5), pp. 27-32
• 조연주, 인간 중심의 스마트홈, 건축, 2021, 65(3), pp. 22-25
• 홍석일, 스마트 홈 기술 동향, 한국통신학회지, 2020, 37(11), pp. 28-35